〈図説〉
人類の歴史
The Illustrated History of Humankind

1

人類のあけぼの
（上）

THE FIRST HUMANS
Human Origins and History to 10,000 BC

ヨラン・ブレンフルト◉編集代表　大貫良夫◉監訳　片山一道◉編訳

朝倉書店

The Illustrated History of Humankind

THE FIRST HUMANS
Human Origins and History to 10,000 BC

THE FIRST HUMANS: *The Illustrated History of Humankind*
Copyright ©1993 by Weldon Owen Pty Limited/Bra Böcker AB
All rights reserved. No part of this book may be used or reproduced in any manner whatsoever without written permission except in the case of brief quotations embodied in critical articles and reviews. For information address Harper Collins *publishers*, 10 East 53rd Street, New York, NY 10022.
This Japanese edition is published by arrangements with Weldon Owen Pty Limited.

見返し写真
アシューレアン型の石斧と石包丁．タンザニアのオルドワイ渓谷で今から70万年前の層位から発見された．
JOHN READERS/SCIENCE PHOTO LIBRARY/THE PHOTO LIBRARY

扉写真
フランスのラ・フェラシー遺跡で発見されたネアンデルタール人の頭骨化石．
DAVID L. BRILL, 1985

前ページ写真
エチオピアのハダール地方で東アフリカ地溝帯を眺望した写真．
DAVID L. BRILL/© NATIONAL GEOGRAPHIC SOCIETY

編集代表

Associate Professor of Archaeology
University of Stockholm, Sweden

編集委員

Dr Peter Rowley-Conwy
Lecturer
Department of Archaeology
University of Durham, UK

Dr David Hurst Thomas
Curator of Anthropology
American Museum of Natural History
New York, USA

Dr Wulf Schiefenhövel
Professor
Research Institute for Human Ethology
Max Planck Society
Andechs, Germany

Dr J. Peter White
Reader
School of Archaeology, Classics
and Ancient History
University of Sydney, Australia

執 筆 者

Dr Björn E. Berglund
Professor of Quaternary Geology
Lund University, Sweden

Dr Svante Björck
Associate Professor of Quaternary Geology
Lund University, Sweden

Dr Jean Clottes
Conservateur Général du Patrimoine
Ministry of Culture, France

Dr Richard Cosgrove
Lecturer
Department of Archaeology
La Trobe University, Melbourne, Australia

Dr Jean Courtin
Directeur de Recherches
Centre National de la Recherche Scientifique
France

Dr Iain Davidson
Associate Professor
Department of Archaeology and
Paleoanthropology
University of New England
Armidale, Australia

Dr Irenäus Eibl-Eibesfeldt
Professor, Director of the Research Institute
for Human Ethology
Max Planck Society
Andechs, Germany

Dr Timothy Flannery
Head of Mammals
Australian Museum, Sydney, Australia

Dr Roland Fletcher
Senior Lecturer
School of Archaeology,
Classics and Ancient History
University of Sydney, Australia

Dr George C. Frison
Professor of Anthropology
University of Wyoming, USA

Dr Ian C. Glover
Senior Lecturer
Department of Prehistoric Archaeology
University College London, UK

Dr Christopher Gosden
Lecturer
Department of Archaeology
La Trobe University, Melbourne, Australia

Dr Donald K. Grayson
Professor of Anthropology
University of Washington, USA

Dr Colin Groves
Reader
Department of Archaeology
and Anthropology
Australian National University
Canberra, Australia

Dr Michelle Lampl
Research Associate
Department of Anthropology
University of Pennsylvania, USA

Dr Walter Leutenegger
Professor of Anthropology
University of Wisconsin-Madison, USA

Dr Ronnie Liljegren
Head, Laboratory of Faunal History
Department of Quaternary Geology
Lund University, Sweden

Dr Tom Loy
Research Fellow
Department of Prehistory
Australian National University
Canberra, Australia

Dr Moreau Maxwell
Emeritus Professor of Anthropology
Michigan State University, USA

Dr William Noble
Associate Professor of Psychology
University of New England
Armidale, Australia

Dr Richard G. Roberts
Postdoctoral Fellow
Research School of Pacific Studies
Australian National University
Canberra, Australia

Dr Olga Soffer
Professor of Anthropology
University of Illinois at Champaign-
Urbana, USA

Dr Paul Tacon
Scientific Officer
Australian Museum, Sydney, Australia

IRA BLOCK, 1989

序　文

　古人類学の研究は人類の起源に関する問題を扱い，どのようにしてホモ・サピエンスが誕生してきたか，それぞれの研究者が調査する．ここ400万年の間に起きた人類の進化の概要について，おおよそのところは，古人類学者は語ることができる．毎年毎年，新たなる発見があり，斬新な解釈が生まれ，ゆっくりとではあるが詳細が明らかにされつつある．しかしながら，考古学や古生物学の記録は気まぐれであるゆえに，決して決定的な手がかりにつながることはないようだ．

　ただ一つはっきりしているのは，人類進化のどの段階でもアフリカが重要な舞台となってきたことである．そもそもホミニド（ヒト科の動物）はアフリカで1000万～400万年前の中新世のある頃，なんらかの類人猿を祖先として誕生した．少なくとも400万年前には，まだ原始的ではあるが直立歩行をするホミニド，つまりオーストラロピテクス・アファレンシスが東アフリカの地質史に姿を現していた．この種から人類の進化に関係する二つの枝が生じたのは間違いない．その一つは骨太の体形をした植物食者であり，やがて100万年前の頃に絶滅した．もう一つは次第に脳の大きさを増していき，ホモ・ハビリスと呼ばれる種として最初に姿を現した．今のところでは，この種から150万年前の頃にホモ・エレクトスが生まれ，それがアフリカを出てユーラシアに生息する最初の人類となった．まだ論争のさなかにあるが，最新の研究成果によると，現生人類の特徴をそなえた人類も今から10万年前の頃に最初はアフリカで出現した可能性がある．まだ人類学者は，われわれの母となった「ルーシー」から枝分かれしたのが，いったいどれほどの数になるか確たることは言えない．でも，ただ1種のホミニドしか現存しないことだけは確かなことなのである．

　私は1人の化石ハンターであるが，われわれの祖先の化石を一つでも多く見つけることに執着したりはしない．われわれの祖先について，われわれのことについて，自分たちの発見した化石が語りかけてくれることに興味がつきないのだ．今や古人類学は十分に市民権を獲得し，人類の進化に関する疑問を解き明かす強力な手段となる諸科学，行動科学，分子生物学，生態学，地球科学，進化生物学などでの研究を統合する科学として成熟を遂げつつある．われわれは，いったい何者なのだろうか．どこから来たのか．人間であることの意味は何なのか．そして，われわれはどこに行きつくのだろうか．これらの疑問には，決して単純な答えなどありえないが，それらの答えを総合的に求めるために，いっそう奮発しなければならないわけだ．

　現実には古人類学もまだまだである．われわれの起源に関する謎を決着するには，まだほど遠い．その謎は，びっくり箱の蓋についての手がかりさえないために，とりわけ難解である．新たなる発見に向かう場所の位置が正確に判断できるわけではない．たとえ新しい化石を発見できたとしても，その意味を解読するには，さらなる研鑽を要しよう．それゆえに古人類学の中身は変わり続けるのだ．しばしば解釈も変更される．時に人類の起源に関する個人的な視点さえも変更を余儀なくされるのである．そのために困惑の種と思う者もいようが，私には，かくも躍動的な科学の刃先に乗っている感じがたまらない．宇宙こそ最後の最前線だ，と言われることが多いが，時間もまた最後の最後の最前線だ，と私は信じている．そう，われわれの祖先が，やがてホモ・サピエンスに至る長い進化の旅を始めた遠い過去もまた科学の最前線なのだ．それは苦難をきわめ，先行きの見えぬ道のりだった．現生人類が進化するのを保証する平原などはなかった．その道のどこででも，かつて骨太の植物食者の仲間がたどったように，われわれの祖先が絶滅に至る危険は待ちかまえていたのだ．今のところ，われわれは進化の旅を生き続けている．今日，われわれは内省的な性癖をもつ種となっている．つまり，未来について考え，過去を熟考する好奇心をそなえた種となっている．注意深く思慮深く未来に向けての道を探るため，過去を照射することで，希望を切り拓いていこう．

後期旧石器時代の遺跡の発掘現場．ロシアのヴェロネシュ近郊にあるコステンキ遺跡．

カリフォルニア大学バークリー校・人類進化研究所　所長
ドナルド・C・ジョハンソン

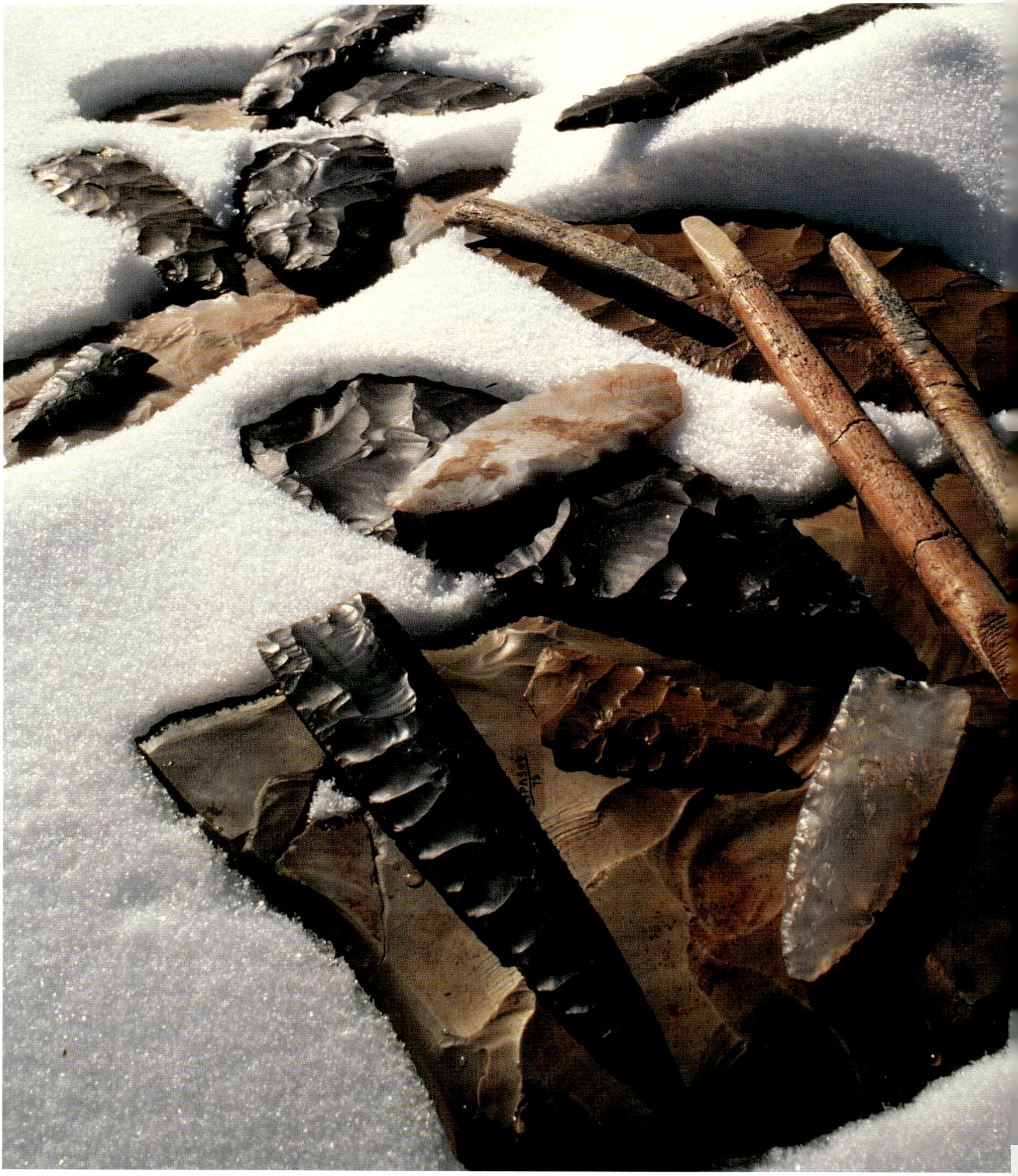

DAVID L. ARNOLD/© NATIONAL GEOGRAPHIC SOCIETY

まえがき

『図説 人類の歴史』の刊行は公私ともに喜びに絶えない．非常に高度な学術性と図表技術で彩られた本刊行物により出版社の卓抜さが，いかんなく発揮されている．この出版物が長らく活用されることを確信しつつ，編集委員会は選りすぐりの考古学者や人類学者を寄せ集めて事を運んだ．

解説は生き生きとしており，かつ明快である．なおかつ著者たちの文章にプロの著述家によるもの以上の味わいがあることを読者は知るだろう．150人以上もの著者は，いずれも第一線の科学者であり，文字どおりの専門家である．考古学，人類学，古生物学，古典史学，行動学，地質学，生物学などの多様な分野に誘う．かくも豪華な考古学者たちのグループが，このようなグランドスケールの内容を表すために力を結集したことは，これまで一度たりともなかったと断言できよう．

これほどまでに優秀な学者陣が一堂に会する機会は，普通，特別な国際会議などに限られ，その成果が公表されることはまれである．実際，本書『図説 人類の歴史』は学術研究の最前線にある者たちに自らの研究成果を公表する機会を提供していると言えよう．

本書『図説 人類の歴史』は，単なる歴史記述の枠を越えている．どのページにも，いかに人類が自分たちの過去のベールをはぎ取っていくか，その過程が進行形で満載されている．複数巻構成であり，かつうまく内容が吟味されているから，他に匹敵するものがないほど広い領域を網羅している．人間史の400万年にわたって，長らく忘れ去られていた出来事が詳述される．どの巻も科学的な記述の枠を越え，科学者たちが人類の過去を調べていく過程を深く掘り下げる．どのページでも，自分たちの真実，起源，多様性，共有する経験の内容などに真摯に取り組む現代人の姿を見ることになる．これこそまさに，私たちの詩と真実を解き明かそうとする科学の姿なのである．

『図説 人類の歴史』は，人類が人間性を獲得する過程を問題にするとき，必ず起こる論争を控えめに扱うなどはしない．本企画で根幹をなすのは，まさに進行形にある科学研究の香りを大切にして，論争点，意見が分かれる点，解釈や議論が食い違う点などを，そのままに提示することである．本シリーズによって，人類の過去に関する科学的了解事項なるものの神話性のようなものが，きっぱりと正体があばかれるはずだ．人類の過去に関する科学は，決して，メリハリのないノッペラとしたものではないのだ．

どの巻も写真や図が見事に美しい．カラー写真と図解地図がふんだんに使われている．いずれの画像も，ものの見事に質が高い．科学者たちが素描し，それを腕の達者な芸術家が仕上げたものであるが，時に人類の過去に関する先鋭な視点を提供している．ことに考古学関係の復元図には目をみはるものがある．本シリーズのユニークな特徴は，何といっても，人間の過去を図画像で一瞥できることにあろう．

本企画には大満足である．なぜなら，新しい読者の方々には，まさに時流の考古学について絶好の学習機会が提供されることになるからである．まさに考古学の資料は世界遺産だらけであり，再生が不可能，かけがえがない遺産である．世界中の考古遺跡を保存するために危急の意識を植えつける効果がのぞまれる．実際，多くの遺跡がだんだんと危機に瀕しているからである．

←立派なフリントと骨の武器．アメリカ合衆国のモンタナ州で1万1000年前の遺跡で見つかった．

デイヴィッド・ハースト・トーマス

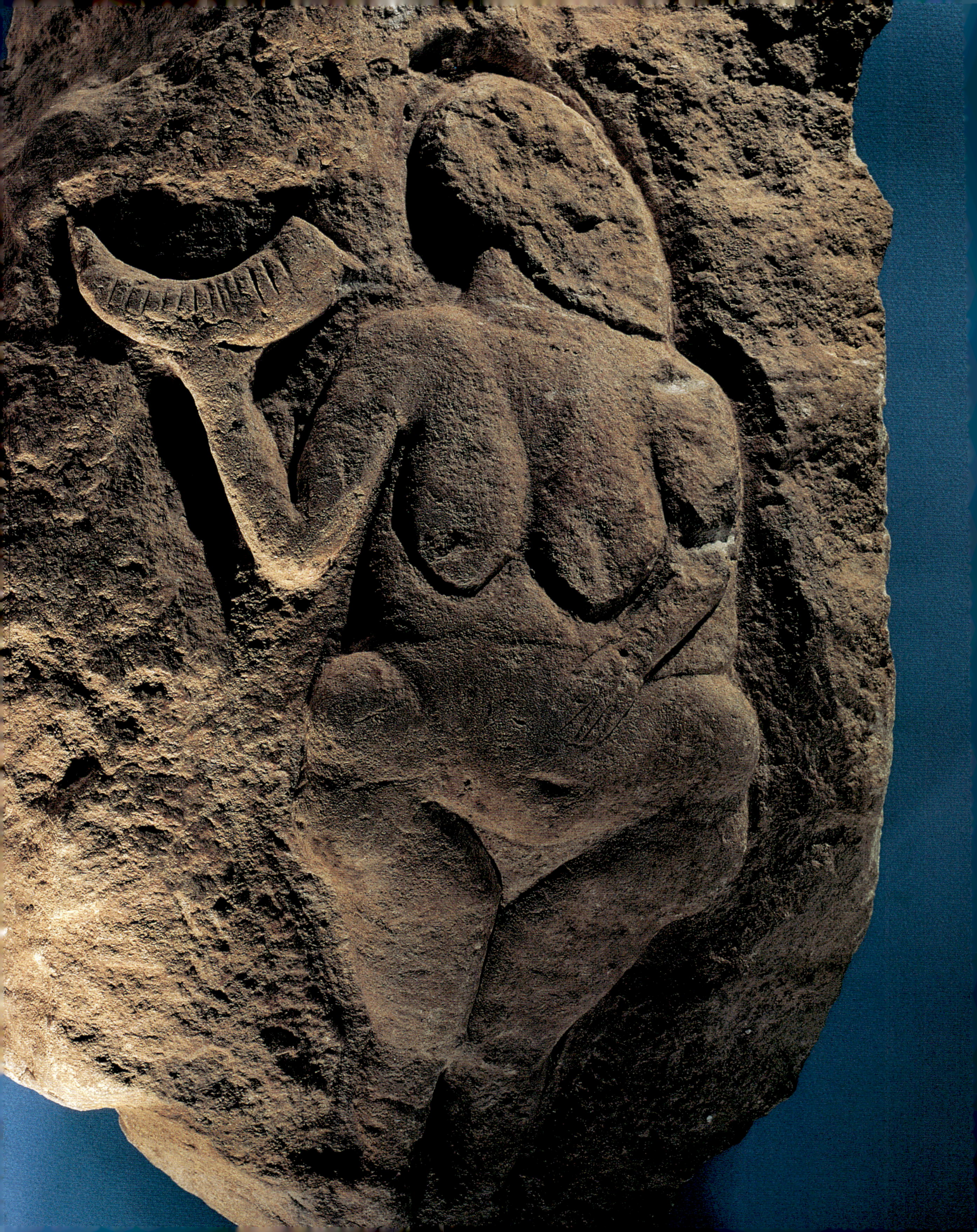

はじめに

この20〜30年の間に先史時代の人類に関する研究は飛躍的に進展した．人類の生物学的進化および文化的な進化は新しい視点で展開されるようになった．それまでになされてきた文化の多様性と進化段階についてのステレオタイプな見方がなされなくなり，人類や観念や文化要素が拡散することに伴う変化に対する一方的な解釈が廃れ，人間の文化的な表現形態が，まわりの環境や資源に対する，あるいは地球という惑星の上で恒常的に変化する生態条件に対する地域的な適応現象のたまものであるという事実が深く理解されるようになってきた．次々となされる新しい発見と学際的な共同研究により，環境条件の変化や，人類の祖先たちが味わってきた社会的ないし経済的な諸条件についての洞察がいっそう正鵠を射たものとなってきた．さらに最新の正確な年代測定技術とともに，人類の先史が展開された多くの時代に関する考えが一新されるようになった．

考古学は具体的な証拠，つまりは過去の人間活動に関係する発掘証拠に基づく学問である．しかし考古学の発見物そのものは自ら語りかけてはくれない．それらは解釈されるだけである．そうした資料を解釈する方法は一様ではない．考古学研究が意図するのは，物言わぬ物質にすぎない発見物を，かつてそれらが創られた生き生きとした動態社会との関係を追い求めることである．かくして考古学は，先史時代の生活活動によって生みだされた目に見える遺物の背後にあった社会の動きを研究することになる．それゆえ，考古学の解釈は既知の事物に基づいたものでなければならぬ．考古学者が知りうる事物とは，考古学の調査によって求められた資料，つまり，その多くはわれわれが発掘した資料なのである．

人類の進化がカバーする悠久の時間に比べたら，われわれ一人ひとりの一生など瞬く間の出来事でしかない．道具を製作する人類は200万年以上にもわたって地球に存在してきた．一つの比較として，歴史的時間なるものは，たかだか2000〜3000年の出来事でしかない．いいかえれば，人類が生存してきた時間の0.2%ほどにしかならないわけだ．たとえば，ヴァイキングの全盛といっても，たかだか30世代ほど昔のことでしかない．

かかる長きにわたって，人類は多様な生態系に適応し進化してきた．それは熱帯の多雨林から砂漠，さらには高山帯からツンドラ地帯に及ぶ．旧石器時代の大型獣狩猟民の高度に特殊化した生活，ヨーロッパ中期旧石器時代の狩猟採集民の彩りあざやかな生業活動，さらに農耕文化の出現はいずれも，そうした適応現象の例である．

産業化社会が進行し，必ずしも，世界の人口の大部分が食料生産を活発に行うのではないという状況が生まれたのは，やっと今世紀になってからのことである．ここ何世代かの間には，われわれのまわりにある現実から遠ざかる風潮が強くなり，自然の摂理を無視する傾向がいっそう強くなってきた．短期間で利潤を上げようとする雇用システムは，かけがいのない生態系を破壊し，いつのまにか，われわれは近代の科学技術を過信するあまり，無理矢理，生態系のバランスを壊すことになった．

先史学者がめざすのは，自然環境に対する人間の適応能力が過剰であったため，何千年かの間に変貌した人類の生活の有り様を知らしめることでなければならない．人類の進化についての知識が増せば，自然界で果たすべき人間の役割についての理解が深まり，天然資源の過剰利用や環境破壊を阻止するのに役立とう．

それと同時に先史学や歴史学は，社会構造や宗教観念，さらには種々の偏見というものが，ある社会に蓄えられた必要性の産物であり，ある特殊な社会にある生業や生態系に影響されたものであることを，われわれに知らしめる．そうした知識は，供給と過剰人口の問題を克服しようとするなら，あるいはわれわれの日常生活に大きな影響を及ぼす文化的かつ人間性の相克の背後にある問題を理解しようとするなら，大いに役に立つ．これまでに人類が自然環境に適応してきた方策に対する知識が深まれば，それは，だんだんと枯渇していく世界における将来の諸問題に対抗するよい手段となろう．過去を振り返ることなく，未来を展望することなどできやしない．現実問題として，これからの世代の存亡は，まさに危険に満ちあふれているのだ．

『図説　人類の歴史』の第1巻，第2巻では，約500万年前にアフリカで始まった人類の進化を記述する．さらに，ヨーロッパ，アジア，オーストラリア，太平洋，アメリカ大陸，北極圏など，世界の至るところに現生人類が拡散していった物語を展開する．

最初の3章は時間的には重複するが，初期人類の先史に関する三つの局面を解説する．「人類とは何か」の章では，人間行動の発達，それが変貌していく様子，考古遺物に残された文化が発現する模様などを描く．「人類の起源」の章では，生物学あるいは解剖学の視点で人類の進化を記述し，ホミニドが誕生し現生人類が出現するまでの出来事を扱う．「ホモ・サピエンスへの道」では，考古学的に発見された事物から文化の発達や道具技術の変遷を論じるとともに，社会や生活に関する議論を展開する．

「アフリカとヨーロッパの現生人類」は，今から20万〜1万2000年前の時代に言及し，現生人類がアフリカで生まれ南西アジアやヨーロッパに広がっていった様子を述べる．「芸術の誕生」では，人間の芸術表現が誕生してきた様子，それが発達し，3万〜1万2000年前の後期旧石器時代にヨーロッパで洞窟芸術として花開いた様子を述べる．「地球上での人類の拡散」では，今から5万〜1万年前の間に現生人類がアジアに広がり，さらにオーストラリアやアメリカ大陸に拡散していった背景を記述する．「オーストラリア大陸への移住」と「最古の太平洋諸島民」の章では，オーストラリアに最初に足跡を残した人々と太平洋世界を開拓した人々について詳述する．「新世界の現生人類」では1万5000〜1万2000年前に新世界に最初に住みついた人々のことを記述する．最後に「極北のパイオニアたち」では，約4500年前に北極の凍土に住みつき，今日のエスキモーの祖先となり後期旧石器時代のままの生活を続けていた人々の物語で締めくくる．

◀ビーナス彫刻像．後期旧石器時代のものでフランスのローセル遺跡で出土．

ヨラン・ブレンフルト

監 訳 者

片山一道 東京大学名誉教授
<small>おおぬきよしお</small>

※ルビ修正：
大貫良夫 東京大学名誉教授
<small>おおぬきよしお</small>

編 訳 者

片山一道 京都大学大学院理学研究科
<small>かたやまかずみち</small> （序文，第3〜6，8章，用語解説）

翻 訳 者

中務真人 京都大学大学院理学研究科
<small>なかつかさまさと</small> （第1,2章）

半谷吾郎 京都大学霊長類研究所
<small>はんやごろう</small> （第7章）

関　雄二 国立民族学博物館研究戦略センター
<small>せきゆうじ</small> （第9章）

齋藤玲子 北海道立北方民族博物館
<small>さいとうれいこ</small> （第10章）

監訳者序

人間の歴史はどこに始まり，どこへ向かっているのか．おそらく大昔から，人間はこの問いを自らに問いかけ，答えを探してきたにちがいない．歴史を川にたとえるなら，川面に近づきすぎた目には，めまぐるしく流れ去る無数の水滴しか見えない．少し高い橋から見れば，山あいから来ている様子がわかる．山から見れば，深山に発して平野に流れるとわかる．先の橋がその川の流れのどの辺にあるのかもわかってくる．

歴史を見る目もそれと同じで，今の位置を考えるとき，10年前までさかのぼるか，100年前にさかのぼるか，あるいは1万年の時間の中で考えるか，それによって「今」の意味もちがってくるし，向かう方向の見え方もちがってくる．時間の幅をいろいろと変えて自分たち人間の歴史をふりかえること，そうすることによって思いがけぬ発見に出会い，人間とは何か，歴史とは何か，新しい考えをもつことができ，未来のあり方へと思いをはせる契機ともなる．また今の時点においても広い世界へ，見知らぬ人々の存在へと視野を広げてもくれる．長い時間幅と広い空間の中での自己認識は，いわゆるグローバリゼーションの現代にあって，その必要性が高まるばかりである．

かつて人間の過去は「むかしむかし」でひとまとめにされた．やがていくつかのところで文字と暦が考案され，時間の物差しで過去を測ることができるようになった．過去の出来事は文字で記録されるようにもなった．歴史文書ができたのである．

しかし，そのような文書を残した社会や地域はきわめて少数であった．少しずつ各地に広まったとはいえ，記録に残らないことの方がはるかに多かった．また，最古の文字記録ができたのはせいぜい5000年前である．世界の多くの場所や多くの民族や新興の国家では，文字記録はたかだか数百年前までである．それ以前の歴史は消え去ってあるいは忘れ去られて，知ることはできないのか．

文字のない時代の歴史は完全に消えたわけではなかった．考古学研究によって驚くべき多様性に富んだ人間の歴史が明らかになってきたのである．また，古い昔の人間は未開で野蛮で低い知能しかなかったという考え方が誤りであること，それをつぎつぎに証明してみせたのも考古学的諸発見である．

鉄という堅い金属がなかった頃，人々は石で必要な道具を作った．材料となる石は慎重に選ばれていた．フリントや黒曜石は鋭い切れ味の道具に，砂岩は建築用に，玄武岩や花崗岩は彫刻に，あるいは石臼や石皿に，装飾や儀礼用には翡翠，瑪瑙，蛇紋岩，孔雀石その他の特別の石が利用された．鉄もなく，車もなく，大型の家畜もなく，インカ帝国は巨石の建築を標高3000メートルをこえる険しい山の上に作った．現代の先進工学や土木工学の知識では，どうやってそれができたのか，わからないのである．こうして過去の文化すなわち人間の営みは，現代とは何かということについて，常識の考え直しを迫ってくる．

本シリーズは，最近の考古学や人類学で古い過去について，文字記録が書かなかった歴史について，何がわかってきたのか，全世界を対象にして，たくさんの図版と地図を用いながら，それぞれの専門家が説明したものである．これだけの地図を用意した本はこれまでどこにもなかった．その努力たるや大変なものである．本シリーズが企画されて10年あまりが経過している．その間にまた新発見や新解釈が生まれているから，最先端の研究者には不満もあろう．しかしそのような新発見もまた，このようなぼう大な知識に照らしてこそ意義をもつのである．

最近は自然科学の分野で開発された分析技術を考古学に応用することによって，大昔の文化の内容がさらに豊かなものとして現れてくるようになった．本シリーズはそのような研究の成果がふんだんに盛り込まれている．その結果，何千年，何万年もの過去の人間の営みを，現代から未来に向かう私たちの血とし肉とし知恵とすることが可能となった．本シリーズがたくさんの人を壮大な人類史への道案内となることを確信する次第である．

東京大学名誉教授
大貫良夫

目　次

vii 序　文　●　*ix* まえがき　●　*xi* はじめに　●　*xiii* 監訳者序

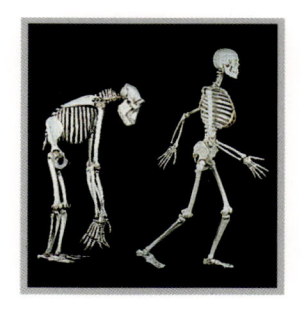

PAGE 2
第1章　人類とは何か
ローランド・フレッチャー
〈トピックス〉
- 6　オルドワイ峡谷：過去に開いた窓 ……ローランド・フレッチャー
- 8　音から言語へ：人類のある発見 ……ウィリアム・ノーブル，イアン・ディヴィッドソン
- 12　攻撃と戦争：人間であることの一部なのか ……イレネウス・アイブル-アイベスフェルト
- 16　先史時代の性別の役割 ……ミッシェル・ランペル

PAGE 18
第2章　人類の起源
コリン・グローブス
〈トピックス〉
- 27　性的二型：種間比較的そして進化的観点 ……ウォルター・リュートネッガー
- 28　われわれの最も古い祖先 ……コリン・グローブス
- 32　いつ言語は始まったのか ……イアン・ディヴィッドソン，ウィリアム・ノーブル
- 39　これほど似て，しかしこれほど違う：大型類人猿とわれわれ ……ウルフ・シェーフェンヘーヴェル

PAGE 40
第3章　ホモ・サピエンスへの道
ヨラン・ブレンフルト
〈トピックス〉
- 46　腕力が誇りの狩猟者か，それとも食うや食わずの屍肉あさりだったのか ……ピーター・ロウリーコンウィ
- 51　周口店遺跡での発見が物語ること ……ピーター・ロウリーコンウィ
- 54　ネアンデルタール人 ……コリン・グローブス
- 56　ネアンデルタール人は宗教観念をもっていたか ……ピーター・ロウリーコンウィ
- 60　過去の年代を測定する ……コリン・グローブス

PAGE 62
第4章　アフリカとヨーロッパの現生人類
ヨラン・ブレンフルト
〈トピックス〉
- 68　氷河時代 ……ビヨーン・バーグルント，サヴァンテ・ビヨーク
- 72　氷河時代のヨーロッパの動物相 ……ロニー・リレーグレン
- 80　放射性炭素年代：過去に近づく鍵 ……ヨラン・ブレンフルト

PAGE 82
第5章　芸術の誕生
ヨラン・ブレンフルト
〈トピックス〉
- 88　ビーナス像 ……ヨラン・ブレンフルト
- 98　ペシュ・メール：2万年前の聖地 ……ヨラン・ブレンフルト
- 104　コスカー洞窟：水没した古代の画廊 ……ジーン・クロッテス，ジーン・クータン

1 用語解説　●　5 執筆者略歴　●　9 索　引　●　14 編訳者あとがき

第 2 巻　人類のあけぼの（下）

目　　次

PAGE 110
第 6 章　地球上での人類の拡散
〈トピックス〉
- *116*　後期旧石器時代の東南アジアにおける石器と文化
- *122*　マンモスの骨で作った小屋
- *126*　スンギール：石器時代の埋葬遺跡
- *132*　遺伝子と言語と考古学

PAGE 134
第 7 章　オーストラリア大陸への移住
〈トピックス〉
- *140*　熱ルミネッセンス年代測定法
- *146*　大地の芸術
- *154*　タスマニアの氷河のほとりに住んだ狩猟者たち
- *156*　オーストラリアの失われた動物たち

PAGE 158
第 8 章　最古の太平洋諸島民
〈トピックス〉
- *163*　移動し続ける動物
- *164*　熱処理加工：5 万年前の技術
- *166*　石器の付着残留物分析
- *171*　ニューアイルランド島の最初の開拓者たち

PAGE 172
第 9 章　新世界の現生人類
〈トピックス〉
- *178*　だれが最初のアメリカ人だったのか？
- *182*　クローヴィスの狩猟具：現代の実験
- *188*　パレオインディアンのバイソン狩猟民
- *194*　北米における初期動物相の絶滅

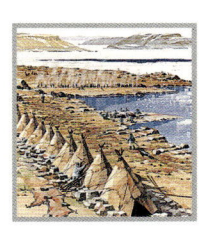

PAGE 196
第 10 章　極北のパイオニアたち
〈トピックス〉
- *202*　極北の動物たち
- *208*　初期の極北文化
- *214*　ドーセット文化期のキャンプの様子

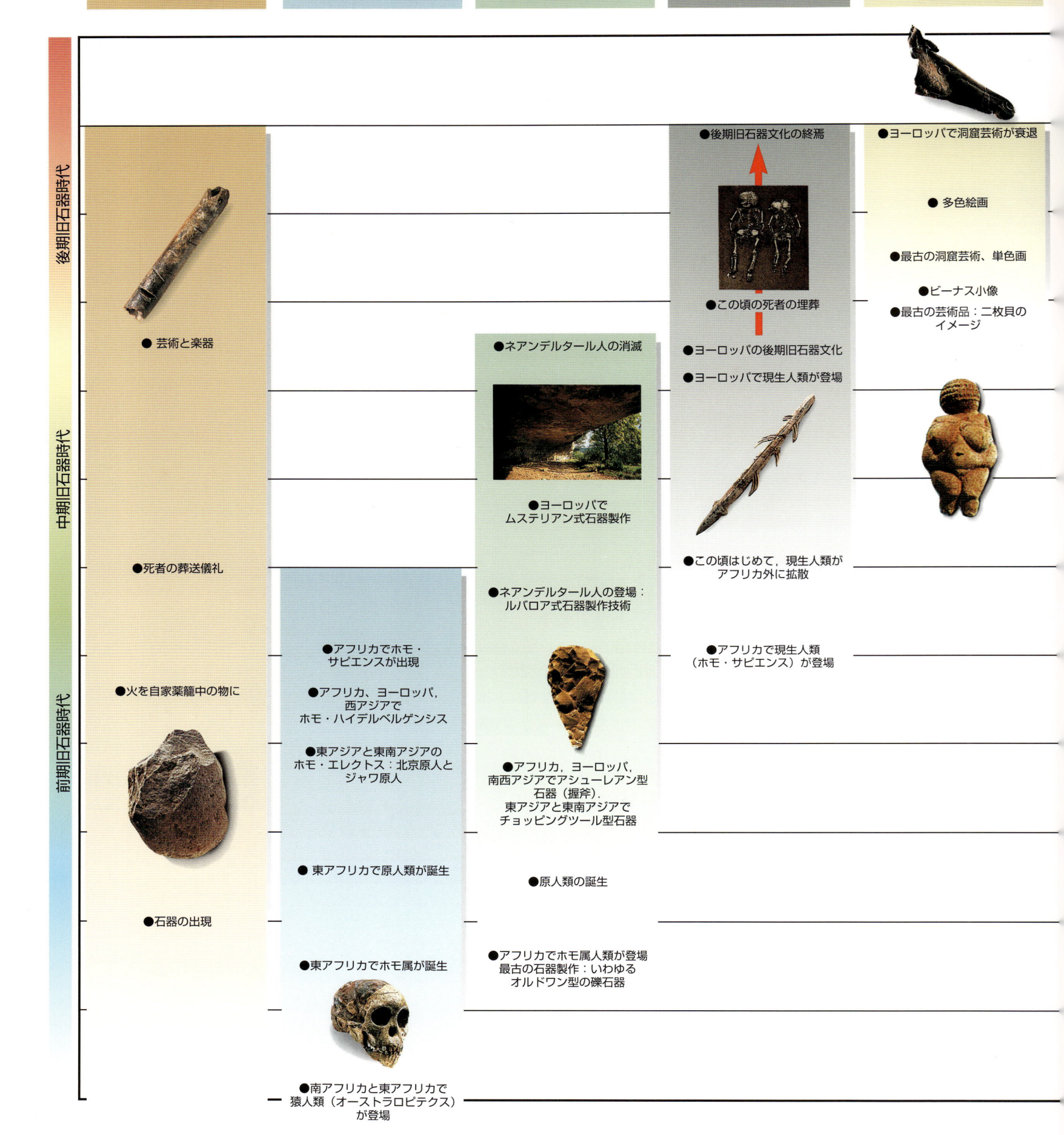

人類とは何か	人類の起源	ホモ・サピエンスへの道	アフリカとヨーロッパの現生人類	芸術の誕生
500万年前－10000年前	2000万年前－10万年前	250万年前－35000年前	20万年前－10000年前	35000年前－10000年前

後期旧石器時代

- 芸術と楽器

中期旧石器時代

- 死者の葬送儀礼

前期旧石器時代

- 火を自家薬籠中の物に
- 石器の出現

- アフリカでホモ・サピエンスが出現
- アフリカ、ヨーロッパ、西アジアでホモ・ハイデルベルゲンシス
- 東アジアと東南アジアのホモ・エレクトス：北京原人とジャワ原人
- 東アフリカで原人類が誕生
- 東アフリカでホモ属が誕生
- 南アフリカと東アフリカで猿人類（オーストラロピテクス）が登場

- ネアンデルタール人の消滅
- ヨーロッパでムステリアン式石器製作
- ネアンデルタール人の登場：ルバロア式石器製作技術
- アフリカ、ヨーロッパ、南西アジアでアシューレアン型石器（握斧）、東アジアと東南アジアでチョッピングツール型石器
- 原人類の誕生
- アフリカでホモ属人類が登場 最古の石器製作：いわゆるオルドワン型の礫石器

- 後期旧石器文化の終焉
- この頃の死者の埋葬
- ヨーロッパの後期旧石器文化
- ヨーロッパで現生人類が登場
- この頃はじめて，現生人類がアフリカ外に拡散
- アフリカで現生人類（ホモ・サピエンス）が登場

- ヨーロッパで洞窟芸術が衰退
- 多色絵画
- 最古の洞窟芸術、単色画
- ビーナス小像
- 最古の芸術品：二枚貝のイメージ

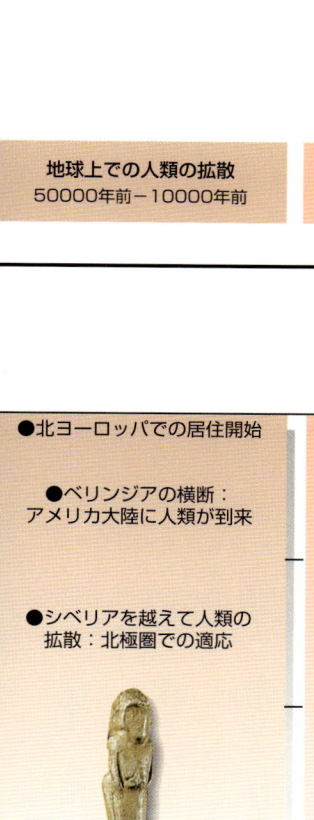

地球上での人類の拡散	オーストラリア大陸への移住	最古の太平洋諸島民	新世界の現生人類	極北のパイオニアたち
50000年前−10000年前	50000年前−10000年前	30000年前−10000年前	12000年前−10200年前	紀元前2500年−紀元1500年

〜年前
0

- 北極圏で最古の文化の登場，デンビー式フリント石器
- 北極圏での最古の人類

10000

- 北ヨーロッパでの居住開始
- ベリンジアの横断：アメリカ大陸に人類が到来
- オーストラリアでの最古の芸術
- 動物種を運搬した証拠
- 北アメリカで最古の文化複合：クローヴィス文化，フォルサム文化，ゴシェン狩猟民

20000

- シベリアを越えて人類の拡散：北極圏での適応
- オーストラリアでの最古の化石人骨：マンゴ湖
- 最古の黒曜石利用

30000

- 大オーストラリア大陸全土に人類が植民
- 太平洋で最古の考古遺跡：ニューアイルランド島

40000

50000

- オーストラリアへの人類の到来：最古の渡海移動
- 最古のオーストラリア人
- 東アジアへの現生人類の拡散

100000

地球上での現生人類の拡散プロセス

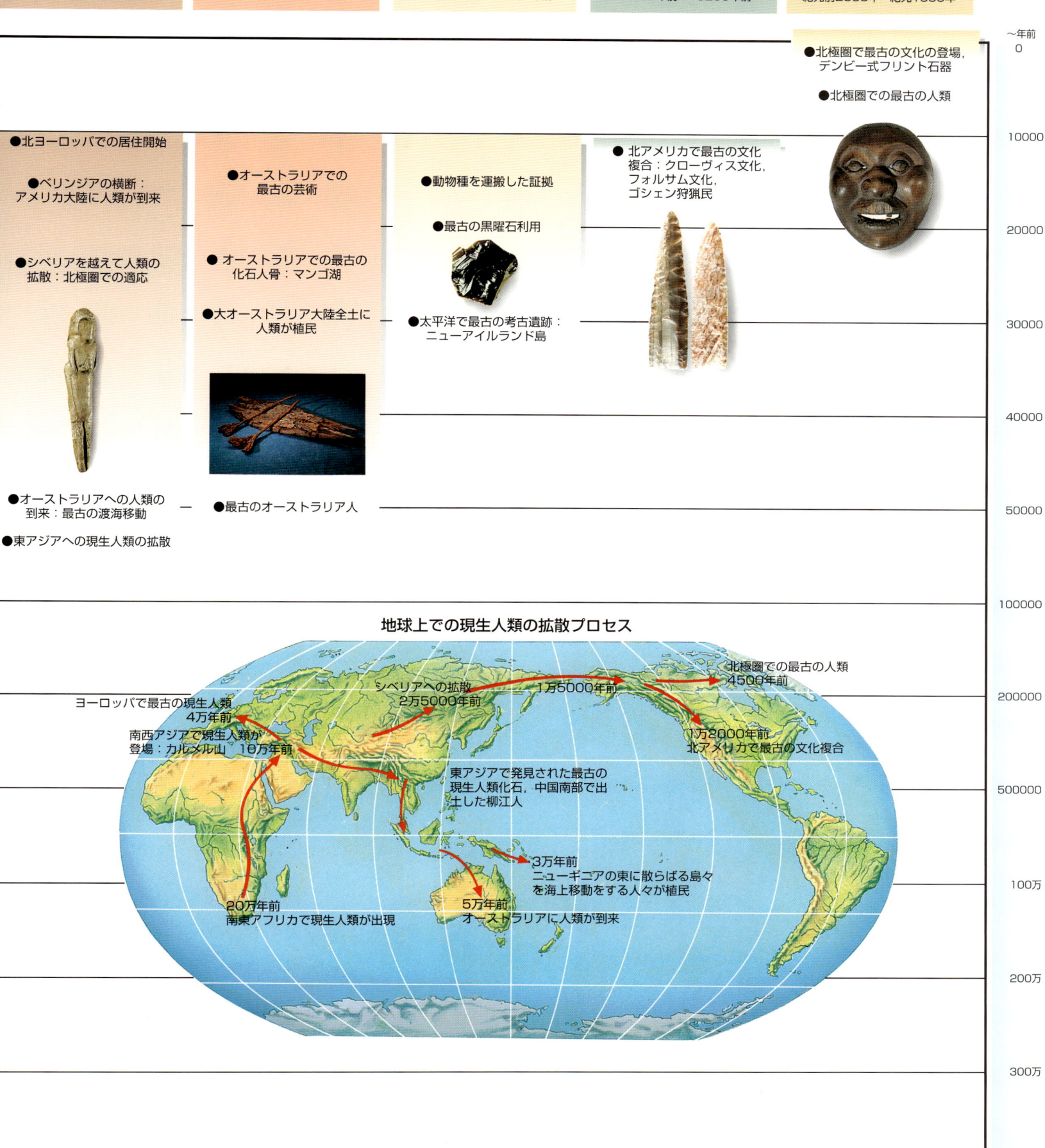

- ヨーロッパで最古の現生人類 4万年前
- 南西アジアで現生人類が登場：カルメル山 10万年前
- シベリアへの拡散 2万5000年前
- 1万5000年前
- 北極圏での最古の人類 4500年前
- 1万2000年前 北アメリカで最古の文化複合
- 東アジアで発見された最古の現生人類化石，中国南部で出土した柳江人
- 20万年前 南東アフリカで現生人類が出現
- 3万年前 ニューギニアの東に散らばる島々を海上移動をする人々が植民
- 5万年前 オーストラリアに人類が到来

200000

500000

100万

200万

300万

400万

xvii

【図説】
人類の歴史
The Illustrated History of Humankind

①

人類のあけぼの
(上)

THE FIRST HUMANS
Human Origins and History to 10,000 BC

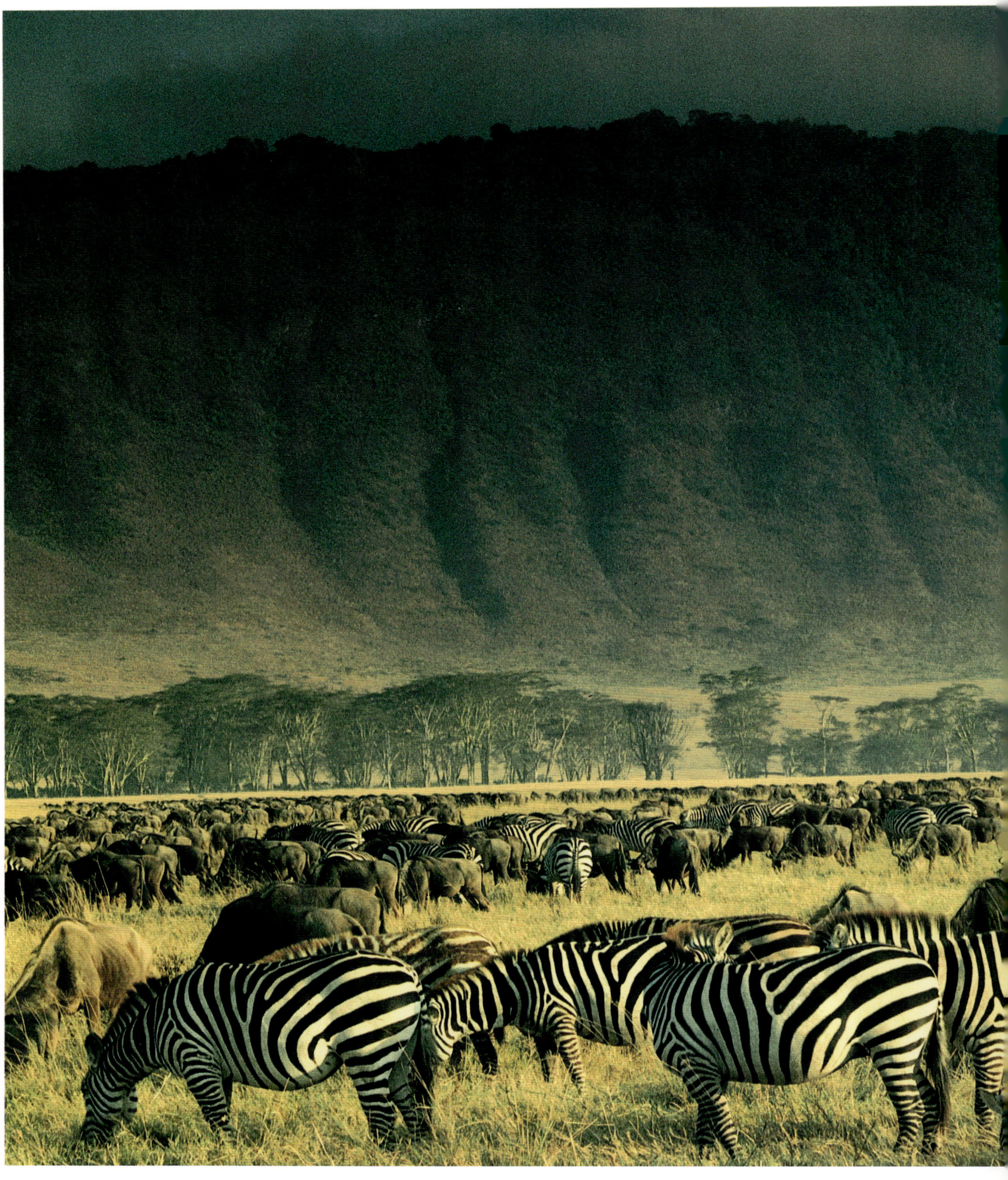

FRANS LANTING/MINDEN PICTURES

第1章　人類とは何か

5 0 0 万 年 前 － 1 0 0 0 0 年 前

人類の行動の進化

ローランド・フレッチャー

　人類の行動は過去400万～300万年にわたって進化してきた．それは，特定の場所を繰り返しねぐらに使う，道具を使用するといった高等霊長類と共通する行動特性に，直立して歩行することが加わって始まった．その後のホミニド（ヒト科）は世代を重ねながら火をコントロールしたり，死を社会的に受けとめたり，芸術という世界を創造する能力を獲得してきた．こうした能力をもつ点で，われわれは独特な動物である．これらの証拠は考古学的記録のなかに見つけやすいため，こうしたものが，いつ頃われわれの特性となったかを明らかにすることは可能である．

　その一方，それほどは目立たないが，われわれには，独特な性行動，根気よさ，言語能力，道徳的信念，他の人間を傷つける傾向とともに，弱いものや老人の面倒をみる能力，といった特性もある．こうした側面がいつ頃発達してきたかについては，明らかでなく，大きな議論のあるところである．

←東アフリカではシマウマやバッファローなどの草食動物が満ちあふれていたが，初期のホミニドは数が少なくほとんどみかけることはできなかった．こうした，草食動物の大群は今でもタンザニアのンゴロンゴロクレーターでみかけることができる．

↑オルドワン式チョッパー，200万～150万年前．

DAVID L. BRILL, © 1985

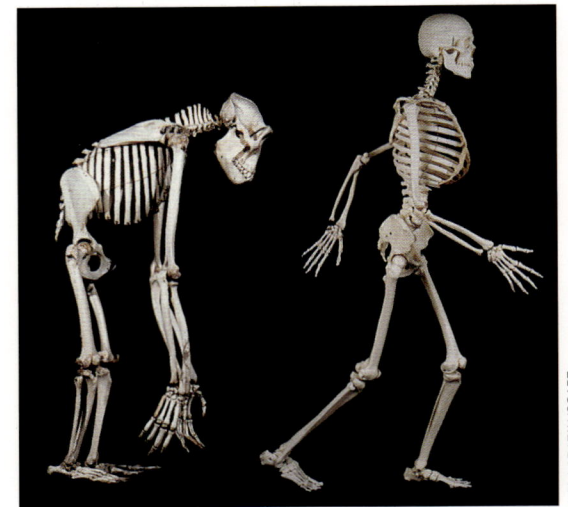

→ヒトとヒト以外の霊長類は類似した骨格構造をもっている．最も主要な違いはヒト（右）はつねに骨盤の上で姿勢を保ち直立して歩くことである．対照的にゴリラ（左）はときどきは直立して歩くものの直立姿勢を長時間維持はしない．

例外がないわけではないが，霊長類は一般に生殖周期（発情期）をもつ．ところが，樹上の単独行動者であるオランウータンもそうだが，われわれは妊娠が可能であるか否かにかかわらず，いつでも性交渉をもつことができる．自らの同胞を傷つける特性は人類だけに独特というわけではない．ライオンも他のライオンを殺すことがある．しかし，ヒト以外の動物ではそうした行為を防ぐために行動上の抑制機構が通常は発達している．われわれは，それをもたない点で独特である．お互いに助け合うということも，特に独特というわけではない．相互互酬性は動物で珍しくはない．自分と似た遺伝子をもつ類縁度の高い個体への援助行動は，進化で大きな役割を果たしている．人類においては，お互いに助け合うことに道徳的な価値が与えられている．しかし，おそらく道徳は進化的にいえば最近形成されたのだろう．

道徳的価値を伝達するには言語が必要である．われわれが現在使っているような言語が5万年よりも古くさかのぼる証拠はない．しかし，われわれはそのずっと以前から人間へ至る進化を行っていた．われわれの人間性ははるか古い過去に根ざしている．われわれが現在もっている独特な行動特性がわれわれの人間性を形成したわけではない．

上もの間，われわれはただの風よけ程度のものしか作っていなかったが，1万5000年前，つまり最終氷河期の終わりまでに何百ものマンモスの骨を組み合わせた小屋を造ることができるようになっていた．この50万年間，行為の連鎖は複雑化し，火をおこし維持することもできるようになった．この10万年のうちには，行為を記憶することにより死者が生前行った行為や動作を心に浮かべるようになり，死体を見てもそれを単なる死体でなく，思い出を伴った親族として理解できるようになった．そして，この5万年のうちに記憶と現実との連関や精神的なイメージを保つ能力は，外界やわれわれの心のなかを芸術として表現する能力へと発達した．こうしたすべてのことが起こるのにどれくらいの時間がかかったかを理解することが肝要である．人間性の進化は非常にゆっくりと始まった．われわれが独特で人間的とみなしている変化や発達のほとんどは，考古学的な尺度でいえば，きわめて最近の成果なのである．

立ち上がり，人類になる

ひとたび立ち上がり，二本の足で歩き始めて以来（あるいは，二足性の獲得以来），身体に重要な変化が起こり始めた．起立した姿勢では，われわれの性器の位置が変化し，体の前面がはっきりと見えるようになる．その結果，性的なシグナルも変わらなければならなかった．地上に棲む霊長類では，発情期の始まりは，一見して明らかな外陰部の変化として表れる．しかし，人類が立ち上がったとき，女性の陰部は太股の間に隠れた．それによって，それまでと異なるさまざまな適応が発生したのかもしれない．発情期は隠蔽されるようになり，はっきり女性とわかる体型が進化し，女性は発情期に関係なく性交渉をもつことができるようになった．人類の二足性は人類進化の最初の段階で起こったが，われわれの独特な性的特性も同じ頃に発生したのだろう．

耐久性のある道具

われわれは道具を作り使用するために直立二足歩

人類的文化へ向かって

過去の300万〜200万年の間，人類の文化的行動は非常に複雑化した．長い一連の行為を通じて，完成品を作るという能力の進化につれて，はるかに多くの種類の独特な人類的行動が発達してきた．心のなかに情報を蓄え，それを引き出す能力は，この期間に著しく発達し，いずれかの時点で自分自身の存在を意識するに至った．文化の進化が始まったことにより，新しい地平が開拓されたが，同時に複雑な問題も発生するようになった．

道具を製作するには行為を記憶する能力が必要である．人類は長い間単純な道具しか作ってこなかった．もちろん現在でも単純な道具は作るが，人類は，一連の複雑な行動を行う能力をさらに発達させ，さらに手のこんだ石器を作るようになった．100万年以

↑約260万〜150万年前の初期の石器群は，たくさんのさまざまな小さな剥片，少数のチョッパーと呼ばれる大きな石塊からなる．おそらく後者は剥片を打ちはがして残った核だったのだろう．石器製作は大量の破片を残す．

行をしなければならなかったのではない．真の理由は，手を自由にしてものを運び，手に持ったものをたやすく操作することである．霊長類は非常に器用である．また，遊び好き，詮索好きでもある．初期のホミニドが道具を作り使用したことも，われわれに最も近い霊長類が同じ能力をもっていることからすれば，驚くことではない．異なる点は，ホミニドは長持ちする材料を使い始めたことだ．ひょっとしたら，こうしたことは木があまり生えていない場所に住み，川か湖に近い開けた場所に寝起きしていた動物が始めたのかもしれない．食べ物を浅い水のなかに探して，トカゲや昆虫がいないか小石をかき回したり，あるいは眠る場所を作るために，枯れ枝や岩のかけらを脇にどけるような行為をとおして，ホミニドは丈夫な耐久性のある材料と日頃から接触するようになった．この能力がわれわれを他の動物と分けるものである．ホミニドが自然に割れた岩を使い始め，また，鋭い剥片を手に入れるため岩を砕き始めるにつれて，キャンプの周辺は石のかけらや食べ物の残りカスがたまっていったはずである．やがて，同じようなかたちの道具を繰り返して作る能力が進化した．そのような道具の最も古いものはエチオピアのハダールで見つかっている．しかし石器が，人類に適応上卓越した地位を直ちにもたらしたと考えるべきではない．100万年の間，ホミニドはサルや類人猿以上にとりたてて成功した種というわけではなかったのである．

　道具としてであれ，キャンプサイトのまわりの岩屑としてであれ，耐久性のある材料との接触が日常的になったことは，人類の行動に非常に大きな変容をもたらし始めた．いくつかの新しい要因がわれわれの社会生活に取り入れられたのである．なわばり支配のようなものが，たとえば遺棄されたキャンプ跡のようなもので示されるようになったかもしれない．これは重要なことである．そうしたものは，あたりの景観のなかのどこにホミニドの集団がいたかを示すだけではなく，よそからやってくる新参者へのメッセージとしても機能したはずである．永続性のある文化地図のようなものが発生し，ホミニドがその場を立ち去った後でも，彼らがどのようにその地に広がっているかを示すようになった．こうした信号は初めのうちは意図されたものではなかったろうが，淘汰圧のもとで徐々にそうした意味が付与されるようになったのだろう．他の高等霊長類はなわばりの境界を個体間の活発な対面交渉で仕切るのだが，こうした点でも，われわれと他の高等霊長類には行動上の違いがある．

▶タンザニアのラエトリで，メアリー・リーキーが火山灰のなかに残されたホミニドの成人と子供の足跡を発見した．これは最も古い二足性の直接証拠である．約350万年前，彼らは近くの火山から降った火山灰を横切って北に歩いた．子供は大人の足跡を踏みたどった．次の噴火が彼らの足跡を埋めてしまう前に，小さなアンテロープが通り過ぎ，そして，にわか雨があたりの火山灰を濡らした．

オルドワイ峡谷：過去に開いた窓

ローランド・フレッチャー

オルドワイ峡谷はタンザニアのセレンゲティ平原をンゴロンゴロクレーターの近くで切り裂いている．峡谷が発達するずっと以前，ここには周期的に拡大収縮を繰り返す湖があった．ホミニドは岸辺や湖に流れ込む小川の畔に暮らしていた．湖が氾濫すると泥が彼らの住んだ痕跡を周囲の骨と一緒に飲み込んだ．

ときどき，大量の火山灰がこの地域を覆った．こうした噴火は考古学者に喜ばれる．火山灰は遺跡における層序を形成し，地層の年代決定を可能にするからである．峡谷には90mにも及ぶ地層がむき出しになっている．最も底部のベッドIでは地層の年代が180万～160万年前であることがわかっている．上部のベッドIVは，20万～10万年前である．その深さのおかげで，この峡谷は人類進化を研究するうえでまれな機会を提供している．

↑およそ40万年前に，ホモ・エレクトスによって作られたアシューレアン型石斧．少なくとも2回の工程と50回の打撃によって作られている．これらは，それ以前のオルドワン石器より手が込んでいる．

↓オルドワイ峡谷とセレンゲティ平原をンゴロンゴロクレーターのほうへ見おろす．

第1章 人類とは何か

↑峡谷の中を見おろす．

←オルドワン石器はベッドⅠで発見された．ホモ・ハビリスと共伴しているのかもしれない．石器には小さな剥片と，剥片がはがされた大きな石核，あるいは"チョッパー"がある．
MARY JELLIFFE/ANCIENT ART & ARCHITECTURE COLLECTION

→ルイスとメアリー・リーキーはオルドワイで1930年代に活動を始めた．彼らはすぐに，溶岩や他の火山岩で作られた石器を見つけた．それらは動物の骨の集積と一緒だった．しかし，彼らがホミニドの化石（それによって彼らとオルドワイ峡谷の名前が知られることになったのだが）を見つけたのはその30年後のことだった．メアリー・リーキーが慎重にホミニドのサイトを発掘している様子を示す．オーストラロピテクス・ボイセイが1959年に発見されたとき，その顔と歯を取り上げるための発掘は19日かかった．

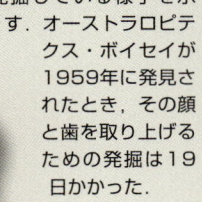

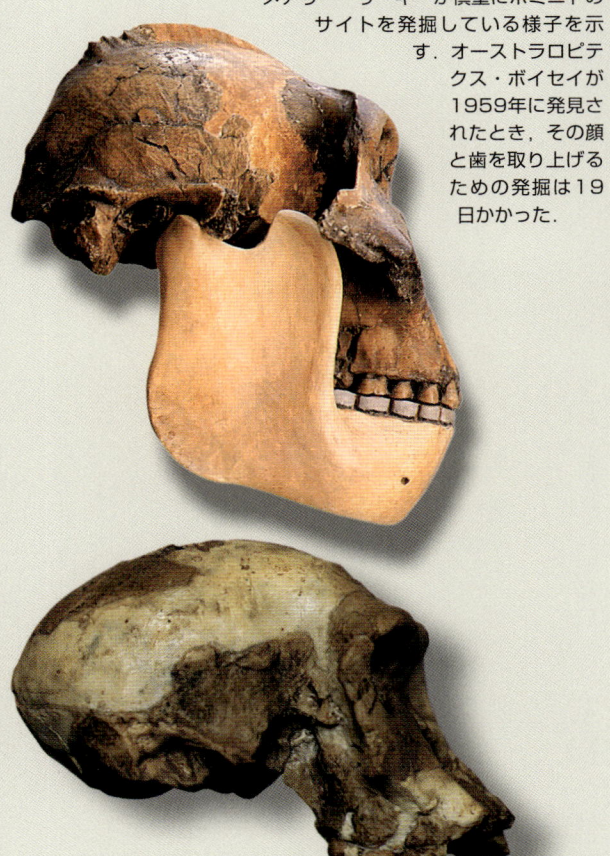

→リーキーたちの発掘は家族全体がかかわった．とりわけ，ここに見られるホミニドの化石を測っている息子の一人リチャードはそうである．リチャード・リーキーは後にケニア国立博物館の館長になった．

←1959年に発見されたオーストラロピテクス・ボイセイ（上），1961年に発見されたホモ・ハビリス（下），ともにベッドⅠから出土した．
TOP: R.I.M. CAMPBELL/BRUCE COLEMAN LTD
BOTTOM: MARY JELLIFFE/ANCIENT ART & ARCHITECTURE COLLECTION

7

第1巻　人類のあけぼの（上）

音から言語へ：人類のある発見

ウィリアム・ノーブル，イアン・ディヴィッドソン

言語は可視パターン（書かれたものや手話など），あるいは耳でとらえる音声（話言葉）からなる表象が体系化されたものであり，それによって表象自身以外のものを表現する．もちろん，すべての視覚的なパターンや聴覚信号が言語になるわけではない．こうした信号の作り手と受け手の両者が，それらの表す意味を理解していなければならない．したがって，そうした信号には一貫性と判別しやすさが求められる．たとえば，英語のキャットという言葉を理解し，それを認知できるすべての人間は，それをこの人に飼いならされた動物に関係づけることができる．しかし，一貫した意味で用いられなければならないといっても，言語には恣意的な側面もある．キャットと書かれた，あるいは話された言葉それ自体は，それが示している動物とは何の直接的類似性ももっていないのである．

⬆ドイツ南部，ボーゲルヘルトから出土したマンモスの小像．3万2000年前．
STAATLICHE MUSEEN ZU BERLIN/PREUSSISCHER KULTURBESITZ, MUSEUM FÜR VOR- UND FRÜHGESCHICHTE

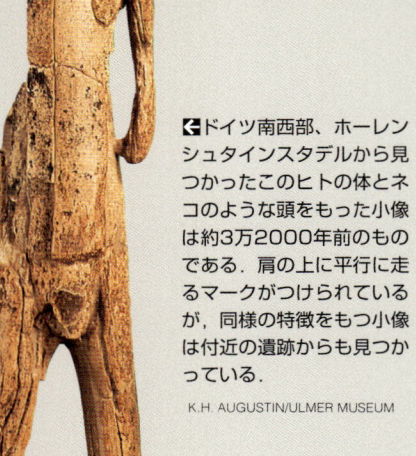

⬅ドイツ南西部，ホーレンシュタインスタデルから見つかったこのヒトの体とネコのような頭をもった小像は約3万2000年前のものである．肩の上に平行に走るマークがつけられているが，同様の特徴をもつ小像は付近の遺跡からも見つかっている．
K.H. AUGUSTIN/ULMER MUSEUM

信号から表象へ

ヒト以外の動物は，視覚や聴覚信号に反応しても，言語を使うことはできない．東アフリカのベルベットモンキーはヘビ，ヒョウ，ワシの異なる種類の捕食者に対して，異なる音声を発する．まわりにいる他の個体はこうした音声を聞くと，ただちに適切な反応をとる．「ワシ」の信号を聞くと上を，「ヒョウ」の信号を聞くと周囲を，「ヘビ」の信号を聞くと下を見回すのだ．しかし，彼らは，発せられた音声やそれに反応する姿勢が問題となる捕食者を意味するということを理解したうえで反応するのではないようだ．捕食者がいるときにしかこうした音声は発せられない．こうした音声による呼びかけが言語と認められるには，彼らが捕食者のいないところでもこれらの音声を発し，そしてそれに反応することが必要だろう．

言語の起源は，われわれの祖先が自分たちの出す音声や視覚的な信号がまわりにある特徴を指し示す手段になるということを認識したときにあっただろう．この段階に達して以降，特定の特徴を示す音声や信号が加速度的に使われるようになり，変容を受けながら倍増していった．そうするうちに，初期人類はコミュニケーションのためにしぐさが表象として用いられる可能性を発見した．その結果，さらに複雑な行動が発達した．彼らは最近の行動について話し，他のやり方について想像し，さらに将来の行動を計画することができた．こうして，彼らは，社会的な要素も含め，環境をコントロールする能力を身につけた．

ホミニドは，進化の結果，腕や手を視覚的にコントロールする能力を向上させ，その結果，利き腕で正確な投擲ができるようになったといわれている．このことはホミニドに環境のなかのある対象，獲物や捕食者を指で指して示すという能力も与えただろう．同様に，このことは獲物の動きを指で示し，また手や腕で獲物の動きや輪郭をなぞったりまねたりして，追跡している動物の特徴を知らせることができるようにもしただろう．こうした静かな動作は，獲物に彼らの存在を知らせないようにしながら，必要な情報を一緒にいる他の仲間に伝える効果があったはずだ．

信号から象徴へ

言語的行動の出現への次のステップは，そうした信号を示すうちに泥や砂に印を残したときに起こったはずだ．そうした痕跡は外界の対象を指示するものとして受けとめられるようになったに違いない．身体表現は視覚化された記録として残されて，そうした痕跡自体が情報を伝える独立した存在として捉えられるようになっただろう．これが起こったとき，視覚，聴覚信号をシンボルとして認識し利用することが可能になった．ヨーロッパでは，そうしたシンボルは約3万6000～3万2000年前には見られない．立体的な人形のかたちは表現や関連性について明らかに共通の様式を用いてつくられている．

オーストラリアへの人類の到達については少なくとも5万年前と信頼できる推定があるが，これは言語使用の最も初期の証拠である．オーストラリアへ渡った人々は外海を横断しなければならなかったし，そのために海を渡る船を造らなければならなかった．言葉をもたないでそうしたことを思い描き，計画し，実行することは不可能なはずだからである．

⬆ニシキヘビがベルベットモンキーの群れに近づいていく．群れの中の1匹がこれに気がついて警戒音を立てると，群れ全体が警戒態勢に入る．警戒音はどのような危険があるかによって決まっている．
RICHARD WRANGHAM/ANTHROPHOTO

遠距離からの攻撃

石器は集団内での意志表示の一つにもなった．霊長類の意志表示には，とても暴力的なものがある．たとえばチンパンジーやゴリラには，オスメスともに順位がある．集団内で最も高順位のリーダーオスは，メスとの性交渉権をめぐって他のオスから挑戦を受けることもある．争いは両者が対峙して戦う姿勢を見せる，唸る，歯を見せるなどの行為を伴うが，重傷を負うまでに至らないのが普通である．一方が負けを認めると争いは止む．チンパンジーは戦うとき，緊張しているとき，不安なときには棒を投げることがある．争う2頭は通常接近しているため，降参を示す顔の表情やしぐさはすぐ見えるので，勝者の攻撃を止めるのに役立つのである．

しかし，石や堅い物を投げつけるのは，身体表現よりはるかに効果がある．相手から離れた所から物を投げつけるのは，非常に有効だったはずだ．そのかわりに顔の表情やしぐさは不必要となり，効果もなくなった．最も有効な防衛は，相手の次の動きを予測して先取ることである．これができた個体は怪我を防げただろうし，同じ適性をもつ子孫を残せただろう．なぜ人間の攻撃は明らかな意志表示を伴わないのか，なぜ服従する意志表示が攻撃を抑制できないのかという疑問は，固い道具が登場したことで説明がつくかもしれない．

人類の持続性

記憶できること，行動を予測できることは，人間特有の性質である持続性の発達に結びついた．道具を作るうえで，社会的な競争のなかで，食べ物を探すときにも，そのときどきに参考になる情報を多く記憶できるほど，有利だったのは明らかだ．たとえば，200万〜100万年前，人間は動物を狩っていたかもしれないが，遺体を偶然見つけたらそれをあさっていたのは間違いない．少なくとも10万〜5万年前には，おそらく協力しあって大型獣を狩猟するようになっていた．現代人は，獲物が何時間も視界を離れても，追いかけ続ける．たくさんの情報が頭に蓄積されているほど，目的を達成するために長い時間行動し続けるのである．

火 の 力

動物のなかで人間だけが火を好み，管理できる．しかしサバンナの動物は火を知らないわけではないし，避けているわけでもない．草原では野火は頻繁に広い範囲に起こり，多くの昆虫や小動物が命を落とす．遺体あさりを行う動物は餌を得るために火の背後に回る．初期人類もそうしたはずで，食べ物を探して灰をつついたり，焼けた枝をどかしたりしたことだろう．黒く焦げた木の棒を道具として持っていたかもしれない．しかし，実際に火を維持したり火をおこす能力をもつには，非常に複雑な行動の連続が求められる．フランスの地底湖エスカルの付近から，70万年前にさかのぼる炉跡と居住跡が見つかっている．しかし，炉の証拠のほとんどは，30万年前よりも以降のものである．

火を管理できるようになると，いろいろな変化が起こる．食べ物を加熱でき，木の道具が加工できるし，より堅くもできる．草原で火事を意図的に起こせば，動物を狩猟者のほうへ追い込むこともできる．疎林で偶然に繰り返される野火の結果草原が開けて，

↑チンパンジーは恐れたり怒ったときに二本足で走ることがあり，侵入者や捕食者をおどすために棒を持つこともできる．激しい顔の表情を見せたり唸ったりする行為は攻撃の特徴であり，戦闘状態にあることを示す．戦闘は近距離で起こる．

←フランスのテラアマタ遺跡は，地中海の旧海岸線の砂浜にあり，30万〜20万年前の炉跡とヒトの居住を示す遺物が見つかっている．炉跡のいくつかは浅い穴の中にあり，いくつかは礫群である．

タンザニアのゴンベ保護区で，ジェーン・グドールとヒューゴ・ヴァン・ローウィックは，チンパンジーの母親が死んだ子を１日連れまわすのを目撃した．しばらくすると母親は死体を雑に扱うようになった．結局は下に置いて水を飲みに行き，二度と抱き上げることはなかった．

HUGO VAN LAWICK/REPRINTED BY PERMISSION OF THE PUBLISHERS FROM *THE CHIMPANZEES OF GOMBE* BY JANE GOODALL, CAMBRIDGE, MASSACHUSETTS: THE BELKNAP PRESS OF HARVARD UNIVERSITY PRESS, COPYRIGHT © 1986 BY THE PRESIDENT AND FELLOWS OF HARVARD COLLEGE.

ネアンデルタール人が本当に遺体を埋葬したのかどうか，もしそうなら，なぜ埋葬したのかは論争のまとである．イスラエルのケバラ洞穴から最近発見された６万年前のネアンデルタール人は，この論争に新たな資料を提供することとなった．論争の理由の一つは，現代人の起源はアフリカにあり，ネアンデルタール人は直接の祖先ではないという主張である．もっとも，人間の行動が単純に連続していたと考える必要はない．ネアンデルタール人の遺体はさまざまな状況でさまざまな姿勢で見つかっている．これがわれわれに理解しやすい行為（＝埋葬）によるものだったとは限らないのである．

シカなどの草食獣の生息に適する土地になる．さらに，火は人間の存在を示すことにもなる．ジェームズ・クック船長がオーストラリアの東海岸に近づいたとき，煙がいく筋もたちのぼっているのに気づき，人間が住んでいることがわかったのである．特に夜は，火があれば人間がどこにいるのかわかる．火を使うことで，図らずも人間は自分のいる場所を遠くまで知らせることになった．人と人が出会うのはもはや偶然ではなく，社会はより複雑となった．石器が新たな意思表示の手段となったように，火も人間の予測する力や管理する力をより強くしていったのである．

過去の記憶

人間行動の次なる大きな変化は，遺体がかつて人間だったという認識をもつようになったことである．10万年前以前，人類が同胞の遺体を他の動物の屍体と区別していたとする証拠はない．人骨は砕けて遺跡中に散らばって出土する．これは，他の霊長類が同胞の屍体を気にとめないのと同じである．チンパンジーの母親は，死んだわが子を１日や２日持ちまわることもあるが，そのうち気にしなくなってくる．はじめは屍体を抱いているが，やがて片手で持ったり，ひきずるようになり，そのうち下に置いて忘れてしまう．屍体からはもはやそれがチンパンジーだったことはわからないし，母親には生きていた頃の子供のしぐさなどを記憶している能力がない．

約10万年前には，ネアンデルタール人が死者の遺体をさまざまに取り扱うようになる．もっとも，ネアンデルタール人がわれわれと同じような認識をもっていたと勝手に仮定しているにすぎないのだが．ネアンデルタール人が同胞の屍体をわれわれの経験が及ばないかたちで認識していた可能性もあるだろう．現代人の知性が人によってさまざまなように，ネアンデルタール人の記憶力にも変異があったとしたらどうだろう．バルカン地方のクラピナ遺跡で見つかったネアンデルタール人の骨はきれいに処理され焼かれていたが，ピレネー地方のオータス遺跡ではただゴミと一緒に捨てられていた．一方で，フランスのラ・シャペローサン遺跡では老人が深い土坑に埋葬されていたのである．

人類が同胞の遺体を埋葬するようになって，彼らが過去の出来事と動かない身体を結びつけられるようになったことが示される．それにはすぐれた記憶力が必要だったわけではなく，おそらく２，３週間程度の記憶でよかっただろう．ネアンデルタール人は，死後おそらく２，３日以内に全身を埋葬するのが普通だった．だからといって初期の埋葬が死後の信仰をもった証拠と早合点してはいけない．これには，発達した記憶力と生涯を終えた後に続く世界を思い描く力が必要だったことは間違いない．

第1章　人類とは何か

←オスチンパンジーの脅し：この表現行動の特徴は，毛を逆立たせて大きく見せる，歯を見せる，にらみつける，などである．にらみつけ噛みつくように歯を見せるのは，人間が怒ったときの表現にも共通している．また，毛が逆立つのも，人間では毛穴の筋肉が収縮するときに感じる鳥肌が立つということに通じる．

顔の表情や態度に表れる脅しの基本的な表現はヒトに普遍的で，似たような行動はチンパンジーや他のヒト以外の霊長類にもある．ヒトはさらに，攻撃を弱める行動も発達させた．泣くという行為は同情的反応を引き出す．ヒトの新生児は自分の泣き声に反応して泣くが，他の人間の声には反応しない．他に効果的な戦略としては，攻撃者との社会的接触を中断してしまうように振る舞うことが挙げられる（写真参照）．

攻撃と戦争：人間であることの一部なのか
イレネウス・アイブル−アイベスフェルト

攻撃は個人や集団が実際の力や脅しを使って他者より優位に立とうとするときに起こる．動物には一般的に見られ，食物や配偶者，なわばりなどの限られた資源をめぐる競争のなかで生まれる．母親が子を守るときには防衛手段にもなる．種内競争は，相手が実際に傷を負わないよう儀式化されている．敗者が服従する姿勢を見せると勝者の攻撃は止み，争いは終わる．

個体ごとに示される攻撃と集団間の攻撃は別である．戦争の原型ともいうべき集団間の争いは，霊長類とある種の齧歯類（ノルウェイネズミなど）にのみ起こる．ジェーン・グドールは非常に近接して生息するチンパンジーの集団間の争いを観察した．その集団のオスはなわばりの境界をパトロールして，他の集団のメンバーを攻撃して殺してしまうこともあった．人間もまた，地位やなわばりや配偶者をめぐって，個人的に，また集団で一丸となって攻撃する．

→ブッシュマンの戦い．1930年D・F・ブリークが模写した南アフリカの岩絵．

外的，内的なきっかけ

ロマンチストな人類学者の想像に反するが，愛情とふれあいをもった温かい家庭環境にあっても人間が平和的に育つとは限らない．また，そのような家庭環境が欠落していたとしても，ただちに攻撃的な人間になるわけでもない．戦士を育む現代の文化では，両親は愛情をもって子を育てるが，子は勇猛な戦士となるのである．これは，愛情をもって育てられた子は両親や集団のなかで自我を育み，戦い好きであれ平和主義であれ，周囲の価値観を受け入れるように育つからである．1960年代後半までは，狩猟採集民は，開かれた社会に住むなわばりをもたない平和主義者と信じられていた．しかし，過去数十年にわたる調査の結果，これは誤りであることがわかった．南部アフリカのブッシュマンの現代絵画にもあるように，岩絵には石器時代から現代に至るまで戦う戦士たちが描かれ続けている．

攻撃的な行動は，外部の刺激への反応だけではない．内的な原因からも誘発される．雄のホルモン作用もその一つである．現実の，もしくは象徴的な戦い（たとえばスポーツや試験）で成功することは，男性ホルモンを増加させるが，食欲や性欲と同じように，目的を達成しても自動的にはおさまらない．一部の男性には権力や軍事的優位性を志向する傾向が強いことがあるが，この理由によるかもしれない．脳内のニューロンの突発的な活動が攻撃性を誘発することもあるが，文化的要因はこれをおさめることを可能にする．

否定的，肯定的な攻撃

動物にも人間にも，攻撃にはさまざまな目的がある．破壊的行動に走って困難な状態に陥ることもあるし，時にはよい結果をもたらすこともある．たとえば，目的達成の前に障害がたちはだかるといった物理的，精神的状況を，攻撃的な態度で臨むことに

第1章 人類とは何か

よって問題を克服できることもある．攻撃性は否定的な面しかないと考えられがちなので，この点は強調されるべきである．子供は攻撃性を一切もたないように育てられるべきだと主張する人もいる．しかし，これでは防衛ができなくなるため，その個人にとっては深刻な害となる．また，人々が不正や独裁に立ち向かうには攻撃性が必要である．

組織的攻撃としての戦争

戦争は，人間による攻撃の組織的な形態である．チンパンジーの行動にみられるような生物的原型はあるとしても，戦争は文化進化の産物である．戦争には戦略的に計画された入念な努力が必要で，遠距離から倒せる武器で（面と向かって接触することもなく）行われ，共通の敵を倒すのが目的である．攻撃と違い，戦争は集団の忠誠心という感情に依存し，その感情はしばしば敵を非人間化する宣伝によって増幅する．こうなると争いは倫理の問題にすりかわり，殺人は真の英雄的行為とまではいかなくても愉快なこと，また美徳となる．これは歴史を通じて働いてきた戦略である．

人間における集団攻撃を理解するには，人間は基本的に同胞に対して愛憎いりまじる感情をもっていることを認識することが重要である．人間は親切な態度（知り合いに対してはとりわけ）を示すこともあれば，恐れをもつこともある．支配されることを恐れるが，弱者に対しては支配しようとする．

このような戦争はわれわれの遺伝子によるものではない．しかし，限られた資源を獲得し防衛することにとって，戦争はつねに効果的な方法だった．破壊的な武器が発達すればするほど戦争はより危険となり，一方で規律や儀式がこの危険を弱めるために生まれてきた．われわれは，人類が直面する大規模な問題を攻撃や戦争によってではなく，他者の権利を尊重する社会的，政治的契約によって解決するよう努力しなければならない．

▶社会的接触を中断するように振る舞うことは，攻撃を防ぐ一つの方法である．ヤノマノ族の少年が他の少年に脅されている．攻撃された少年は，はじめは懐柔するように微笑んでいたが，効果がなかった．ぶたれた後，彼は視線をそらして（接触回避）頭を下げて膨れっ面をする．他人からの攻撃を返すには非常に効果的である。攻撃者は去ってしまう．

➡次ページ：3万〜2万5000年前のヨーロッパにおける最初の芸術は，フランスの洞窟の壁に刻まれた彫刻である．ラ・フェラシー遺跡のこの石塊の彫刻は，三角らしき形で鋭角に交わる線が描かれており，女性性器と解釈されている．

➡ハンガリーのタタ遺跡から出土した滑らかな象牙の板はオーカーの色がついており，5万年前のものである．自然にできたものか人間が作り出したものか，意見が分かれている．

HUNGARIAN NATIONAL MUSEUM/ANDRAS DABASI

⬆後期旧石器時代に属するフランスのブランシャ岩陰遺跡から出たこの骨片は，アレキサンダー・マーシャックによって仔細に研究された．いくつかまとまって穴が並んでいる．個々のまとまりは同じ道具で穴があけられており，何かの印かもしれない．

JEAN VERTUT/MUSEE DES ANTIQUITES NATIONALES, ST GERMAIN-EN-LAYE

芸術の意味

過去の行為と物体を意識的に結びつけられるようになって，人は芸術的行動の基礎能力を身につけた．観察した物体と記憶のなかにある特徴が結びつくと，直接見ていなくても人や動物の特徴を思い出せるようになる．われわれは，ただ物体を見たり過去を記憶するだけではなく，過去に起こったことを記憶し，それを具体化して表現できるし，物体を見てすぐにそれを具象的に表現できる．今日でもこれがうまくできない人は多いのだから，おそらくこれは特別な能力だったはずだ．

はじめは，これらの形やイメージは曖昧ではっきりせずあるいは単純だったはずだ．揺籃期の芸術にはどのようなものがあるのか，論争になっている．たとえば5万年前のハンガリーのタタ遺跡から見つかった線刻のある磨いた象牙や，フランス南部のラ・フェラシー遺跡の線刻された骨などだ．3万年前になると，ウマの彫刻や女性性器をかたどったらしい単純な線刻が見つかるようになる．さらに1万5000〜1万年前になると，芸術は技術的にも内容的にも複雑になった．フランス南部のラスコー洞窟の壁画のなかには，数種の動物を組み合わせた想像上の動物さえ見られる．

芸術の意味と同じく，その目的も謎である．遠くから居場所を知らせる火のように，芸術は時を超えて詳細なメッセージを伝えることができる．われわれはもはや，学んだことすべてを記憶する必要はない．必要な情報が物に刻まれてどこに置かれてあるか知っていればよいのだ．

生命の周期

芸術は，われわれに周期を表現できる方法を与えた．絵画や彫刻には繰り返しつけられた刻印がある．これは最初の楽器，いろいろな音が出るよう穴をあけた骨の管にもある．刻印や楽器は，連続と分断から成り立つ．これこそ，自然界の現象である時間と音を人間の尺度で捉えるうえでの基礎的な論理的手段である．単純だが，それぞれが人間の思考の基本的な発展を表している．人間が周期の概念をもつと時間は分断され，月の満ち欠けや群れをなす動物の繁殖期など変化のパターンが認識できるようになる．もはやわれわれの記憶力に頼らずとも予測できる．予測しがたい世界を理解し管理する物的方法を得たのである．

2，3百万年前の祖先が始めて以来，われわれは堅い道具との複雑な関係を余儀なくされてきた．道具はさまざまなかたちで社会的ストレスや新たなシグナルを生み，時空を超えて，同じ社会に生きる同胞との接し方に影響を与えてきた．道具は人間の行動

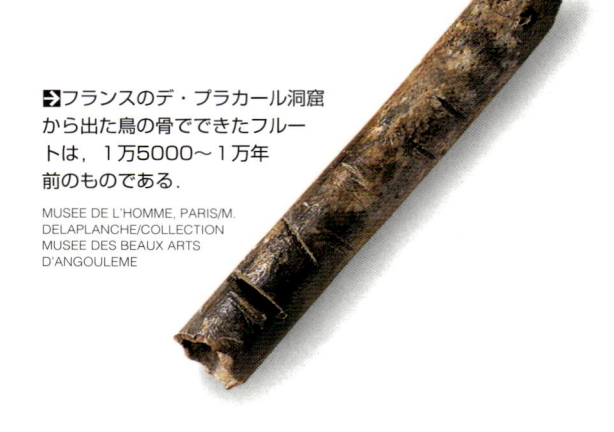

➡フランスのデ・プラカール洞窟から出た鳥の骨でできたフルートは，1万5000〜1万年前のものである．

MUSEE DE L'HOMME, PARIS/M. DELAPLANCHE/COLLECTION MUSEE DES BEAUX ARTS D'ANGOULEME

をかたちづくってきたばかりでなく，予測し，持続するという能力をも発達させた．さらにはわれわれの限りある脳に，潜在的に限りない知識を蓄積し，整理し，分析するための物的手段を与えたのである．

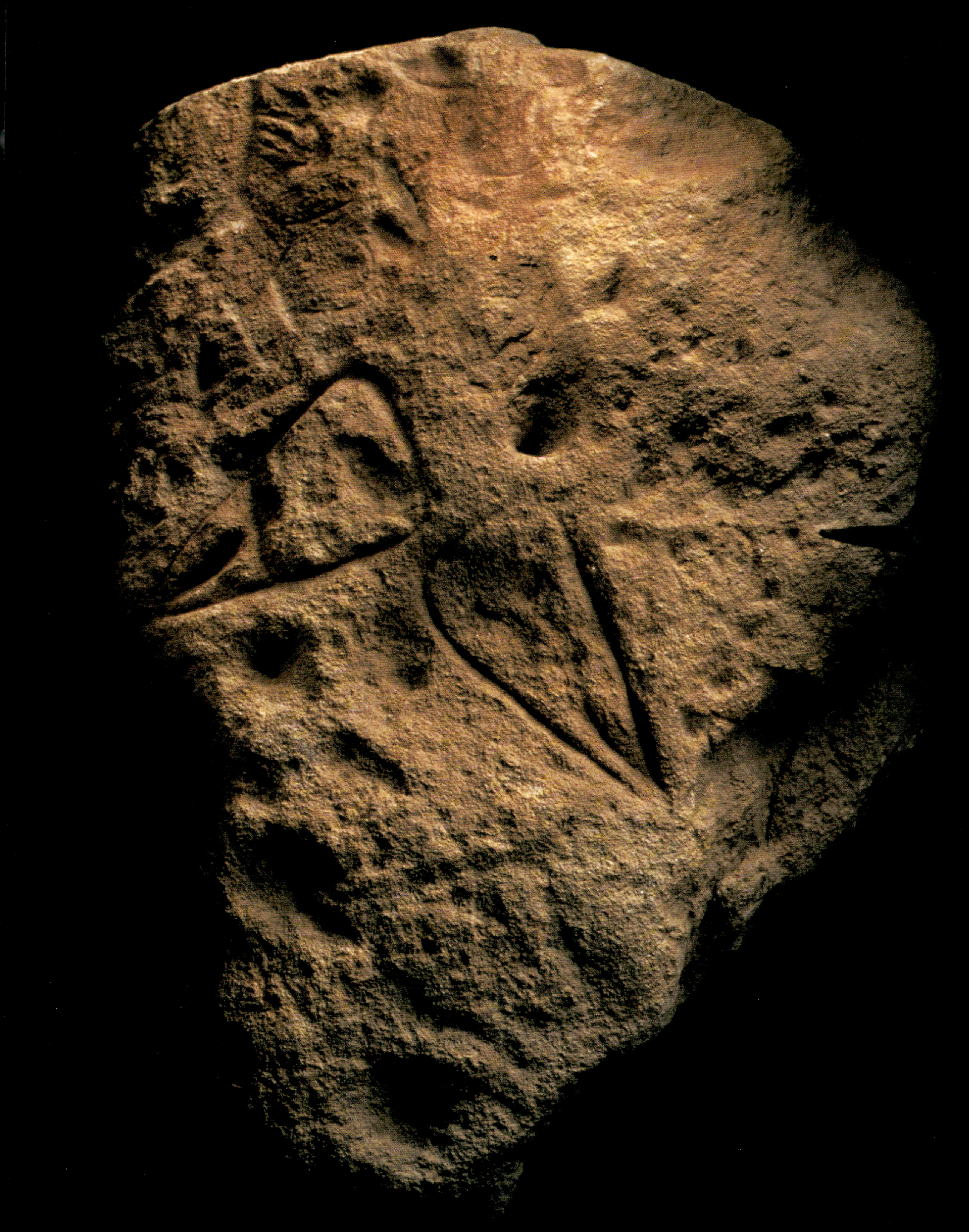

先史時代の性別の役割

ミッシェル・ランペル

性別の役割とは，男女がお互いに接しあい，日常生活のなかで行動する際の決まった流儀のことである．人間の社会はすべて男女の役割を定めている．明確な積極的な役割と消極的な役割の両方あるが，子供のうちから模倣と教育によって学ぶものである．科学者は，性別の役割の生物的，文化的な本質について議論し続けており，時に人類進化の研究から現代の性別の役割の起源を学ぼうとする．

われわれの祖先についての知識は，居住様式や食習慣や他のさまざまな生活習慣についての詳細を伝える考古学的資料から得られる．化石からは，形質的特徴，健康状態や寿命などがわかる．しかし残念ながらどちらの資料も，なぜ，どのように現代人の性別の役割が進化してきたのか，はっきりした答えをだしてはくれない．

男性と女性は生殖に関する生理が異なる．女性は体重に比べて脂肪の割合が高く，子供を産むために広がった腰部をしており，母乳を与えるための乳腺がある．逆に男性は体重に比べて筋肉の割合が高い．体格の違いとともに，これら性による違いは性的二型として知られている．

多くの人間集団では通常男性は女性よりやや大きいが，ヒトに近縁な他の霊長類に比べると，現代人はそれほど性的二型が大きいわけではない．性的二型は化石資料でしばしば論争になる形質である．霊長類学者は，単雄単雌で暮らす霊長類に性的二型の大きな種はいないことを知っているからである．

化石として知られている最初の人類の直接祖先はオーストラロピテクスという属であり，400万〜200万年前に東，南アフリカに生きていた．異論はあるが，男女の差が非常に大きい．成人女性の個体（発見者によってルーシーと名づけられた）は，身長1.1mで体重27kgだった．男性と仮定された個体は，身長1.6mで体重50kgだった．

この証拠によると，人類進化の初期には，現代社会ではあたりまえの一夫一妻の核家族やそれに伴う性的に固定された役割は，まだ現れていなかったことになる．その後の進化の途上で徐々に化石には性的二型が減少していき，10万年前に現代人的人類が現れたときには，性的二型は今のわれわれと同じになっていた．性別の役割については何もわからない．しかし骨格と社会形態の関係についてのわれわれの知識が正しいとすると，先史時代の最初期での男女の関係は今とは違っていたはずである．実際にどのような状態だったのかはわからないが．

第二の証拠となる考古学からも，たいしたことはわからない．最も古い情報は250万年前の石器だが，性別の役割については不明である．個人的な装飾品はヨーロッパで3万年前から見つかっている．腕輪や身体を装ったのであろう穴のあいた貝が男女の墓から見つかっている．やがて，ヨーロッパでは当時としてはすぐれた芸術作品が現れる．骨や象牙を線刻したり造形した女性像と，有名なヴィレンドルフのビーナス像のような粘土彫刻がその例である．有名な洞窟絵画や岩面に刻まれたレリーフには男性をかたどったものもいくつかあるものの，ほとんどは，胸や尻の突き出た解剖的特徴を強調した女性である．学者はこの意味を議

← 現代人と違い，われわれに最も近い霊長類には性的二型の非常に大きな種がいる．ゴリラの雌（左）は雄の60％程度の大きさしかない．性的二型は雄が雌をめぐって競争する場合に大きく，雄雌がペア型の種は小さい．

第1章 人類とは何か

論している．その土地の女性を模写したものだろうか．豊穣を象徴するものだろうか．意図的に色気を強調しているのだろうか．農耕が始まった1万年前には，人間は今のわれわれとたいして変わりないであろう組織化された集団に住むようになった．

進化史においてどのように男女別の役割が進化してきたのか，証拠がないので学者は推測するのみだ．推測はしばしば現代の考えを過去に投影し，われわれ自身の社会の傾向に従ったものとなる．たとえば，人間の社会集団の進化には，男性が狩猟し獲物を家に持ち帰り分配する，女性は子供を育てながら男性が家に帰るのを待つ，という男女の性的分業がかかわっていると多くの学者が最近まで信じてきた．訂正意見として，男女にはもともと異なる採食戦略があり，単雄単雌のペアは資源を分配して男女両方の生存可能性を最大限にする方法だけでなく，父性を確実にする利点もあった，という見方もある．多くの現代社会にみられる食への好みや関心が，これらのシナリオのなかに現れている．

対照的に，最近の研究者は，現代の平等な狩猟採集社会に生きる女性の重要性を指摘し，先史時代のモデルとして取り上げている．男性も女性も重複する活動や影響圏をもつ．基本的な食物（野菜，ナッツ，昆虫，小動物）は女性が調達し，男性が供給する生活必需品は少ない．現在の考え方には，性の役割だけでなく性行動や感情の面を取り上げたものもある．一夫一妻制ではない生活様式を認め，男女の性の本質を見直して，人類進化の途上では，適度の乱婚型や連続的に相手が変化するペア型のようなかたちで，男女の両方に複数の性交渉の相手がいたと考えている．

日常生活における一夫一妻，核家族，権力構造の面での性的分業，分配と協調の位置づけについて現代の欧米社会は強い関心を抱いているので，これらが先史時代の性別の役割にもそのまま再現されているのだ．先史時代にそのまま投影されたとき，これらの概念がどれだけ正確かは怪しいだろう．われわれは遠い過去への回廊を見ているのではなく，鏡を見ているだけなのかもしれない．

↑ヨーロッパの後期旧石器時代に女性像（地母神像）が現れる．二つは頭や足ははっきりせず性的特徴を強調しており，フランスのブラサムポーイから出土した細かな美しい頭部の像（右下）は，当時の人々の目をとおして見た女性のイメージを伝えている．

JEAN-PAUL FERRERO/AUSCAPE

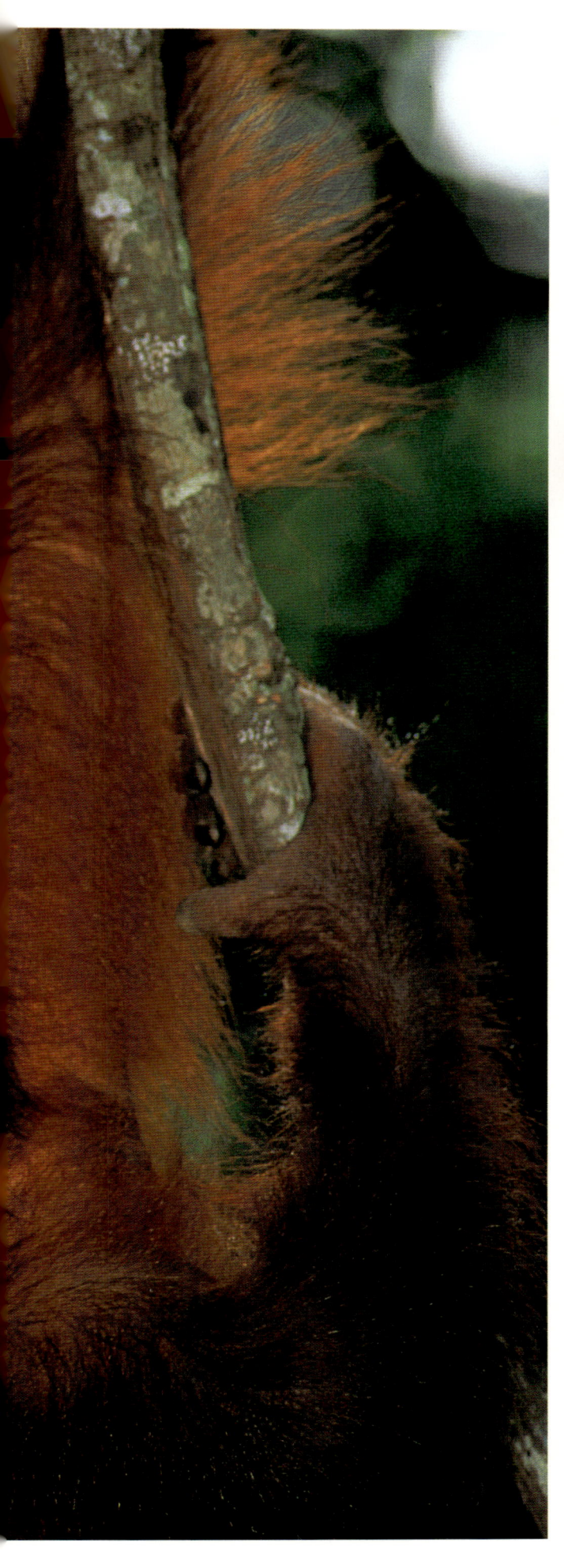

第2章 人類の起源

2000万年前 − 10万年前

われわれの初期の先祖

コリン・グローブス

18世紀，ヨーロッパの知識人は類人猿に魅せられた．彼らは何者なのだろうか．サルはその当時見慣れたものになっていた．ポンパドール夫人はブラジルからきたマーモセットをペットにしていた．それより2世紀前，デューラーは西アフリカ原産のマンガベイのつがいを描いていた．北アフリカのバーバリマカク（しばしばバーバリエイプとして間違われるが）はローマ時代から知られていた．しかし，類人猿（当時は「オランウータン」と呼ばれていたが）はそれらと違っていた．尻尾がなく，直立し，体毛に覆われている点を除けば人間とほとんど同じで，目には知性の光があり，言葉がなくてもお互いに理解できるほど表情が豊かである．実際，多くの人は彼らはほとんど練習しなくても話すことを覚えるのではないかと考えた．別の者たちは，彼らは自分たちの言葉をもっていると確信し，この人間の世界で彼らが意志の疎通を可能にするのは時間の問題だと信じていた．

こうした多くの推測が，注意深い観察を欠いているのには驚くばかりである．ヨーロッパに折々つれてこられた（そして適切な世話がされず死んでいった）若い類人猿に二種がいることを，ドイツのヨハン・フレドリック・ブルメンシェンやフランスのジョージ・キュビエといった自然科学者が明らかにしたのは18世紀も末になってからだった．大きく赤い類人猿は本当のオランウータンだが，それと小型のテナガザルは東インドから，大型で黒い類人猿で後にチンパンジーと呼ばれるようになる種類は，アフリカから来ていた．

← オランウータンは科学者に十分知られるようになった最初の大型類人猿である．この東南アジアの類人猿はチンパンジー，ゴリラに続いて3番目にわれわれに近い親戚である．

↑ スタークフォンテインから見つかったこの頭蓋骨はオーストラロピテクス・アフリカヌスとして分類されてきた．しかし，最近では，これを最初期のパラントロプスの標本とする意見もある．
DAVID L. BRILL, 1985

➡次ページ：このチンパンジーのまなざしから輝く知性は、幻ではない。チンパンジーは系統的にわれわれに最も近く、野生でも道具を製作使用し、複雑な社会組織をもち、自我の萌芽さえ認められるのだ。

　第三の類人猿であるゴリラが学会に知られるようになった1847年には、チンパンジーとオランウータンの違いは、よく知られるようになっていた。しかし彼らが何者なのかを理解させたのは、1859年にチャールズ・ダーウィンが『種の起源』のなかでまとめて発表し、人々に大変な衝撃を与えた概念である。類人猿がわれわれに似ているのは、彼らがわれわれとつながりがあるからなのである。

　1863年に発表された「自然界における人間の位置」というエッセイのなかで、トーマス・ハクスリーは、チンパンジーやゴリラなどアフリカの類人猿は、オランウータンよりわれわれに近いと述べていた。

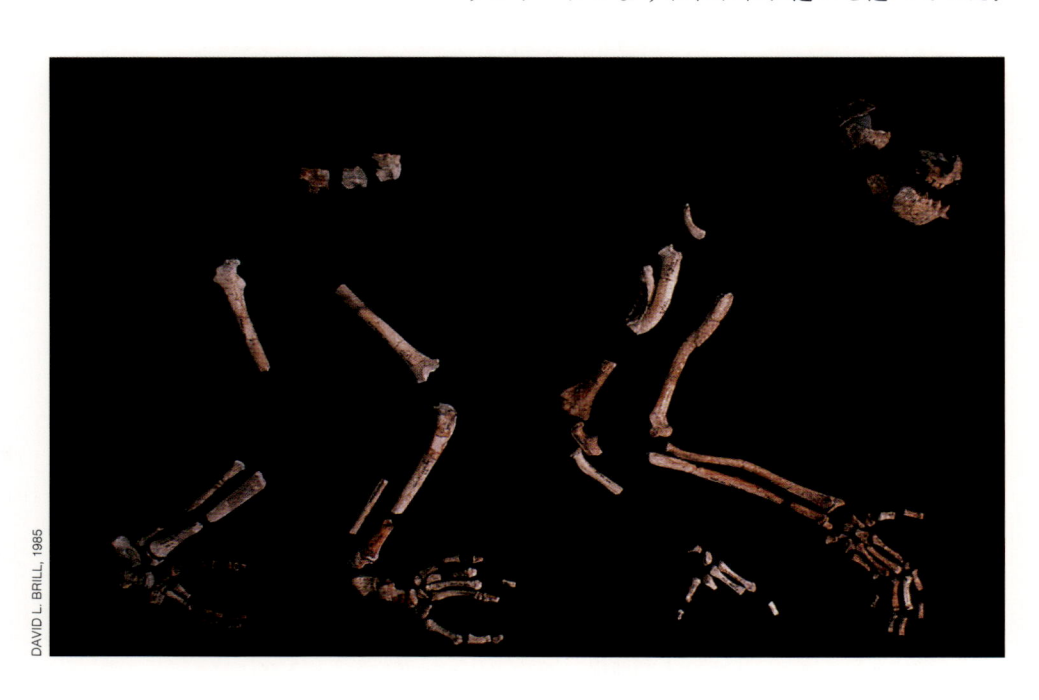

⬆1800万年前の東アフリカに生きた類人猿，プロコンスル・ニアンゼィ（訳者注：プロコンスル・ヘセロニの間違い）のほぼ完全な全身骨格。類人猿やサルの祖先などを含む原始的な霊長類相のなかで、こうした中型の類人猿は当時、熱帯雨林で繁栄していた。

1872年の「人類の由来」では、ダーウィンは、アフリカの類人猿がアジアの類人猿よりわれわれにより近いのであれば、われわれの起源はおそらくアフリカにあるだろうと書いている。多くの権威者が時に異論を唱えてきたが、1940年代以来、ハクスリーとダーウィンは正しかった、という見解に一致してきた。チンパンジーとゴリラはオランウータンよりわれわれに近く、最初の人類を探すには、アジアではなくアフリカで探すべきなのだ。

　伝統的に類人猿は、われわれを含むヒト科とは異なり、オランウータン科と呼ばれる科に分類されてきた。しかし、専門家たちは、大型類人猿をヒト科に入れて、さらにオランウータンを一つの亜科に、人類とチンパンジーとゴリラを別の亜科に分類するようになってきている。

われわれの系統をたどって

　1960年代初頭には、霊長類のグループを生化学的に比較できるようになっていた。最初は免疫学的手法が使われていたが、より進んだタンパク質のアミノ酸配列法にとってかわられ、やがてDNAそのものを分析するようになった。結果はいつも同じである。チンパンジーとゴリラと人間は近い関係にあり、オランウータンはそれより遠く、テナガザルはもっと遠く、サルはさらに遠い。チンパンジーがゴリラより人間に近いのかどうか（もしくは、この三つは同じくらい近いのか）は結論に至っていないが、この三種の系統的な近さについて異論はない。

　生物のタンパク質構造とDNAの変化は、長期間にみると総じて規則的に起こるというのが定説である。タンパク質の一つやゲノム（遺伝を決定づける細胞の遺伝物質の完全なセット）の一部を見て二つの種がどれだけ違うのかがわかれば、いつ共通祖先から分かれたのか計算できる。この概念は、分子時計として知られている。この時計は正確な時間を刻むわけではないが、最低限のことはわかる。それによると、われわれとチンパンジーは700万〜500万年前の間に分岐したはずである。

初期の類人猿

　人類と類人猿を含む分類学的グループはヒト上科といい、2000万年前までに誕生したことが知られている。中新世の前期（1900万〜1800万年前）には、東アフリカに大小あわせて少なくとも10種の類人猿がいた。最もよく知られているのは、プロコンスル属（1890年代に動物園の人気者だったコンスルというチンパンジーにちなんで名づけられた）に属する種類である。これは1933年に発見され、今ではほぼ完全な全身骨格（と部分的なものがいくつか）と顎、歯、頭蓋骨の破片が多く見つかっている。これらの骨を研究すると、プロコンスルは樹上に住み、四足で歩き、果実を食べて、おそらく尻尾がなく、大きな犬歯があったことがわかる。ある種は今のチンパンジーより小さく、ある種はゴリラほど大きかった。

　人類とチンパンジーとゴリラとオランウータンが属するヒト科（テナガザルはすでに分岐しており、ここには含まれない）の共通祖先がプロコンスルである、というのは通説である。しかし、歯や顎や四肢の骨の特徴が共通祖先らしくないと考える研究者もいる。1980年代中葉、プロコンスルと同時期に生きていた化石類人猿が新たに発見された。アフロピテクスと名づけられ、プロコンスルほどにはよくわかっていないが、より共通祖先らしくみえる。ある意味では、発見される前に予想されていてしかるべき化石のようである。

　もう一種の大型類人猿、ケニアピテクスが中新世の中期（1400万年前）から発見されている。その祖先と考えられるアフロピテクスのように犬歯が大きいが、顔は短く他の点でも今のヒト科に近く、より"進歩"していた。現生のヒト科の共通祖先は、このようだったかもしれない。

⬆最近発見されたアフロピテクス・ツルカネンシスの頭骨。プロコンスルと同時期だが、人類と類人猿の祖先により近いと考えられている。

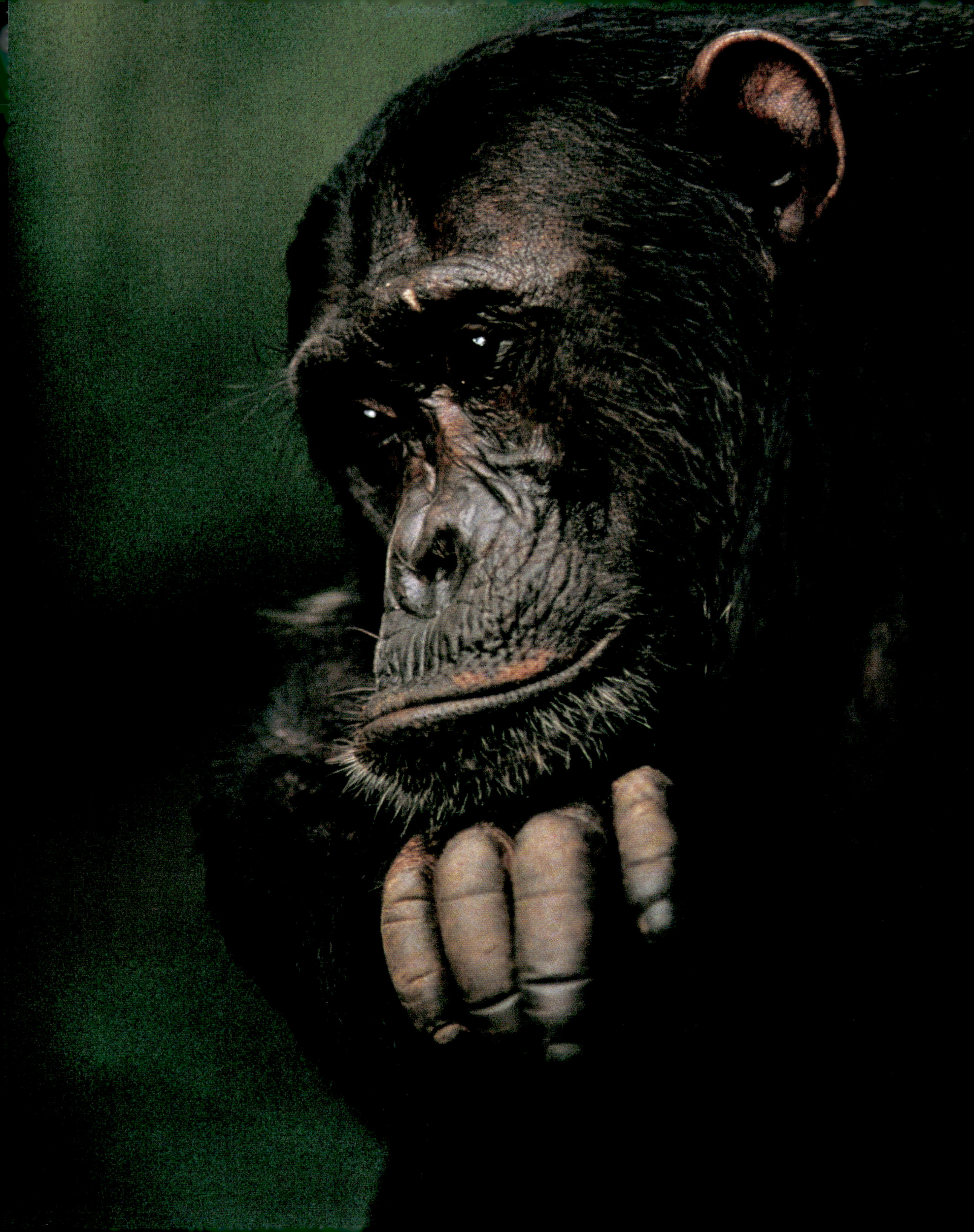

第1巻　人類のあけぼの（上）

→その見かけによらず，巨大な類人猿ゴリラは通常，静かで家族を大切にする，人間的な類人猿である．雄の体重は平均で150 kg，雌は70 kgしかない．現在では，森林破壊，狩猟，そして人口増加に伴うさまざまな影響がこのすばらしい生物の生存を脅かしている．

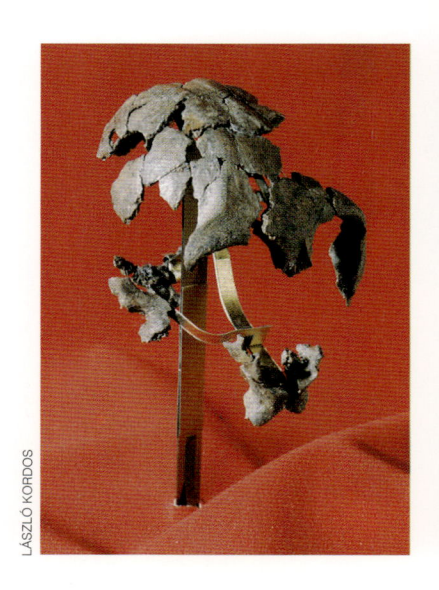

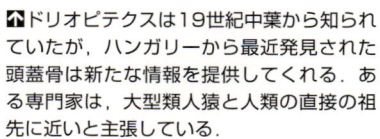

↑ドリオピテクスは19世紀中葉から知られていたが，ハンガリーから最近発見された頭蓋骨は新たな情報を提供してくれる．ある専門家は，大型類人猿と人類の直接の祖先に近いと主張している．

↑オウラノピテクス・マケドニエンシスは1000万年前のギリシャの遺跡から頭蓋骨や顎などが数多く発見されている．人類，チンパンジー，ゴリラの共通祖先の系統にあたる可能性が高い．

→大型類人猿の進化については，ごく最近までほとんどわからなかった．しかし1980年，パキスタンでオランウータンの祖先種の化石が発見された．シバピテクス・インディカスとして知られており，約1000万年前のものである．

　アフリカの外で発見される最古のヒト上科霊長類もこれと同じ時期である．ヨーロッパのドリオピテクス，年代的に少し後の南，西アジアのシバピテクス，中国のルーフェンピテクス，などである．パキスタンのシワリク丘陵やトルコのシナップからは保存状態のよい，おもに頭蓋骨の化石が多く見つかっており，シバピテクスがオランウータンの祖先だったことは明らかになっている（シワリクから見つかった破片のいくつかはかつて人類の祖先としてラマピテクスと名づけられたが，今ではシバピテクスの小型種とわかっている）．オランウータンの系統では，もっと新しい時代の種類の化石が中国とインドネシアから見つかっている．

　オランウータンの祖先はわかっているものの，チンパンジーやゴリラの祖先については何もわかっていない．彼らが共通祖先から分岐した後のことについては皆目わかっていないし，1200万〜1000万年前にオランウータンの系統が分岐してから，700万〜500万年前にゴリラとチンパンジーと人類が分岐するまで，共通祖先にどのようなことが起こったのかも，ほとんどわかっていない．

　実際のところ，この間には，たった二種の候補者しかいない．ケニアのサンプル丘陵から発見された900万年前の上顎とギリシャ北部のレインラビンから見つかったオウラノピテクスと名づけられた1000万年前の化石である．オウラノピテクスの顔の骨がギリシャの別の遺跡，シロコリから最近見つかっており，その資料によるとオランウータンの系統ではいらしい．もしそうなら，分岐前の系統はアフリカの外までも生息していたことになる．

オーストラロピテクス類の登場

　400万年前になると，突然舞台の幕が開いたような状況になる．わずかの骨の破片ではなく，多くの化石を目にすることができる．重要な遺跡は，375万〜

第2章　人類の起源

350万年前のタンザニアのラエトリ，330万〜290万年前のエチオピアのハダール，さらに300万〜250万年前の南アフリカのスタークフォンテインとマカパンスガットである．

　これらの遺跡から見つかった化石は，オーストラロピテクス属（南の猿という意味）に属する．類人猿のように脳容量は小さく，突き出る顎（突顎と呼ばれる）をもつ．しかし一方，犬歯は小さく，直立二足歩行をしていた．最初の資料は1924年南アフリカ，ケープ地方のタウングで，レイモンド・ダートが発見した子供のものだ．ロバート・ブルームは化石の豊富なスタークフォンテインを発見し，ダート自身もマカパンスガットを発掘した．また，メアリー・リーキー，ティム・ホワイト，ドン・ジョハンソンや他の研究者はさらに北方での発見に関与した．

　このなかで一番古いラエトリの化石は，オーストラロピテクス・アファレンシスと命名された．約24個体分の顎や歯，未成年の部分的な全身骨格，いくつかの足跡の化石がある．顎を見ると，犬歯は類人猿より小さいがわれわれより大きく尖っている．歯列弓は現代人のように放物線状ではないし，類人猿のように馬蹄型でもない．足跡は論争になっているが，ほとんどの一致するところ二足歩行者のもので，親指と他の指がやや離れており，親指以外の指はヒトに比べて長いが類人猿より短い．

←レイモンド・ダートが1924年に発見した有名なタウング・チャイルドは，オーストラロピテクスの最初の資料だった．ダートはすぐれた解剖学的知識があったので，幼い頭蓋骨と脳の鋳型模型から，類人猿と人間の中間的存在と認識できたのである．ダートの見解は，後の研究者によって裏づけられた．
DAVID L. BRILL, 1985

↑ラエトリから発見された，375万〜350万年前のオーストラロピテクスの足跡は，完全に現代的とはいえないまでも，二足歩行がすでに発達していたことを示している．

←ハダールで見つかった「最初の家族」に属する男性の頭蓋骨の復元．異論はあるものの，一般にオーストラロピテクス・アファレンシスと分類されている．もっとも，人類の系統に属するもしくは近縁のオーストラロピテクス・アフリカヌスやパラントロプス，ホモより原始的であることに異論はない．

第1巻 人類のあけぼの(上)

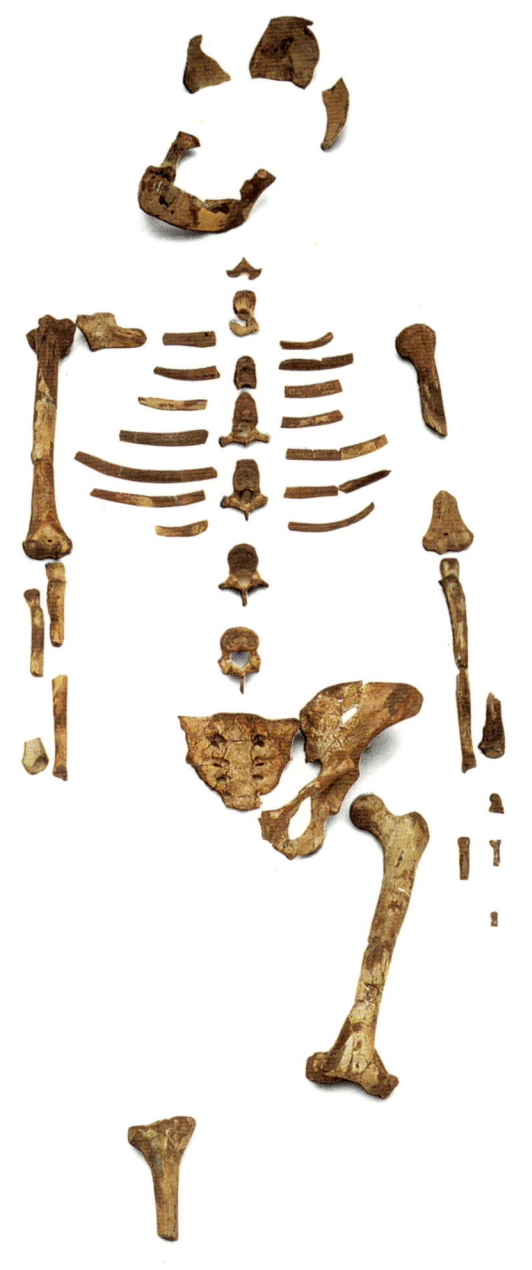

第2章　人類の起源

← 1970年代，ハダールにおけるアメリカ・フランス合同調査隊．この調査隊は有名な「ルーシー」の骨格や「最初の家族」などのオーストラロピテクスの資料を発掘した．

← ハダールから見つかった320万年前の骨格「ルーシー」．全身の約3分の2の骨が残されている．これは他のハダールやラエトリの資料と一緒にオーストラロピテクス・アファレンシスに含められるべきなのだろうか．これについては意見が一致していない．

JOHN READER/SCIENCE PHOTO LIBRARY/THE PHOTO LIBRARY

　ハダールから見つかった豊富な資料のなかには全身の約3分の2の骨を残す骨格「ルーシー」，ひとまとまりで見つかった化石群，その状況から一つの社会グループを作っていたと考えられているが（そのため「最初の家族」として知られている），その他多くのさまざまな化石が含まれている．ルーシーは身長が1mくらいで長い上肢と短い下肢，（類人猿に似て）漏斗型の胸郭，V字型の下顎をもつ．しかし，骨盤からは（完全に現代的ではないにしても）直立して歩いていたことがわかる．最初の家族に含まれる個体はほとんどがルーシーよりも大型で，それらの四肢骨はルーシーよりも現代的な歩行を行っていた証拠を示しているとも主張されている．これらは二種の生物なのだろうか．ある学派がそう考えるが，別の学派はそれらを単一種，ラエトリの化石も含め，オーストラロピテクス・アファレンシスと考えている．

ILLUSTRATION: JOHN RICHARDS

↑「ルーシー」が直立して歩いたことには疑問の余地はない．しかし，彼女は現代人ほどには長い下肢をもっていなかった．

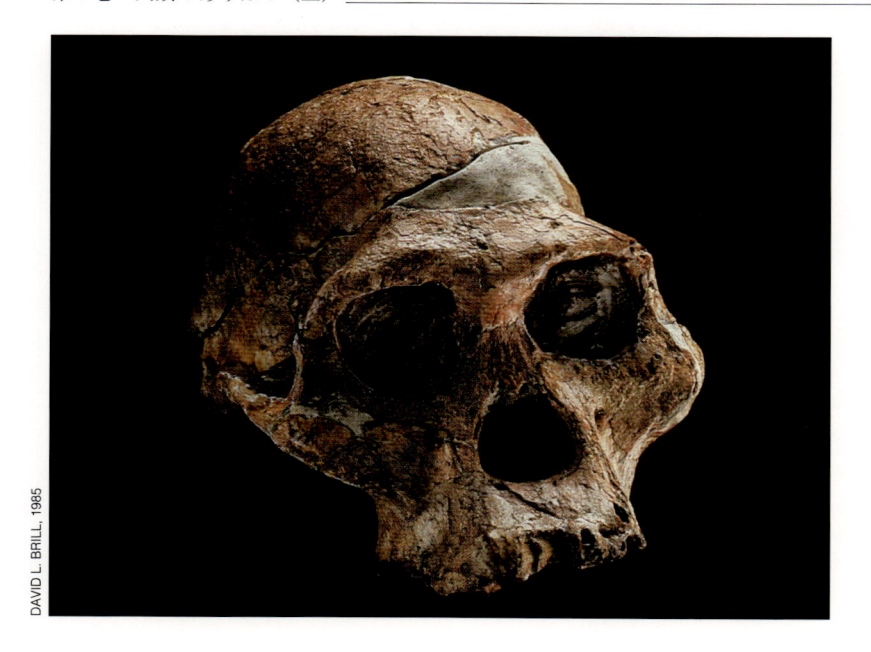

↑オーストラロピテクス・アフリカヌスの最も完全な頭蓋骨は「プレス夫人」と呼ばれ、スタークフォンテインから見つかった豊富な資料のうちの一つである。トランスバール地方にあるこの遺跡からは、発見が続いている。ここで見つかったオーストラロピテクスや他の動物は、おそらくサーベルタイガーなどの大型食肉獣の獲物となったのだろう。

→南アフリカのスタークフォンテインから出土したオーストラロピテクス・アフリカヌスの部分骨格。直立二足歩行には間違いないが、オーストラロピテクスは現代人的な大股歩きはできなかったらしく、おそらく木登りが得意だったであろう。

南アフリカの化石は、オーストラロピテクス・アフリカヌスという別の種で、幅広くてごつい顔だちをしており、ほお骨が張りだし鼻面も突き出ている。調べることができた7体の資料の平均脳容量は450cc、420〜500ccの範囲である。犬歯はルーシーより小さい。やや尖っているが、現代人のようだ。しかし、白歯は非常に大きく、顔面は厳しい咀嚼に耐えられる骨の支えを備えている。

彼らの歩き方は直立二足歩行とはいうものの、単に類人猿と人間の中間とはいえない独自のものだ。多くの時間を樹上で過ごしていたことも確かである。大股に歩く能力はまだ発達していなかった。足は短く、腰骨は骨の支えが弱く（それほどしっかりと体重を支える必要がなかったことを示す）、肩や腕は木登りに向くように発達していた。脊髄が通る頭蓋底の大後頭孔は頭蓋骨の基底部前よりに位置していた。つまり、直立姿勢の生物のあるべき形で、頭が脊柱の真上に位置するようになっていた。類人猿では、大後頭孔がもっと後ろよりに位置している。

オーストラロピテクス・アフリカヌスが人類の直接の系統なのか、それとも分岐した種なのか、1924年にタウングで発見されたときから議論となっており、今でも続いている。

性的二型：種間比較的そして進化的観点

ウォルター・リュートネッガー

ほとんどの哺乳類では雄と雌の大きさが違い，時には形や色が違うことがある．これは，性的二型と呼ばれる．通常，雄は雌より大きいが，時には逆のこともある．複雄複雌型社会の種は，単雄単雌の種より性的二型が強くなる．

人類の性分化は，構造的，生理的，行動的特徴について，多かれ少なかれ性的二型をもたらしている．これは別にヒトだけのことではなく，両性繁殖する動物や植物にもいえる．これを比較進化学的観点から分析すると，ヒトの性的二型の本質にせまることができるはずだ．ヒトはヒト以外の霊長類，特に類人猿と比べて，性的二型の度合いはどうなのだろうか．

行動や生理は化石としては残らないため，ここでは構造的な違いに焦点を当てる．ヒト以外の霊長類では，構造的な性的二型は体格，犬歯の大きさ，頭蓋骨の特徴など諸点にみられ，それは種によって非常に異なる．類人猿の体重の性的二型をとってみると，雄の平均体重が雌の2倍になる種（ゴリラやオランウータン）から，雄雌がほぼ同じ体重の種（テナガザル，フクロテナガザル）まである．現代人は，ヒト以外の霊長類のなかでは，どの位置にあるだろうか．現代人では，集団内でも集団間でも性的二型の度合いが多様である．種のレベルでみると，現代のホモ・サピエンスは，多くの形質的特徴ではほどほどに性的二型が発達している．たとえば，男性の平均体重は女性の平均に比べて15～20%重く，身長は5～12%ほど高い．歯や頭蓋骨や骨格の一部の大きさをとっても，若干の違いがある．

人類進化の化石証拠は，400万年以上にわたる．オーストラロピテクスとホモという少なくとも二つの系統があった．オーストラロピテクス・アファレンシス，オーストラロピテクス・アフリカヌス，パラントロプス・ロバストス/ボイセイと続くオーストラロピテクス類は植生のまばらな環境への第一段階の適応を代表している．それは，常時地上二足歩行と植物食適応である．ハビリス，エレクトス，サピエンスと続くホモは第二の適応段階にあたり，体系化された物質文化を伴う狩猟採集へ適応していた．オーストラロピテクス・アファレンシスとオーストラロピテクス・アフリカヌスのどちらがホモ・ハビリスの直接の祖先なのか，議論されている．この問題はしかし，性的二型の進化に関する疑問には関係がない．

骨　格

オーストラロピテクスやホモの顎や頭蓋骨や他の骨格部分にみられる性的二型のパターンは，現代人とは非常に異なっている．オーストラロピテクス・アファレンシスの下顎の大きさや形の変異はゴリラに匹敵し，この点では性的二型が非常に発達しているといえる．あまりにも大きな変異のため，多くの専門家はこれが性的二型によるとは考えず，むしろ，この「種」が複数種を含むのではないかと考えている．他のオーストラロピテクス類の下顎も，オーストラロピテクス・アファレンシスと同じように性的二型が発達している．ハビリスやエレクトスにも下顎の性的二型は顕著である．こうした特徴が失われてくるのは古代型ホモ・サピエンスやネアンデルタール以降である．同様に，頭蓋骨や大腿骨など歩行に関連する骨格の大きさや形の性差は，オーストラロピテクス類や初期のホモでは，かなり大きい．

体　重

ヒト以外の霊長類の基準では，オーストラロピテクス・アファレンシスとオーストラロピテクス・アフリカヌスなどの初期人類では，ゴリラやオランウータンに匹敵するほど，体重の性的二型が大きい．ハビリスではそれが中程度となる．これらの両者をつなぐものはだれか，アファレンシスなのかアフリカヌスなのかについての議論に関係なく，この段階における性差の減少は男性の体重が約65kgから50kgへ減少したことによるものだ．一方で女性の体重は変わらず，30kgのままである．ホモ・エレクトスは中程度の性的二型を維持し，男女ともに体重を12～14kgくらい増している．ホモ・サピエンスへと続く人類進化の最終段階では，体重の性的二型がさらに小さくなっている．特に重要なのは，サピエンスでの体重の性的二型の減少は，女性の体重だけが42kgから55kgへと増したことである．一方，男性はエレクトスと同じく65kg程度である．

人類の性的二型の進化を説明するべく，いくつかの説が提唱されている．体格の性的二型の減少は，女性をめぐる男性同士の競争が減少した，つまりポリジニーの減少という視点で，伝統的には説明されてきた．この説は否定できないが，注目すべきは，エレクトスからサピエンスまでの体重の性的二型の減少が，おもにに女性の体格が増したことにあるという点だ．この発見は，「大きな母親はよい母親」というキャサリン・ラルの仮説に賛成するものだ．つまり，体格の大きな女性は元気な子孫をたくさん残せるということである．

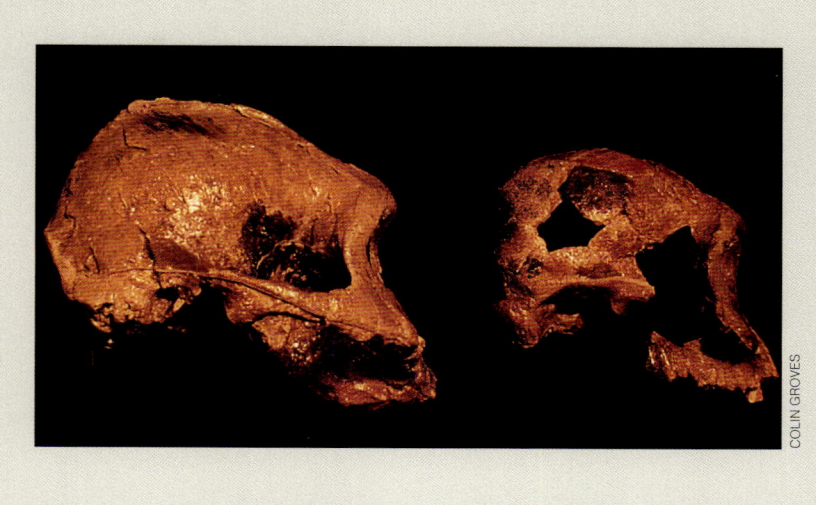

↑パラントロプス・ボイセイの男性（ER406）と女性（ER732）の頭蓋骨．大きさと形の顕著な違いに注目．これほど大きな性差はゴリラやオランウータンに匹敵するが，初期人類では一般的である．

第1巻　人類のあけぼの（上）

われわれの最も古い祖先

コリン・グローブス

知られている最も古い霊長類は6000万年前のアフリカに住んでいた．プルガトリウスという名前で知られているが，長く細い鼻先と4個の小臼歯（この数はどの現生霊長類よりも多い）をもっていた．この時期に生きていた他の霊長類には，中国で見つかったペトロレムール科（現生種ではキツネザルやロリスを含む曲鼻類の仲間），現生種のメガネザル，サル，類人猿，ヒトを含む直鼻猿下目の化石種がある．

アダピス下目とオモミス下目は，初期の曲鼻類と直鼻類の大半を占めた．始新世の間繁栄し，多くの頭蓋や体の骨が残されている．オモミス類は前期中新世まで北米に生息し，アダピス類は中期中新世までインドで生きのびた．

知られている最も古い広鼻猿（新世界ザル）は，ボリビアで見つかった2600万年前のブラニセラである．狭鼻猿類（旧世界ザルと類人猿，人類を含む）の祖先は4000万年前のエジプトから見つかっている．5000万〜4000万年前のアルジェリアから見つかっているものもそうかもしれない．化石狭鼻猿類は，片側に2本の小臼歯しかもたず，下顎の前のほうの小臼歯と噛み合う長い犬歯をもっているので同定が容易である．

初期の旧世界ザル，テナガザル科（テナガザルの祖先），ヒト科（人類と大型類人猿の祖先とその傍系）は約2000万〜1700万年前の東アフリカのいくつかの化石産地で見つかっている．東アフリカのケニアピテクス，ユーラシアのドリオピテクスは，人類の系統が大型類人猿の系統と分岐を始める前の段階に属している．インド，パキスタン，トルコから見つかっている1200万〜800万年前のシバピテクスは最も古いオランウータンの系統である．同時代のギリシャで見つかっているオウラノピテクスは人類，ゴリラ，チンパンジーの系統に属しているのかもしれない．

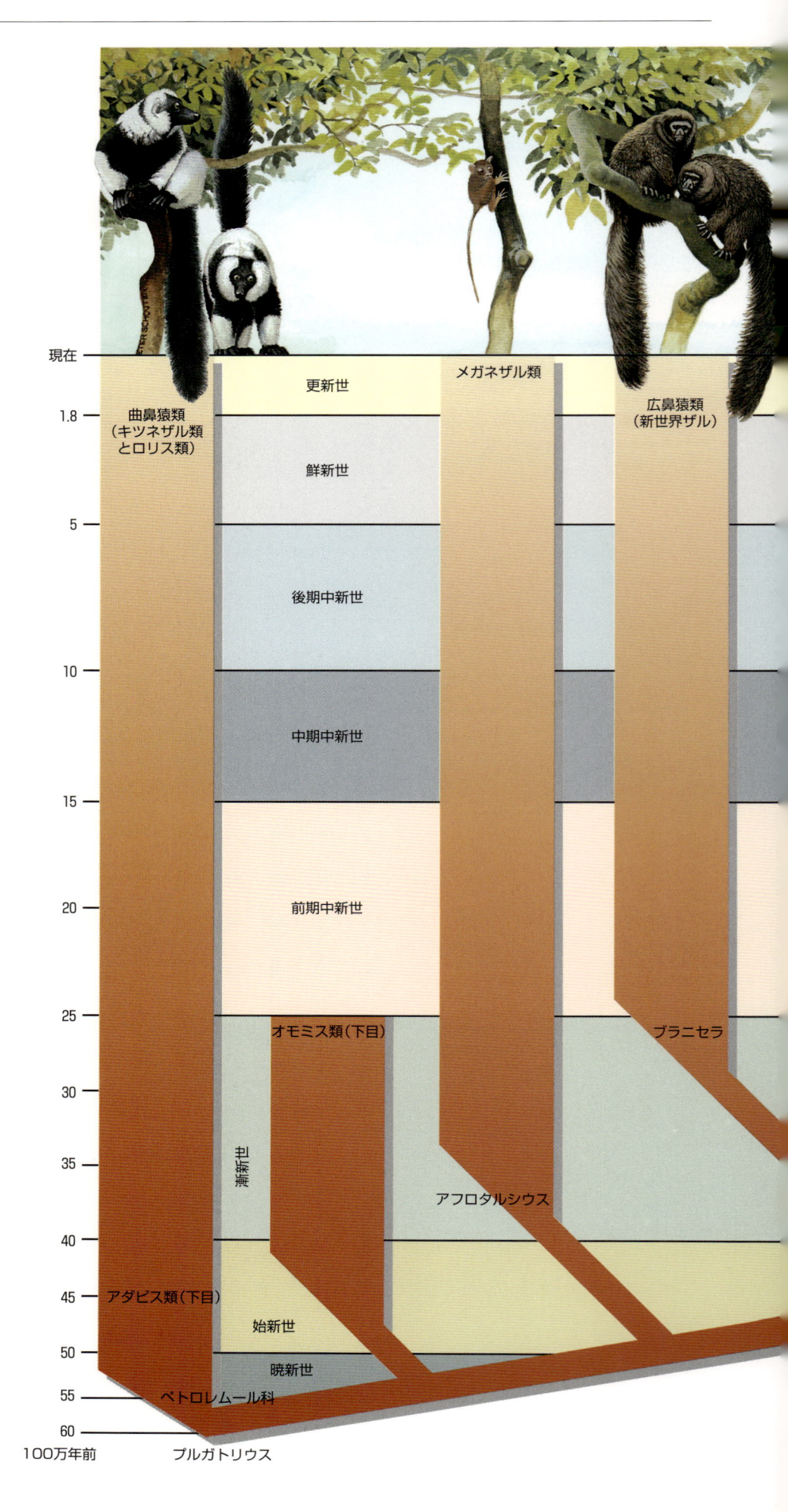

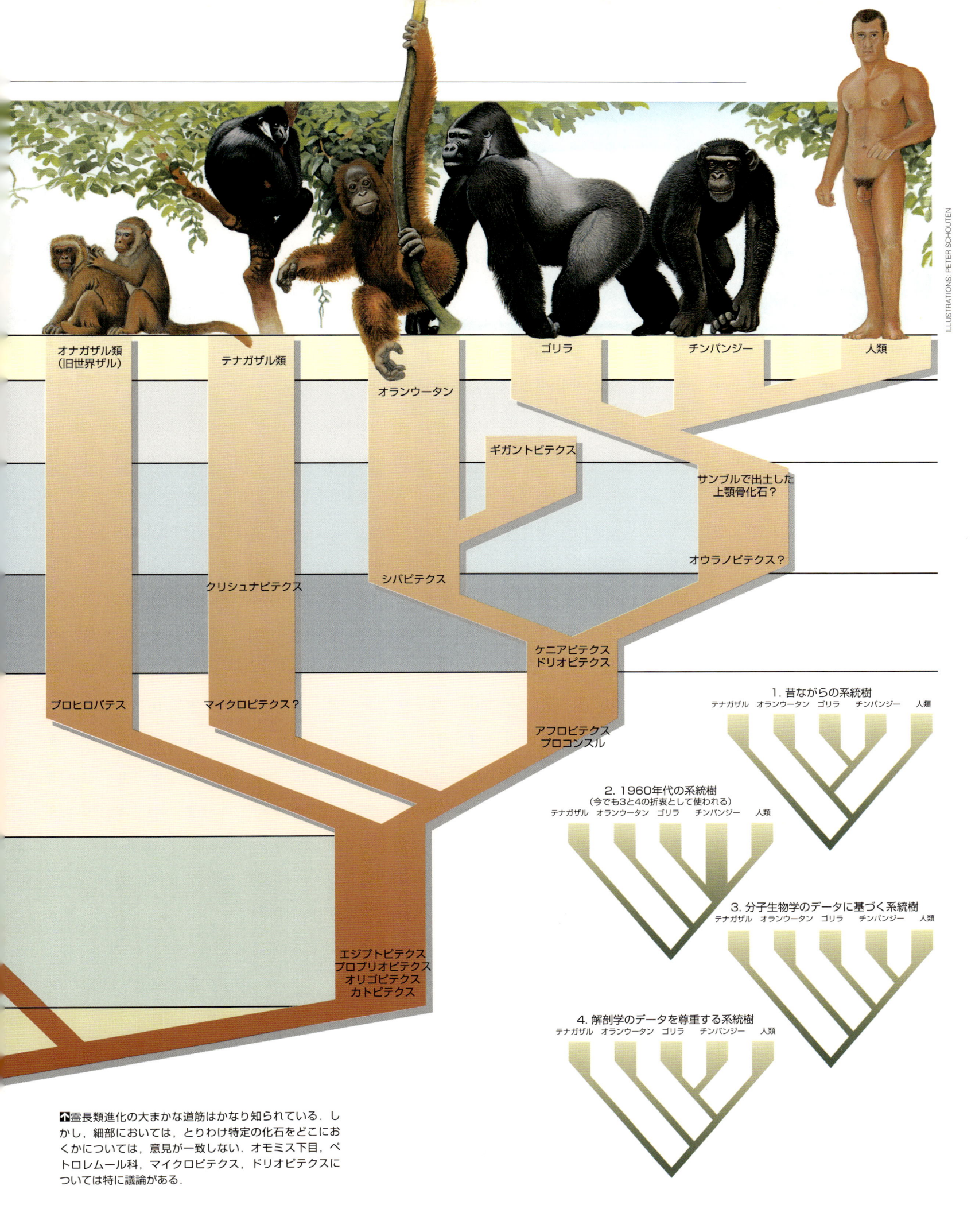

オナガザル類　　　　テナガザル類　　　　　　　　　　　　　　　ゴリラ　　　　　チンパンジー　　　　人類
（旧世界ザル）

オランウータン

ギガントピクス

サンブルで出土した
上顎骨化石？

オウラノピテクス？

クリシュナピテクス　　シバピテクス

ケニアピテクス
ドリオピテクス

プロヒロバテス　　マイクロピテクス？

1. 昔ながらの系統樹
テナガザル　オランウータン　ゴリラ　チンパンジー　人類

アフロピテクス
プロコンスル

2. 1960年代の系統樹
（今でも3と4の折衷として使われる）
テナガザル　オランウータン　ゴリラ　チンパンジー　人類

3. 分子生物学のデータに基づく系統樹
テナガザル　オランウータン　ゴリラ　チンパンジー　人類

エジプトピテクス
プロプリオピテクス
オリゴピテクス
カトピテクス

4. 解剖学のデータを尊重する系統樹
テナガザル　オランウータン　ゴリラ　チンパンジー　人類

↑霊長類進化の大まかな道筋はかなり知られている．しかし，細部においては，とりわけ特定の化石をどこにおくかについては，意見が一致しない．オモミス下目，ペトロレムール科，マイクロピテクス，ドリオピテクスについては特に議論がある．

ILLUSTRATIONS: PETER SCHOUTEN

29

→現在のタンザニアにあるオルドワイ峡谷は、セレンゲティ平原を切り裂いて横たわる。更新世の前期には、ここに湖があった。

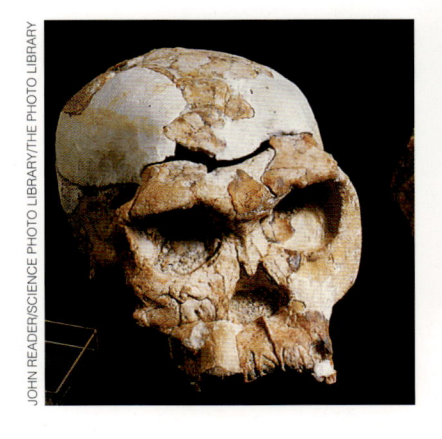

↑オルドワイから発見された「ツィギー」と呼ばれるホモ・ハビリスの頭蓋骨。全体的にオーストラロピテクスに似ているが、細部を見ると、より人間に近く進化している。

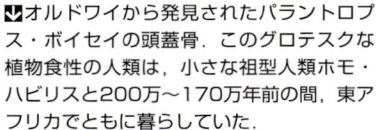

↓オルドワイから発見されたパラントロプス・ボイセイの頭蓋骨。このグロテスクな植物食性の人類は、小さな祖型人類ホモ・ハビリスと200万〜170万年前の間、東アフリカでともに暮らしていた。

祖先といとこ

　250万年前にオーストラロピテクス・アフリカヌスが考古学的記録から姿を消したあと、50万年間は空白となっており、エチオピア南部のオモ谷の堆積層から見つかったよくわからない破片くらいしか証拠がない。続く重要な化石は200万年前のもので、タンザニアのオルドワイとケニアのコービ・フォラという大地溝帯のなかの2カ所の化石産地から発見されている。この二つの遺跡では少なくとも100万年間にわたり地層が厚く堆積して、頭蓋骨や顎、歯、体肢骨を数多く産出し、この期間に起こった変化を伝えてくれる。予想に反して、多様性が顕著なのである。両方の遺跡で初期人類の異なる二種が、200万〜150万年前の間、同じ場所に住んでいた。コービ・フォラの地層下部（上部ブルギ層として知られている）では、三番目の種までもが存在した。

　オルドワイの二つの種は、はっきりと区別できる。小さな華奢な身体の種と大きな臼歯をもった大型種である。小さなほうは脳容量が平均650cc、4個体の範囲は590〜700ccと大きく、頭蓋の形は丸い。華奢な顔だちで、小さく幅の狭い臼歯があり、鼻は高い。一方の大きなほうは、脳容量が平均515cc、5個体の範囲は500〜530ccと小さく、ごつい顔だちで大きな臼歯があり、咀嚼筋が非常によく発達しており、筋肉が付着する頭頂部が盛り上がっている（矢状稜として知られている）。両者は直立歩行をし、大後頭孔はオーストラロピテクスよりさらに前に位置して現代人的だが、下肢は短く腕が長かった。

　小さなほうがヒト属だったことは間違いない。オーストラロピテクスと比べてあらゆる点でより現代的であり、われわれに似ている。ヒト属最古の資料は、250万年前のバリンゴ湖付近のチェメロンから見つかった頭蓋骨の破片である。オルドワイの種はホモ・ハビリスとして知られている。大きなごついほうは、従来、後期のオーストラロピテクスと考えられてきた。しかし最近では専門家の見解が変わってきて、パラントロプス（「クルミ割り」と呼ばれたりもする）とも呼ばれる。オルドワイの種は、パラントロプス・ボイセイと呼ばれている。

　コービ・フォラからはパラントロプス・ボイセイと二種のホモの資料が豊富に見つかっている。一方は小型で顔が短く、二個体の脳容量は510ccと582ccである。もう一方は大型で鼻と口が突き出た顔をしており、ある個体の脳容量は770ccで、他の2個体はそれより大きかった。

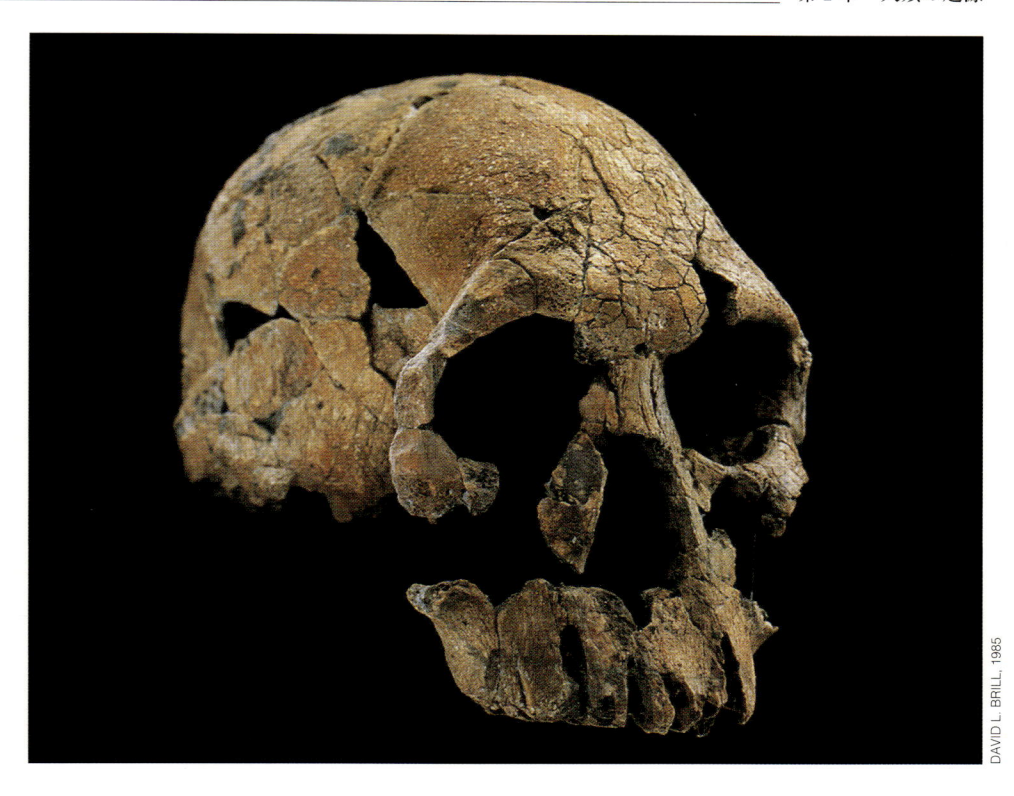

第2章　人類の起源

　これら両者の関係，またホモ・ハビリスとの関係についてさまざまな意見がある．大型の種は異なる種と考えられており，ホモ・ルドルフエンシスと呼ばれている．小型の種については，ホモ・ハビリスと考える人もいるし，異なる種と考える人もいる．両者はいくつかの点でお互いによく似ている．ただ，それは，ともに人類の系統のなかで非常に原始的な部類だという理由によるのだが．分類学的議論を避けるため，これらを非公式に「広義のハビリス」（ハビリス類）と包括することにする．どちらが後の時代のホモに結びつくのかは，別の争点でもある．

　ホモ・ハビリスは，アフリカ南部のスタークフォンテイン遺跡で，オーストラロピテクスが出土した所より上部からも見つかっている．近隣のスウォートクランズとクロムドライ遺跡からは「クルミ割り」，これは東アフリカのものとは別種だ（パラントロプス・ロバストス），が見つかっている．クロムドライの資料だけがロバストスで，スウォートクランズの資料は別種パラントロプス・クラッシデンスと考える専門家もいる．

　これら，広義のハビリス類や「クルミ割り」などの新たな種は，どこから現れたのだろうか．ハビリスたちの起源は不明である．人類学者の多くは，ハダールの「最初の家族」のような人類の直系の子孫だと考えているが，オーストラロピテクス・アフリカヌスから進化したと考える研究者もいる．中間の時期にある化石は破片ばかりで決定的なものがないのである．しかし，「クルミ割り」についての進化の問題は，ケニアの西ツルカナから見つかった250万年前のすばらしい頭蓋骨のおかげで解決している．概してパラントロプス・ボイセイによく似ているが，オーストラロピテクスのように鼻の突き出た長い顔をして前歯が大きい．この初期の原始的なタイプは，著名な古人類学者，アラン・ウォーカーにちなんでパラントロプス・ウォーケライと命名された（ほとんどの研究者はウォーケライではなくエチオピクスと呼んでいる：訳注）．

　広義のハビリス類が簡単な石器を作ったのは間違いない．最古の石器は，260万年前のハダールから見つかっている．200万年前からは考古学的記録のなかに石器資料が豊富に残るようになる．道具製作の痕跡が残る場合，それを残したのはつねにハビリスたちに始まるヒト属であった．

サピエンスへの道

　われわれの直接の祖先はどこから現れたのだろうか．通説では，コービ・フォラから見つかった広義のハビリス類のものとされるER-1813という保存状態の良好な頭蓋骨がその手がかりとされている．わずか510ccと脳容量はとても小さいが，顔面や他の頭蓋特徴では後の人類の祖先たるにふさわしい．こうした点については，脳容量の大きなホモ・ハビリスやホモ・ルドルフエンシスなどの他のハビリス類に比べて，より現代的なのだ．そうであれば，異なる種がそれぞれ独立して大きな脳を進化させたことになる．平行進化は動物，植物でよく知られていることだが，われわれを特別な生物へと進化させた最大の特徴である脳でさえ，平行進化が起こるとは驚くべきことである．

↑北ケニアのコービ・フォラから出土した頭蓋骨ER-1470．以前はホモ・ハビリスと考えられていたが，最近では，ホモ・ルドルフエンシスという別種に考えられるようになった．200万年前のアフリカには，系統的に近いものの複数の初期ヒト属の種が生きていたのだろう．

↑250万年前の西ツルカナで見つかったブラック・スカルは，パラントロプスの最も初期の原始的な資料である．

←南アフリカのスウォートクランズ遺跡から発見されたパラントロプス・クラッシデンスは，東アフリカのパラントロプス・ボイセイよりやや小型だが，同時代に生きていた近縁種である．

いつ言語は始まったのか

イアン・ディヴィッドソン，ウィリアム・ノーブル

音声言語であれ手話であれ，言語のない世界は想像できない．言語は，人間の行動を他の動物と区別するもので，われわれの進化の途上いずれかで出現したことはわかっている．問題は，その時期である．

一部の科学者は二つの鍵，すなわち初期人類の脳容量と石器の形態に基づいて，言語は進化の初期段階に出現したと考えている．

言語と脳

過去200万年間，人類の脳は大きくなった．脳そのものは化石化しないが，頭蓋骨の内側に大脳皮質の脳回のあとが残る．そのためラテックスで模型を作れば，皮質の形を吟味できる．オーストラロピテクスの皮質はチンパンジーに非常に似ていると考えられているが，180万年前の初期ハビリス類，KNM-ER1470にはすでに人間らしい特徴，特に言語に関係する領域に際立った特徴がある．しかしこの説は，どのように，そしてなぜ，音声言語が類人猿の叫び声から発達して現れてきたのか説明するものではない．単に人間の脳が大きくなった結果，言語が出現したということを示唆しているにすぎない．

道具を作るのに言語は必要か

第二の説は，言語は初期人類にとって，石器を作るのに必要だったというものである．しかし，今まで見つかっているオルドワン文化の初期の石器は現代のチンパンジーが作る石器以上の工程や技術を必要としたとは思えないという意見もある．

またある説は，150万〜15万年前に作られた対称的で定型化されたアシューレアン文化のハンドアックス（石斧）から，初期人類が目的物のイメージを心にもっていたことを示し，言語を介してコミュニケーションしていた証拠だという．この説で言及されたアフリカのハンドアックスのサイズや形は，ヨーロッパやアジアのハンドアックスと同じである．したがって，ある特定の形をもった石器を作ろうとした結果ではないだろう．仮にハンドアックスのあるべき形をイメージしていたとしても，それがこれほど広大な地域でまったく共通していたとは思えない．この類似性は，ある特定の大きさや形をした物体を扱う初期人類の能力が，みな同じような肉体的制限下にあったこと，また，限られた腕や手の動きによって標準的な石核から剥片を作るよう模倣しながら石器製作を学習した結果であると考えることができる．

人間の行動

シェルター，火の使用，肉食は，しばしば初期人類がアフリカから旅だち，中緯度のより季節性のある新たな土地へ移り住むのに重要な能力だったと考えられている．しかし，これらの行動の証拠として挙げられていたものが，最近では疑問とされている．たとえば，かつてシェルターといわれた現タンザニアのオルドワイ峡谷の180万年前の石のサークルは，休んでいればワニに食べられたかもしれないような場所にある．また，フランス南部のテラアマタ遺跡の23万年前の住居は，砂に残された四つの痕跡でしかない．また，140万年前のチェソワンジャ遺跡や50万年前の周口店遺跡などは火の使用を裏づける証拠といわれていたが，最近ではテラアマタより古いものやテラアマタさえも，ヒトが火を使っていたかどうか疑わしいとれている．ヒト属が出現して以来，肉は重要な食物だっただろうが，どのようにして，肉を得ていたかは不明である．スペインのトルバ，アンブロナなど，獣骨が多数見つかった遺跡は，狩られた獲物が解体された場所というより，遺骸をあさった場所と考えたほうがふさわしい．12万5000年前以前に，人類がシェルターを作ったり，日常的に火を使用したり，組織的に狩猟していたという確固たる証拠はない．

ネアンデルタール人の「現代的」な行動も誇張されている．ホラナグマ信仰は，洞窟で冬眠中に死んだクマの骨を都合よく想像したものだとして，顧みられなくなった．現イラクのシャニダール洞窟でネアンデルタールの墓に花が供えられていたというロマンチックな話は，その人骨が岩盤の崩落で死に埋められたものであることがわかり，怪しくなった．事実，ネアンデルタールが象徴的な行動をする能力をもっていた証拠とされるものの大半については，もっと単純な物理的説明を用意できる．

考古学的記録から認められる初期の特徴の多くは，必ずしも言語の関与を必要とはしないようだ．しかし，オーストラリアへの移住やその後に起こった極北地帯やアメリカ大陸への移住，芸術の始まり，儀式や慣習が地域化した事実，性別の分業や権力構造の始まり，農耕の開始など，これら約6万年前以降に起こった事例を説明するには，言語が必須である．今はこれ以上のことはわからない．

↑世界各地のアシュール文化のハンドアックスの形は．個人が考えたというより種固有の行動を示唆している．

ツルカナの新参者

160万年前,東アフリカに新たな種が出現した.最初に発見された資料は完全な頭蓋骨で,コービ・フォラ(KBS層)出土のER-3733である.ここからは他にも壊れた頭蓋骨や身体の骨も見つかっている.1980年中頃,WT-15000という完全な全身骨格がツルカナ湖のコービ・フォラの対岸,ナリオコトメから発見された.この新しい種については多くのことがわかっているが,しばらくツルカナの新参者と呼ぶことにしよう.バーナード・ウッドはこれをホモ・エルガスターと呼ぶことを提唱しているが,これはおそらく正しい見解だろう.

計測可能な2個体の脳容量は,848ccと908ccで,ER-1813より大きいが,ホモ・ハビリス的な他の資料のいくつかよりは小さい.眼窩上突起があり,顔が短く,角張った頭をしており,鼻がわずかに突き出していた.下肢は長くオーストラロピテクス類やハビリス類よりより現代的だった.WT-15000と呼ばれる化石は12歳の少年のものだが,成長したら身長180cmになっただろう.ツルカナの新参者は,明らかに後の人類の直接の祖先である.また,ハビリス類の子孫であったことも確かだ.事実,ハビリス類の化石の一つ,ER-1805をこの新参者に属すると考える研究者もいる.

彼らは石器を作り,それは,最初はホモ・ハビリスとたいして変わらないものだった.彼らは火を作り出しただろうか,大型獣を狩猟しただろうか,言葉を話しただろうか.証拠は不確実で,われわれにはわからない.わかっているのは,ハビリスと交代したことだ.どのようにかはわからないが,われわれの想像するところ,彼らはもっと人間的な適応を果たし,人間に近くなっていたのだろう.

⬆人類進化の新たな段階.ホモ・エルガスター,ツルカナの新参者である.脳はハビリス類より少し大きいだけだが,頭蓋骨の形はホモ・エレクトスにより近い.最近までは,エレクトスに分類されていた.

化石の祖先が見つかった遺跡

人類のグループで最も古いものはアフリカだけで見つかっている．100万年前になると，ヒト属はアフリカを飛び出し旧世界のすべてに暮らすようになる．約5万年前になってようやくオーストラリアへ，後にアメリカ大陸へと到達した．

1. ラエトリ, オルドワイ, ンドゥトゥ, ナトロン, エアシ
2. ハダール, ボド, ベローデリエ, マカ
3. コービ・フォラ, オモ, ナリオコトメ, ロサガム, タバリン, バリンゴ
4. スタークフォンテイン, スウォートクランズ, クロムドライ, タウング, マカパンスガット
5. サギラン, トリニール, モジョケルト, ガンドン, ケドゥン・ブルブス, サンブングマチャン, ワジャク
6. 藍田
7. 周口店, 金牛山
8. 和県, 大茘, 馬壩, 柳江
9. ハスノラ
10. ペトラローナ
11. マウエル, シュタインハイム, ビルツィングスレーベン, ネアンデルタール, ハーネフェルサント, エーリングスドルフ
12. モンモーラン, アラゴ, ラ・フェラシー, ビアシェ, クロマニヨン, ドルドーニュ遺跡群, サン・セゼール
13. スワンズクーム
14. ジブラルタル, アタプエルカ
15. モンテ・チルチェオ, サッコパストーレ
16. ジェベル・イルフード, カサブランカ, ラバト, サレ
17. ティゲニフ
18. ヤヨ
19. ズッティーエ, タブン, スフール, カフゼー, アムッド
20. シャニダール
21. テシクターシュ
22. クラシエス, サルダナ
23. カブウェ

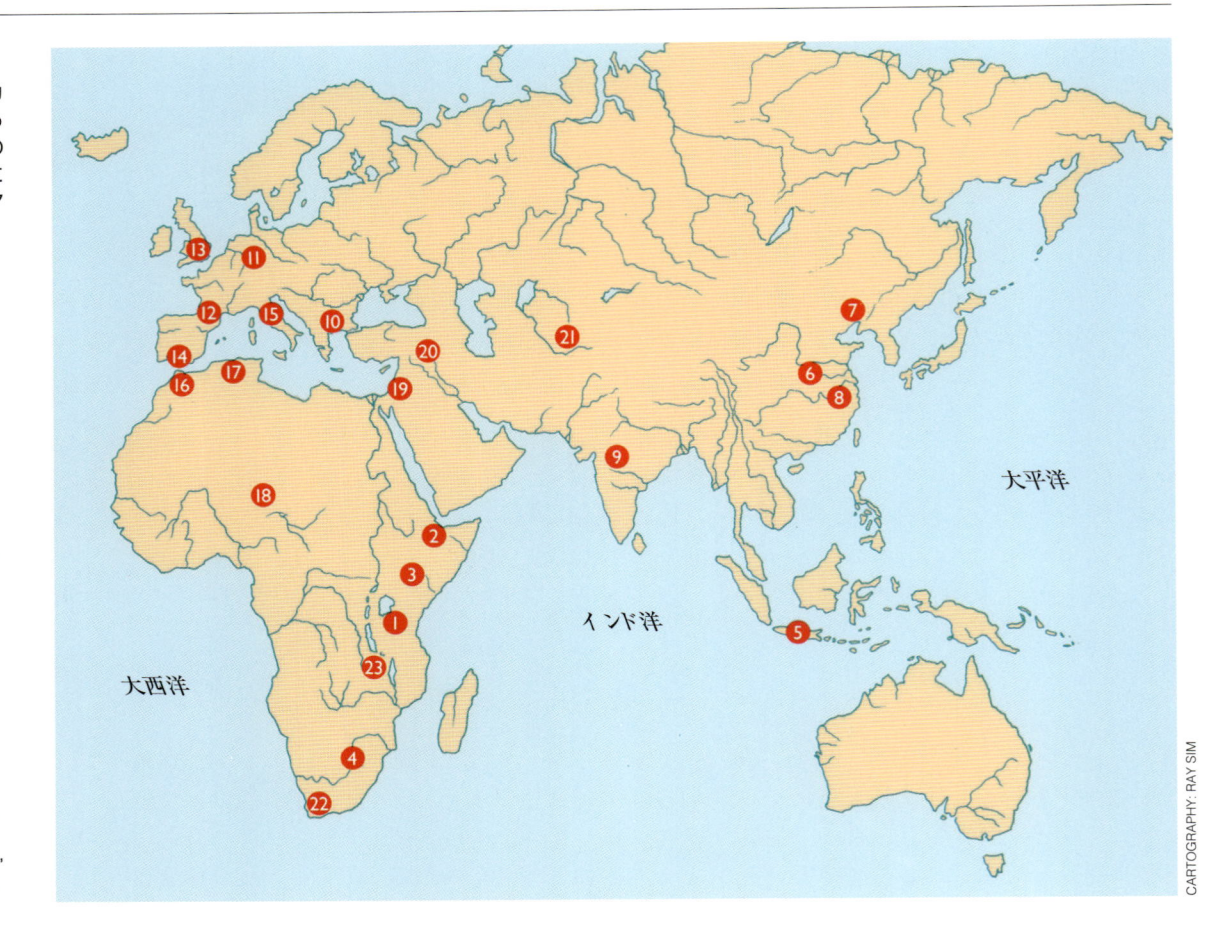

➡下部更新統と中部更新統から出土するどの化石をホモ・エレクトスと分類するべきか，意見が分かれるが，周口店の化石はエレクトスに属している．いわゆる"北京原人"は45万～25万年前，中国北部に住んでいた．

ホモ・エレクトス以降

アフリカの外における人類最古の痕跡は100万年前をややさかのぼる．この時期の最もよく知られている化石は，ホモ・エレクトスである．ジャワ島では，最古の資料が約100万年前から，新しいものは何と10万年前である．中国では，80万～23万年前の間である．

ツルカナの新参者のように，ホモ・エレクトスは大きな眼窩上突起をもっていた．しかしその形は違っている．直線的で厚く，両端によるにつれて広がっていた．脳容量は750～1300ccと大きく，ジャワと中国両方の地域で，年代とともに増加していったことがわかっている．頭蓋骨は低く，平坦で角張っており，正中部と後部で骨が厚い．ジャワと中国から見つかった資料には若干違いがある．ジャワの化石は額が平坦で後ろへ傾斜しており，中国の化石は額が前方に膨らんでいる．他にもいくつか違いがある．これらはホモ・エレクトス・エレクトス（ジャワ）とホモ・エレクトス・ペキネンシス（中国）という二つの亜種と一般に考えられている．ジャワの化石の額の形態は原始的なもので，実際，藍田から見つかった中国最古の資料は，ジャワのものとよく似ている．

エレクトスの中で最も古い亜種はオルドワイの120

万年前の地層から発掘された資料で，この原始的な亜種，ホモ・エレクトス・オルドワイエンシスは，アフリカ大陸唯一のエレクトスだという人もいる．もしそうなら，エレクトスの仲間はアフリカで進化してさまざまな土地へ移動していったにもかかわらず，その誕生の地では絶滅したことになる．だが，別の研究者は，ツルカナの新参者も初期のホモ・エレクトスだと唱えているし，またもっと年代の新しいアフリカの資料をもエレクトスに含める研究者もいる．

同時期の化石は，アフリカ，ヨーロッパからも見つかっている．アルジェリアのテルニフィーヌの資料は90万年前あたりまでさかのぼるかもしれない．この「同時代らしい」資料のなかで最も年代が新しく，かつ年代の確かなのはドイツのビルツィングスレーベンのもので30万年前までさかのぼる．アフリカとヨーロッパの化石は，ジャワと中国で発見されたホモ・エレクトスの化石とは異なった特徴をもつ．眼窩上隆起はもっと湾曲していて，横に広がっていない．脳頭蓋は平坦でなく，角張ってもいない．正中部と後部の骨の肥厚もない．他にも下顎や耳などにも形態の違いがある．

では，これらはホモ・エレクトスに分類すべきか，それとも別種なのか．別種と考える研究者は，ドイツのハイデルベルグ（このタイプの化石がここから1908年に発見された）の名前にちなんで，ホモ・ハイデルベルゲンシスと呼ぶ．ホモ・エレクトスの亜種と考える研究者は，ホモ・エレクトス・ハイデルベルゲンシスと呼んでいる．これは，言葉上の問題にすぎないと聞こえるかもしれないが，重要な違いである．もしすべてが同じ種であれば，すべてが現代人の祖先となったのかもしれない．これを多地域連続仮説（ときには，「燭台」モデル）という．もし，二つの異なる種であるとすれば，定義では，異なる種は実質上交配しないので，どちらか一方だけがわれわれの祖先であり，それが他方と交代したことになる．これは，交代仮説（あるいは，「ノアの箱舟」モデル）という．

そして，ホモ・サピエンスへ

われわれと同じ種，ホモ・サピエンスの最古の資料は，イスラエルの二つの遺跡から発見されている．カフゼーの化石は熱ルミネッセンス法を用いて9万1000年前と測定されている．ただし，電子スピン共鳴法ではもっと古い年代が出ている．スフール遺跡の資料は，電子スピン共鳴法で8万年前とされている．ただし，南アフリカの二つの遺跡，ボーダー洞窟とクラシエス河口遺跡もこれらと同じほど古いかもしれない．これらの化石人類は，現代人のように高く丸く短い頭，膨らんだ額，オトガイのある直線的な顔をしていた．より原始的な種と比べて眼窩上隆起は小さくなっており，四肢骨は長くて真っ直ぐである．

アフリカから発見されている，より古い時代の資料を見ると，ホモ・サピエンスはホモ・ハイデルベルゲンシスから発達したことを示しているようにみえる．エチオピアのオモ川のキビシュ累層から出た二つの資料，またタンザニアのンガロバで見つかった資料も，ともにウラニウム－トリウム法で13万年前と測定されている．モロッコのジェベル・イルフードからの二つの化石資料も12万年前である．他にも同じような資料がいくつかある．すべてホモ・ハイ

⬆1930年代，イスラエル，カルメル山のふもとのスフール洞窟で，化石人骨が10体分ほど発見された．それらは同地域のネアンデルタールよりも古くて，今では約8万年前のものであるとわかっている．

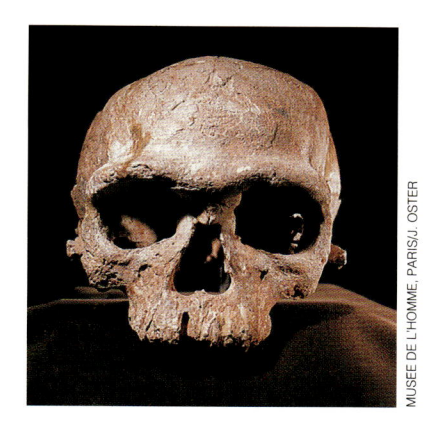

⬆ジェベル・イルフードⅠはアフリカ各地域から発見されている12万～13万年前の化石の一つで，原始的なホモ・ハイデルベルゲンシスからその子孫にあたるホモ・サピエンスへの移行を物語っている．

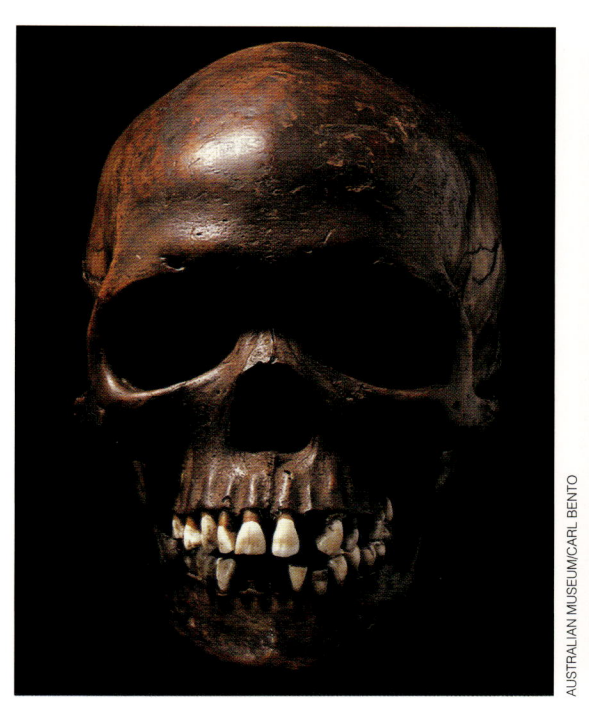

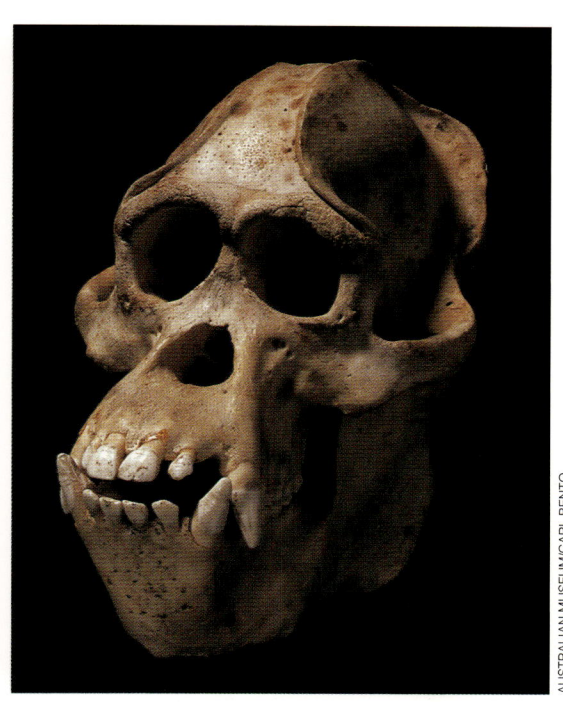

⬅オランウータンの頭蓋骨（右）は縦に長く細い眼窩をしており，チンパンジーやゴリラと違って眼窩上隆起はない．こうした表面上の類似にもかかわらず，化石証拠はわれわれの祖先は，大きく突き出た眼窩上隆起をもつまったくみかけが異なる類人猿の子孫だったことを示している．

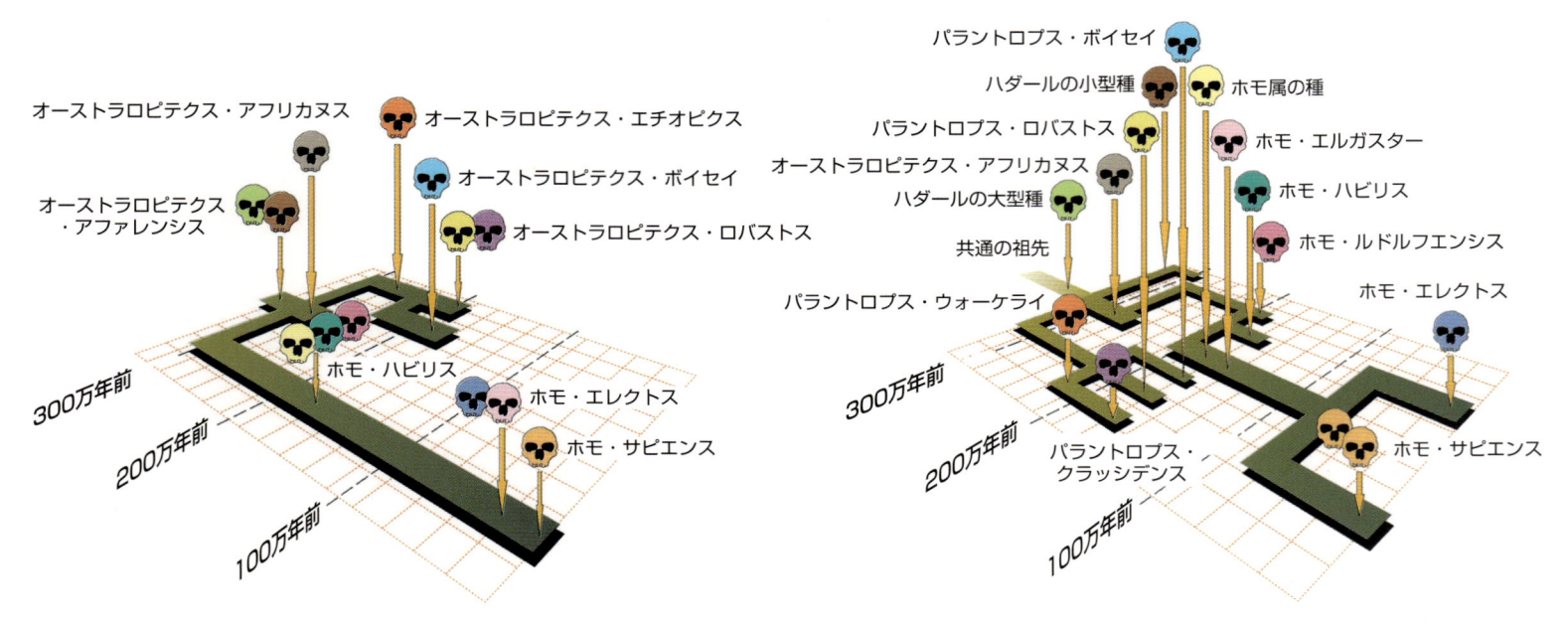

ドン・ジョハンソンとティム・ホワイトのモデル　　　　　　コリン・グローブスのモデル

- 🟩 ラエトリ化石群と「最初の家族」に代表されるハダールの大型種
- 🟫 「ルーシー」に代表されるハダールの小型種
- 🟧 西ツルカナ，ロメクィのブラック・スカル
- 🟪 スウォートクランズの「頑丈型オーストラロピテクス」
- 🟨 クロムドライの「頑丈型オーストラロピテクス」
- 🟦 東アフリカの「頑丈型オーストラロピテクス」
- ⬜ スタークフォンテイン，マカパンスガット，タウングのオーストラロピテクス・アフリカヌス
- 🟥 ER-1470に代表されるツルカナ盆地の大きな脳をもったホモ属
- 🟩 オルドワイのホモ・ハビリス
- 🟨 ER-18130に代表されるツルカナ盆地の小さな脳をもったホモ属
- 🩷 「ツルカナの新参者」
- 🟦 ジャワと中国のホモ・エレクトス
- 🟧 アフリカとヨーロッパの中・後期更新世化石群——カブウェ，ボド，アラゴ，ペトラローナ，シュタインハイム，ネアンデルタール——そして現代人的な特徴をもった人々

デルベルゲンシスと現代人の中間的なタイプだが，オモの二つの頭蓋骨は，とりわけ興味深い．脳頭蓋だけが残っているほうの標本は，ホモ・ハイデルベルゲンシスに似ているが，脳頭蓋が高く眼窩上隆起は目立たない．もう一つの保存のよい標本は，より現代的でスフールの資料の一つに似ている．これらの移行期の集団は，明らかに多様だったのである．

もしホモ・サピエンスが13万～12万年前にアフリカで進化したのなら，9万年前かもう少し早い時期にユーラシアへと拡散し始めただろう．6万8000年前にはホモ・サピエンスは中国までやって来ていた．5万年前には，オーストラリア（オーストラリアはアジアと陸でつながったことはないので，海を渡っていかなければならなかったはずだ）にいた．3万6000年前には，西ヨーロッパに住み，今日ではクロマニヨン人として知られている．しかし，アメリカ大陸へは，異論もあるが，1万5000～1万2000年前より以前には到達していなかったようである．ただし，交代説でなく，多地域連続説が正しいとすれば，これらの年代は，異なった地域において，それぞれいつ現代人が誕生したかを示すことになる．

アフリカやヨーロッパ，東アジアや東南アジア，オーストラリアなど，ホモ・サピエンスがどこで見つかろうとも，その土地での最初の人間はその土地に現在生きている人間に似ている傾向がある．ただ一つ違っていることは，彼らは大きくてより「頑丈」だった．更新世終末，各地域で人間は急速に小さな歯と華奢な身体に変化していった．これは解せないことだ．かつては農耕を始めたので大きな歯が必要でなくなったといわれていたが，オーストラリアのように最近まで狩猟採集をしていた集団でも同じ変化が起こったのだ．おそらく気候が温暖化し，より水分を含んだ食物が増えて，それほど咀嚼せずとも小さな歯で生活していけるようになったのだろう．こうした変化は小さなものだった．しかし，それらがなぜ起こったのかは不明である．

人間の条件

大型類人猿は，解剖学的にわれわれに近いというだけでなく，生化学的にも近い．1980年代に行われ

ホモ・サピエンス・サピエンス

ホモ・サピエンス・サピエンスという用語が，現代人とわれわれにやや似ている後期更新世の化石を指して使われていることに気づくだろう．これはどういう意味だろう．なぜ共著者の何人かはこの用語を使わないのだろうか．

生物的種は二名法で表記される．亜種（一つの種の地域種で，お互いに少し異なる）がある場合は三つ目の名前を付け加える．われわれをホモ・サピエンス・サピエンスと呼ぶことは，われわれはすべて一つの亜種であること，今では絶滅したが他にもホモ・サピエンスがいる（たとえばホモ・サピエンス・ネアンデルターレンシスというヨーロッパや南西アジアの後期更新世のネアンデルタール人）ということを意味する．

われわれはみな一つの亜種なのだろうか．現生人類は世界各地でお互いに違っている．亜種のような「人種」がある．しかし，われわれの地域的変異は非常に複雑で，どれだけの現代的亜種が存在するのかわからないし，それが実際にどのようなものかもわからない．さらに，ネアンデルタール人などの化石になった親戚は，別種なのかもしれない．われわれと彼らが交配したという証拠はないのだ．したがって，ホモ・サピエンス・サピエンスというまぎらわしく誤解を招きがちな用語を使って知らないことに言及するのを避けるため，ホモ・サピエンスはわれわれとわれわれにつながる12万年前くらいの祖先までと限定的に用いる研究者もいる．

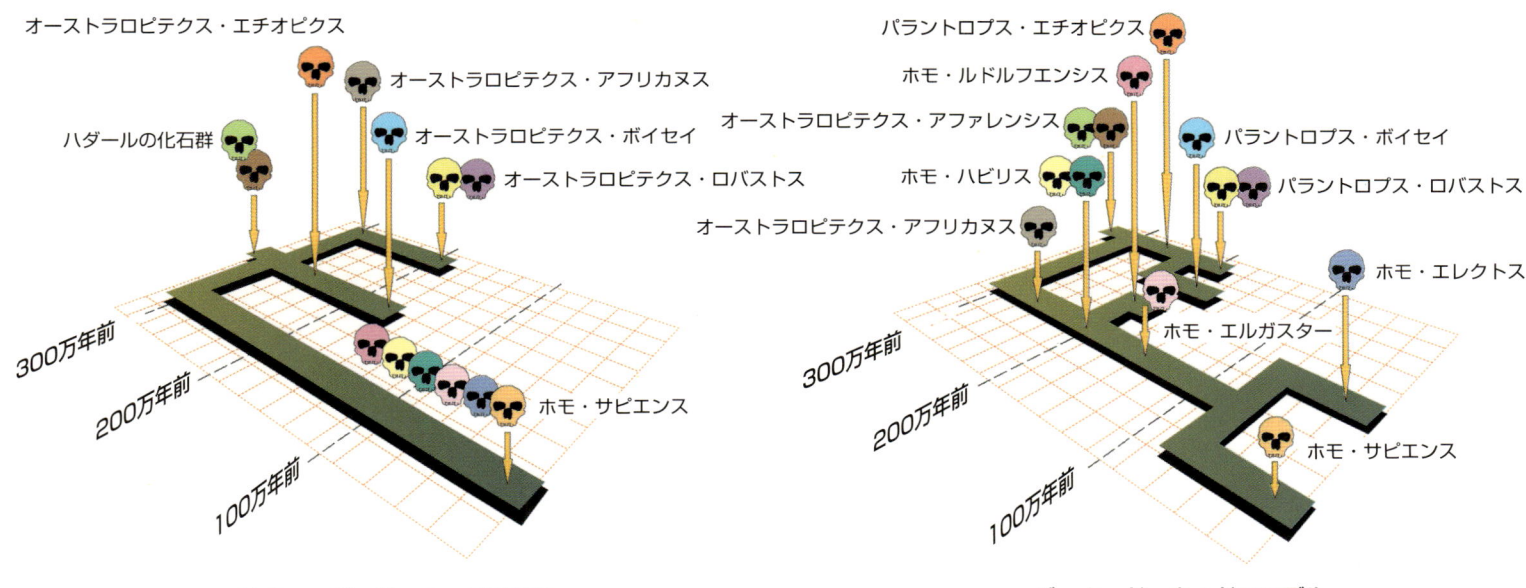

リチャード・リーキーのモデル

バーナード・ウッドのモデル

た研究では，ヒトとチンパンジーでは99％ものDNA（遺伝物質）が同じであるという驚くべき結果が示された．解剖学的にも遺伝的にもわれわれに近いということは，心理的に，特に道具の製作や知性，自我，言語など人間に特有と考えられている点においても同じなのではないだろうか．少なくとも未熟な形で，このような性質が見つかるのではないだろうか？

石器の使用は260万年前から人類の（少なくとも，初期人類の）活動を特徴づけてきた．動物園や実験室にいる類人猿が道具の利用に関してある程度のひらめきを示すのは昔から知られていた．第一次世界大戦中，ウォルフガンク・ケーラーは，カナリー諸島にある彼の実験室にいるチンパンジーが手の届かない所にある食べ物を取るのに棒を使うだけでなく，違う大きさの棒を組み合わせて，箱の上に箱を積み上げて高い所にある食べ物を取ることを発見した．ゴリラはあまり器用ではないが，オランウータンにはかなりの道具製作技術がある．ロンドン動物園のオランウータンは，鍵の模型を木で作り，自分の檻をあけて外に出てしまった．また1960年代に行われた実験で別のオランウータンは，石器の作り方を見せられ，自分で剥片を作り，食べ物の入った容器のひもを切ったのである．

1970年代には，チンパンジーは鏡に映った自分を認識できるという，興味深い発見があった．サルは，しばらくすると鏡とはどのようなものかを理解し，隠れた物を探すのに使うようになり，鏡に映った同じ檻にいる仲間を認識できるようになるものの，（イヌやゾウ同様）鏡に映った自分を他人と思ってしまう．オランウータンやゴリラは，チンパンジーのように鏡のなかの自分を認識できる．これは，他の動物とは違い，大型類人猿にはヒトのように自己の概念をもつことを意味しているのだろうか．

言語学的実験がはじめて行われたのは1950年代のことで，人間に育てられたチンパンジーに，ママ，パパ，カップ，アップ（上）といった言葉が，時間と労力をかけて教え込まれた．この大変な実験の記録映画を見て，心理学者アレンとベアトリスのガードナー夫妻は，チンパンジーは手を使って自分の言いたいことを表現しているようにみえることに気がついた．そこで，彼らは言葉ではなく手話実験を繰り返して試みた．ワシューという名前の若い雌チンパンジーの手話実験は成功を収め，他の多くの研究者がオランウータンやゴリラで似たような実験やコンピューター言語を使った実験を始めるきっかけとなった．

しかし，この初期の研究は少々やりすぎの感がある．類人猿が文章を作成していると主張する者さえいたのである．1979年にハーバート・テラスが類人猿の言語実験のビデオを見て分析したところ，類人猿の手話はしばしば自発的ではなく，実験者がうっかり出したヒントに頼っていることに気がついた．単語の連続した生成も文章ではなく，重要な言葉を繰り返しているだけで，類人猿の手話の大半は食べ物や他の物を要求する手段にすぎないことがわかった．彼らが言葉や手話をシンボルとして理解しているという証拠はない．その結果，言語研究者は，実験方法や初期の成果を見直すようになった．

それ以来，類人猿の言語実験で最も重要な研究は，チンパンジーに一種のコンピューター言語を教えたスー・サベッジ-ランボーと彼女の同僚によるものだ．ある特殊な方法で，類人猿に物の名前をつけることを教え，欲しいものを求めるばかりでなく，コンピューターのシンボルを使ってお互いに「会話」

↑なぜ専門家の意見が食い違うのか．それには多くの理由がある．化石では何が別の種であるかを認識することが難しいからだ．また，解剖学的特徴の意味することに関する意見が違うからである．しかし，進化の概略はほぼ同じである．
ILLUSTRATIONS: COLIN BARDILL

↑カンジという若いボノボ（ピグミー・チンパンジー）は，「レキシグラム」をシンボルとしてどう読みとるかを，単に見ることで学習した．言語に対するアプローチとしては原始的方法である．彼と彼のトレーナーがアトランタ近くの森を訪ねる際，レキシボードももっていったところ，カンジはそれを使って自分がどこへ行きたいか，何をしたいかを示した．

➡脳は，オーストラロピテクスから現代人に至るまで段階ごとに大きくなった．表面の凹凸やしわを読むのが一番難しい．鋳型模型を作る頭蓋骨の内側に残りにくいのだ．たとえばわれわれの先祖のうち，どれか一種でも話せたのかどうかさえ，不明である．

ILLUSTRATIONS: OLIVER RENNERT

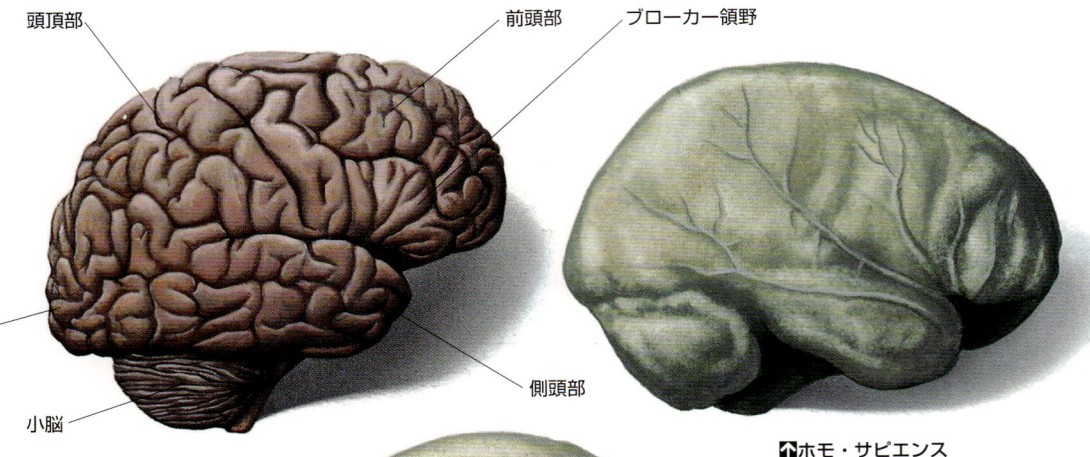

頭頂部　　前頭部　　ブローカー領野

後頭部　　小脳　　側頭部

⬆ホモ・サピエンス
13万年前～現在
1040～1595cm³
(63～97inch³)
通常のレンジ：90%の人がおさまる
900～2000cm³
(55～122inch³)
(最小と最大)

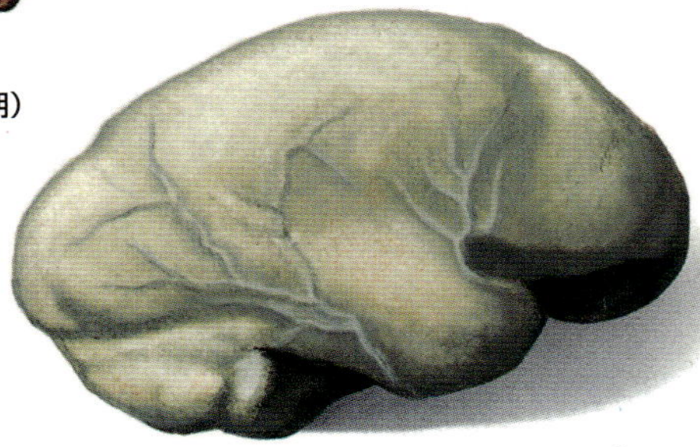

➡ホモ・エレクトス・エレクトス（初期）
100万～70万年前
815～1059cm³
(50～65inch³)
ホモ・エレクトス・エレクトス（後期）
10万年前
1055～1300cm³
(64～79inch³)

⬇パラントロプス・ロバストス
180万年前
500～530cm³
(31～32inch³)

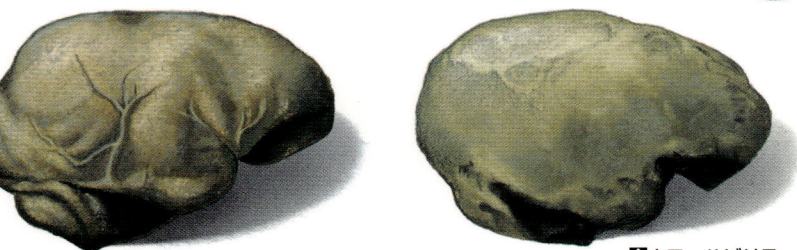

⬆ホモ・ハビリス
210万～160万年前
590～700cm³
(36～43inch³)

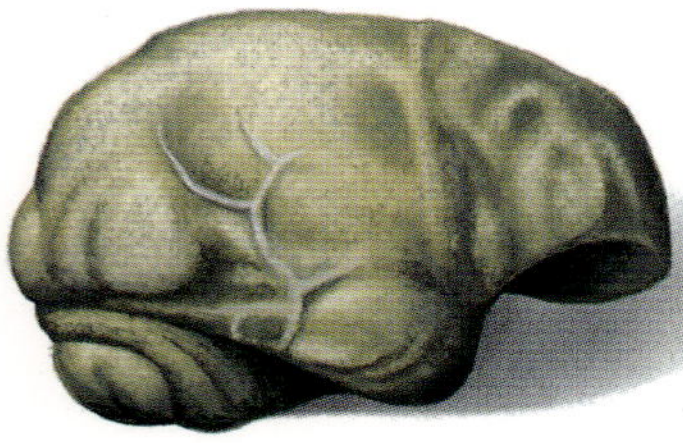

⬅オーストラロピテクス・アフリカヌス
330万～290万年前
420～500cm³
(26～31inch³)

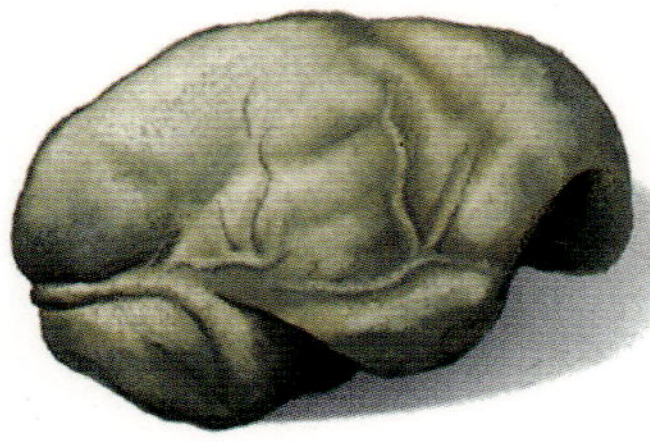

⬆チンパンジー
305～485cm³
(19～30inch³)

を行い，次に何をしたいかを表現させることにまで成功した．最近では，若いピグミー・チンパンジーが，訓練を受けず観察のみにより，このコンピューター言語を自発的に学んだ．

類人猿の精神性と知性に関するこの研究は，われわれが人類の一員として自然界の一部であることを想起させる．われわれの特殊な能力（われわれが人間に特有なものと考えている能力）は，質的ではなく量的に，われわれに近縁な霊長類と異なっているだけなのである．ヒトに特有のさまざまな行動の起源を推測するとき，われわれはヒトらしい知性のまったく欠けた，本能のみで行動する動物から直接進化したわけではないことを理解するべきだろう．

そしてわれわれの大きな脳？

大きな脳が発達しなければならないほど，サバンナでの生活は複雑だったのだろうか．初期人類の生活，たとえば大型獣の狩猟に必要な協調性，獲物あさりにライオンの裏をかく必要性，どこに実をつけた植物が熟しているか計算する必要性，食物分配の必要性，道具を作る必要性，こうしたことが知性の発達に結びついたのだろうか．

このようなことを推測する前に，大型類人猿がテナガザルやサルなどの他の霊長類よりもすぐれた知性をもつことを思い出し，なぜそうなのか考えてみよう．チンパンジーやオランウータン，一部のゴリラの集団は果実を主食としているが，彼らは身体が大きいので，エネルギーを節約しなければならない必要がある．彼らが森の特定の地域に果実のなっている可能性について，またお互いの動機について，計算していることは確かである．彼らのすぐれた知性は肉体的に怠けることを助けているようだ．これが脳力というものなのだろうか．

おそらく，問うべきことは，われわれになぜ知性があるのかではなく，類人猿がしていることでわれわれの祖先がもっとしていたことは何か，ということだろう．さらに，偶然な幸運も大いに関係するだろうし，われわれの祖先の解剖的，心理的なさまざまな側面が真の人間性に前適応していたのかもしれない．ネオテニーという進化プロセスでは，頭が外見上幼若性（小さな顎，大きな頭）を保ったまま成長する．直立姿勢：手を道具使用のために解放する．頭部のバランス：有節言語に都合よいように喉頭の位置を変える．広い範囲を動く肩：ものを投げることに腕がすでに適応していた．知性と社会性：社会的伝統が文化へと発達した．ヒトは類人猿以外のどのような生物からも進化することはありえなかっただろう．

第2章 人類の起源

これほど似て，しかしこれほど違う：大型類人猿とわれわれ

ウルフ・シェーフェンヘーヴェル

彼の母親は，亡くなる前に病気で苦しんでいた．彼は，近縁個体でも育てられるほど大きい子供だったが，だんだんふさぎこんでいった．明らかに生きる意志をなくしていた．3週間半たって彼も亡くなった．

この，また同様例は，ジェーン・グドールによるチンパンジーにおける母子関係の研究ではじめて明らかにされた．チンパンジーのいとこにあたるボノボは，おそらくわれわれに一番の近縁種であるが，同様なことが知られている．昨今の医療研究では，愛する人を失うなど大きな傷を負うことが自分自身の死の引き金になることもあることが検証されている．これは，深刻なうつ状態などの感情が心身両面に引き起こす影響の極端な例である．チンパンジーが同じような場面でわれわれと同じように悲しみ，喜びの喪失，生きる意志を失っているとしたら，彼らとわれわれを分ける境界はどこにあるのだろうか．

大型類人猿は，いろいろな意味でわれわれを驚かす．フランス・ドヴァールは，ボノボは生殖とは関係ないさまざまな場面で性行為をすると報告した．これには，たとえばなぐさめる，しずめる，目的を達成するなど，社会的な摩擦を軽減する働きがある．ダイアン・フォッシーがゴリラと一緒に記録したフィルムのなかにみられるように，大型類人猿のうち最大であるゴリラは，驚くほど人間らしい行動をとることがある．あるとき，彼女が日記をつけているとき，大きな雄ゴリラが彼女をじっと見つめていた．彼女はペンをとって彼のほうへ向けたところ，彼はペンを受け取ってにおいを嗅いで，静かに彼女に返したのだ．彼は彼女の持ち物を返すことで，所有者の原則を尊敬しているようにみえた．

神経生物学者が人間とチンパンジーの脳を比べたところ，構造的な違いはないことがわかった．チンパンジーの脳にある神経核（神経電気信号が発生する場所），脳の部分どうしを連結する回路，領野（特定の認識や行動をつかさどる場所）は，すべてわれわれにもある．それでは，なぜわれわれは話すのか，数を数え，計算し，書き，月へ行き，スーツを着るのだろうか．もちろん，これらのすべてがヒトという種に典型的というわけではない．洗練された数の認識，計算，書き物，技術の成果は，進化のタイムスケールでいえば，すべてがごく最近に起こったことだ．

「動物」とわれわれの違いは，われわれには文化があり，動物にはそれがないことだと長い間信じられてきた．しかし今では，サルや類人猿は子供に物事を教えられることがわかっている．子供へ，そしてその子供へと伝えたり，集団全員が模倣したりして学ぶのである．ある1頭が技術や習慣を覚えて，それが次へ伝わるのだ．たとえば，ニホンザル（これは大型類人猿ではない）の集団の研究で，マイケル・ハフマンと他の霊長類学者は，特別な石遊びの習慣を発達させていることを発見した．他のニホンザルでは，もう幾世代にもなるが，サツマイモを食べる前に水で注意深く洗っている．チンパンジーのある集団は堅い木の実を石のハンマーで割るが，その一方でそういうことをしない集団もある．これらは，文化，すなわち伝統によって受けつがれる行動形態に等しい，もしくはその原型だといえる．

チンパンジーやボノボ，ゴリラは集団で暮らし，社会順位がある．一方でオランウータンは繁殖期を除くとほとんど単独生活者である．ゴリラのハーレムではメスはお互いに血縁関係がなく，集団から集団へと移籍する．チンパンジーも同じである．若いメスは群れを離れて外へパートナーを探しにいく．たいていの人間社会では，若い女性は両親のもとを離れて夫と暮らす慣習（これには遺伝的な理由があるかもしれないが）がある．

もちろん，一つの行動や社会的特徴に基づいて，ヒトは大型類人猿の特定の種に似たモデルから成立したとは結論できない．大型類人猿は，好み，特徴，行動，社会構造などあらゆる点で，お互いに，またわれわれとも異なっている．しかし，大型類人猿や他のヒト以外の霊長類について研究することで，生息地，社会構造，行動，認識能力，文化能力などの要素間の進化的関係を蓋然的にたどることはできるだろう．これらの生物を，可能なら野生の状態で，研究し続ければ，彼らの魅力ある暮らしぶりを知るばかりでなく，われわれ人間自身の歴史をよりよく理解できるようになるだろう．しかし，これは，われわれ人類が一つの種として，彼らの生息地を侵略したり種の生存を脅かしたりするのをやめてはじめて可能になるのだ．

↑日本の京都に半野生状態で暮らすニホンザルのメンバーは，石遊びの習慣がある．この行動は幾世代にもわたって受けつがれるので，多くの科学者はこれを文化の原型と考えている．

↓若いチンパンジーの雄が，特別に加工された枝を使ってアリ釣りをしている．母親から子供に受けつがれる行動の一例である．

39

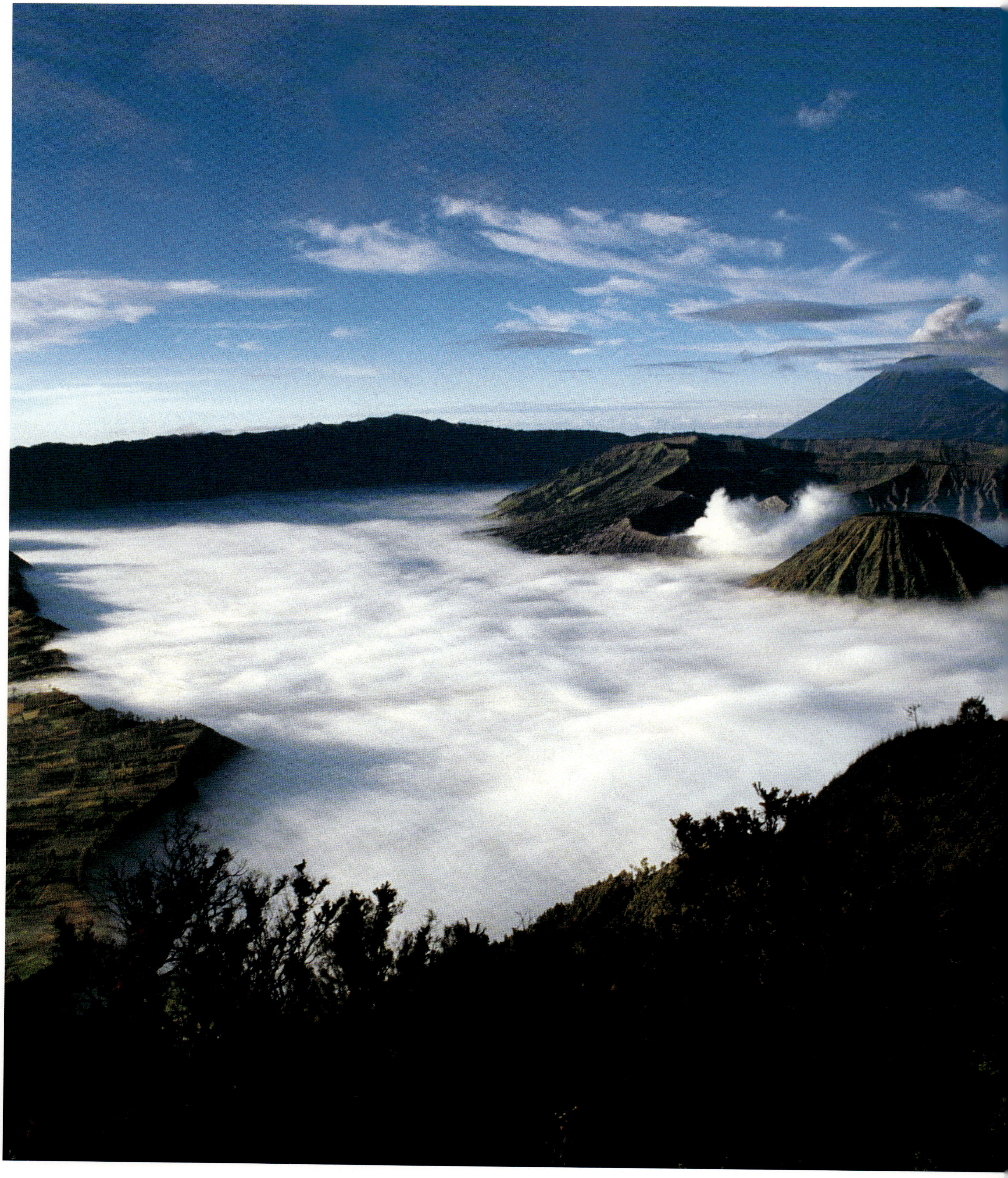

SANTOSO ALIMIN

第3章　ホモ・サピエンスへの道

2 5 0 万 年 前 － 3 5 0 0 0 年 前

ハビリス猿人，エレクトス原人，そしてネアンデルタール人

ヨラン・ブレンフルト

　今から約250万年前，一連の注目すべき出来事が継起し，それが人類の祖先につながる系統に影響を及ぼすことになった．その頃，アフリカではオーストラロピテクスとパラントロプスが共存していたが，さらにケニアのチェソワンジャ遺跡での最近の知見により，ごく初期の段階に属するホモ属のグループも存在していたことが確認された．この早期のホモ属はホモ・ハビリス（器量のあるヒト）と名づけられているものの，ただ一種だけではなかった，というのが多くの研究者の共通認識である．

　そうこうしていた頃，つまり約150万年前に原人の仲間が出現した頃のことだが，多くの解剖学上の変化が生じた．脳の大きさが増し，腰骨と大腿骨は二足歩行にいっそう適したものとなり，性差による身体の大きさの違いが小さくなった．ホモ属の最古の化石では脳容積が500cm^{3}を少しこえるほどであり，脳の大きさ以外，ホモ属とオーストラロピテクスの間には，まださほどの違いはなかった．どちらも平均すると，せいぜい130cmばかりの背丈，40kgほどの体重であった．その頃の人類はみな，当然のことながら，二足歩行をしており，二本足で自由に移動した．ホモ属のほうは，より丸みを帯びた頭骨をしており，他のホミニドの仲間よりは類人猿との違いが大きかったようだ．歯の外形にも大きな違いがあり，ことに小臼歯と大臼歯が小さかった．でも残された歯の磨りへりの様子をみる限り，どの種も種子食や植物食物，ことに果実に強く依存していたようだ．さらに解剖学的に細かくみると，おそらく初期のホモ属も樹上で多くの時間を過ごしたようであり，この点では以前に考えられていたよりも人間らしさは弱かった．なんといっても最大の違いは知能にあったろう．ハビリスの仲間こそ，石器を作った最初のホミニドだったのだ．

←エレクトス原人はアフリカを出た最初の人類であった．彼らは約70万年前までには旧世界の広くに住むようになり，東は中国や東南アジアにまで拡散した．インドネシアのジャワ島の東部から中央部にかけては，多くのホモ・エレクトス化石が発見されている．

↑握斧，アシューレアン文化を特徴づける石器．

DAVID L. BRILL, © 1985

どのように道具が使われていたか，それを知るのは容易でない．カリフォルニア湾のウミカワウソは海底でカラス貝をつかみ取り，背中を下にして泳ぎ，適当な石を使い胸のうえで貝を砕いて食物とする．この行動は注目に値するが，だからといって，石器が加工されるわけではないし，ウミカワウソが人間になるということでもない．類人猿のなかで人間に最も近縁なチンパンジーは石ころや木枝や木切れを道具として使うだけでなく，自らの歯や手で木片や植物繊維を使いやすいように工作する．確かに道具加工には違いないが，この手の道具さえも，ハビリス類が作ったのとは同じ範疇に加えることはできない．その最大の違いは，何といっても，知力を発露するさまにあり，物事を決定していく一連のプロセスにある．チンパンジーの場合，その場その場の思いつきで手頃な木切れを細工するのであって，人間の行動でみられるように，先々を見すえて洞察力を働かせ，一定の形をもち特定の目的にかなうよう対象物を巧みに加工するわけではない．最終産物の態様と用途についての下絵を脳のなかに描いたのちに，それぞれの人間は適当な性質と大きさの石を素材として集める．そのうえ，道具を加工する手順は同じグループの仲間にだけでなく，次の世代の者にさえも伝達可能である．

↓今から200万年以上も前，初期のホモ属は河原の小石を使って石器を作り始めた．この最初の石器製作者によるチョッピングツール技法は，その手の石器が最初に見つかったタンザニアのオルドワイ遺跡の名前にちなんで，オルドワン石器文化と呼ばれる．

ハビリス人類：最古の道具製作者たち

現時点でのわれわれの知見は，最古の石器製作技術と初期ホモ属との間に密接なつながりがあることを示す．それは今から250万〜150万年前の間に存在していたが，石器の素材に河原の小石を用いていた．別の小さな石を使って，その素材石の両側から剥片を打ち欠いた．一般に両面から剥片を打ち欠く石器製作法はチョッピングツール技法と呼ばれるが，そうした石器が最初に見つかったオルドワイ遺跡の名前にちなんで，オルドワン石器文化と名づけられた．この技法は単純きわまりないと思われやすいが，それでも，どうしたらうまく剥片を打ち欠くことができるかなど，素材についての確たる知識，ことに一連の打撃を加えることによって得られる最終製作物についての確かな知識を有していたことがうかがい知れる．

これまで長い間，成形された石核のほうが石器製作の最終産物なのであって，剥片のほうは廃物，つまりは屑石だろうと考えられてきた．しかしながら，よくよく見ると，チョッピングツールにもいろいろあり，さまざまな形をした剥片も細工されていることが判明した．それらもナイフやスクレイパーとして，つまり肉切りや木材加工や植物集めをするための道具として使われていた可能性が大である．おそ

ILLUSTRATION: JOHN RICHARDS

らくチョッピングツールは多目的な用途に使われ，骨髄を取り出すべく動物骨を砕いたり，食用となる植物の根や球根を掘り出したりするのに使われたのだろう．

チンパンジーは，まだ目標物が視界に入っていないうちに，それに対する道具の材料を集める．たとえばゴンベ国立公園では，チンパンジーはアリ塚からシロアリを釣り上げるのに草の茎や小枝を加工するのだが，そうした小道具は，まず集められ，シロアリ塚まで運ばれ，さらに必要に応じて加工が施されるのである．もしもリチャード・ポットの言い分が正しいならば，オルドワイ遺跡で発見された小石を堆積した遺構は，まさにホモ・ハビリスが先々のことを考えて蓄えた「石の小切手」というべき物件であろう．それがゆえに，今から200万年前の初期人類は現代のチンパンジーよりすぐれた予知能力を有していたと考えうる．だからといって，そうした遠い昔の祖先が，すでにわれわれと同じ域に達していたと考えるのは間違いなのである．実際，それらの小石を分析したトーマス・ウィンによれば，一つずつの小石を何かの道具ができるまで打ち欠くという行為でしかなく，それ以上のことを示す証拠は見つからない．

と同時に，コービ・フォラやオルドワイなどの遺跡で見つかった石器類は遠くから運ばれてきたことを示す．このことはハビリス猿人が先々のことを見こして石器を用いていたことの傍証となる．つまり彼らは未来形で物事を考えることができたのだ．かくして，「文化的行為」というものが生まれたのだ．

ヒト属の出現，月満ちてこその出来事

それでは人間の祖先筋にあたる新しいグループが，今から250万年前に忽然と進化してきたのは，いかなる理由によるのだろうか．専門家のなかには，他の動物種が進化したのと同じように外的条件が左右したのだと認識する者が少なくない．たいていの場合，動物が進化する現象が同じようなプロセスを経て起こるのは確かである．いずれにしても動物が進化するにあたり，地球規模の気候変化や，それに伴う生態環境の変化が大きな役割を果たしてきた．

今から約500万年前に大規模な気候変化が始まり，南極圏の氷床が大規模に拡大していった．しかしながら，それに対応して北極圏で氷期が始まったのは，約250万年前のことであった．この二つの氷期のはざまで地球の平均気温は激しく下がった．アフリカでも，他の地方と同様，植物相と動物相が激変した．熱帯雨林の広大な地域が消えて，サバンナが広く覆うところとなった．それが原因で，動物相の一部は絶滅するか，新しい環境に適応するように変化した．どちらの氷期にも，こうした生態学的な変動が起こったことが確かめられている．最初の氷期のときだが，猿人類が適応放散して，将来，ヒトの系統につながるグループが分かれた．それに続く氷期のとき，

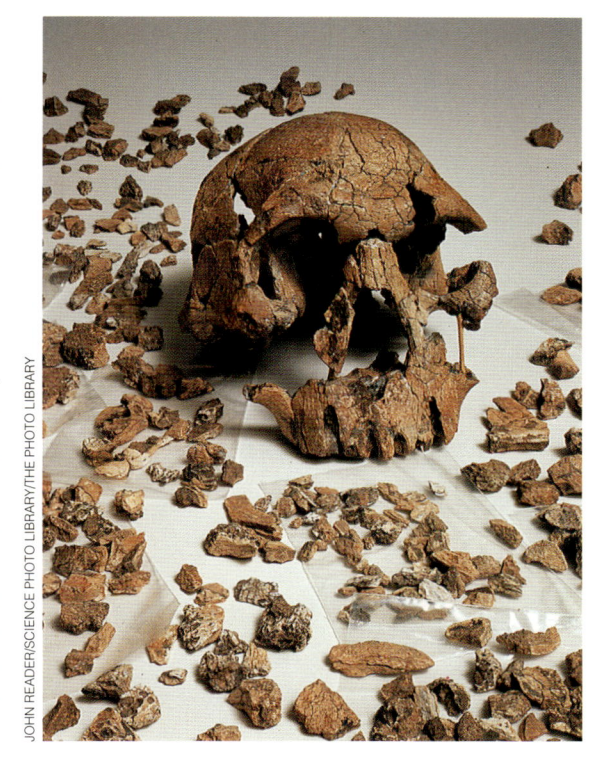

ヒト属の仲間が現れ，道具類が革新された．それは偶然とはいえない出来事だった．

これまでに述べたように，この時代には何種類もの先行人類が併存していた．だが今時点での知見に照らす限り，猿人類のグループが石器を作り，それを使用していたという証拠はない．猿人類は次第に滅亡の道をたどり，ホモ属のグループのみが生き残り，のちの現生人類へと進化したわけである．ところで，それら滅亡したヒト科グループと初期のホモ属人類との生物学的な違いは，いったい何だったのだろうか．これは難問であるが，ホモ属のほうの女性に発情期あるいは交尾期がなかった点は大きな違いの一つとして挙げられよう．たいていの哺乳類と異なり，月経周期に左右されないで，いつも交配が可能である．もっともチンパンジー，ことにピグミーチンパンジー（ボノボ）も，ほとんど性周期はないが，こうした人類における性の進化は，おそらくは体毛が次第になくなっていったプロセスと関係しているのだろうし，その結果として，皮膚の感受性が増し，女性の性的器官が発達することになったのだろうか．たとえ乳房が大きくなったとしても，母乳が多くなるわけではないし，授乳行動に影響があるわけでもなかったが，男性に視覚的に訴える性刺激に関係していたのだろうか．だんだん肉類の割合が増した食性の変化，それに伴う社会組織に関係する変化も，ヒト属が進化してきたことの理由と考えられている．

ヒヒ類やチンパンジーなどについての研究は種間でも大きな違いがあることを示しており，慎重な態度でのぞめば，初期人類の進化を解釈するのに援用できる．ヒヒ類の年輩雄は食物獲得や交配の面で絶

← この写真は1972年に，ケニアのツルカナ湖の東岸にあるコービ・フォラで発見されたハビリス猿人の頭骨である．190万年ほど前の化石と考えられ，1470という番号で識別されている．脳容積が大きく，800cm³近くもある．広い地域に散在した150個の化石の破片から復原された．

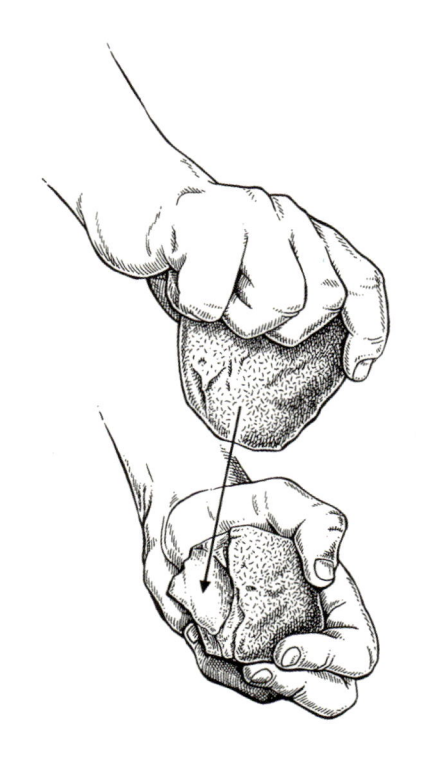

↑ オルドワン石器文化では，最も単純な方法で石器が製作された．コービ・フォラやオルドワイの河原で集められた小石が石材である．別の小石を使い石核の両側から剥片を打ち欠いていく．一つの石核からは大量の剥片が生まれ，おそらくは，そうした剥片も，残った部分も石器として利用されたのだろう．

ILLUSTRATIONS: KEN RINKEL

対的な優位にあり，極端に攻撃的な行動でもって，その地位を守ろうとする．性差が大きく，雄は雌の2倍もの体格を誇る．優位な雄や雌は，最も良質の食物を，最も多く手に入れることができる．母親と子供の間での場合を除くと，たとえ同じグループの成員同士の間でも，食べ物を分配することはない．

その逆のケースがチンパンジーである．およそ階級のようなものがなく，どの雄であろうと，いつなんどきとも，発情した雌に自由に近づける．繁殖期もない．しかし雌の側に雄を受け入れる時期に違いがある．さらにチンパンジーには，さほど厳格なテリトリーというものがない．動物行動学と霊長類学に精通するピエール・バンデンバーグは，チンパンジーの気ままな生活について次のように記述する．

「チンパンジーは，まさにホモ・サピエンスの急進派が夢想する生活に成功しているといえよう．つまり，平和で競争原理がなく，強制されることがなく，平等で所有意識がなく，嫉妬することがなく，乱婚でもなく，専制的なところもない社会なのである」．

もちろん，この言葉を深く詮索するには及ばない．配偶関係が自在に作られはするものの，優位な雄は交配可能な雌を独占するわけだし，群れの雄たちはなわばりをしっかりと監視しており，あるときなど，ある群れの雄どもが隣の小さな群れの成員を皆殺しにしたことが観察されている．結局のところ，彼らを観察する側の人間のほうが，いささかロマンティックになりやすいわけだ．人間が認めたいと思うほど以上に，チンパンジーは人間に似ているのかもしれない．

そんなこんなで，狩猟行動，繁殖期の喪失，仲間うちの食料分配，それに家族構成などの要因が密接にからんで，おそらく人類の進化の過程で決定的な役割を果たしたのだろう．男女がペアで暮らし一夫多妻が基本の小さなグループで生活する性質が強くなることで，性的分業が確立するようになり，群内の衝突回避に役立つようになったのかもしれない．かくして，例外がなしとはいえないが，それらが人間に特有の行動様式となった．

↑オルドワイ峡谷はタンザニアの北部にあり，世界広しといえども，最も重要な考古遺跡の一つである．そこで見つかったオーストラロピテクス猿人，ハビリス猿人，エレクトス原人，現生人類などの化石は，われわれの遠い祖先のことを知るのに多大なる知識を提供してくれた．

狩猟者か，それとも屍肉あさりか

石器を使うことによって，そもそもヒト科動物には適さない食物でも利用できるようになった．生肉，内臓，毛皮などを処理するため，鋭い縁をもつ剥片は多大なる恩恵をもたらした．ハイエナやライオンのような食肉動物と競合するときは，特にそうだった．死せる動物から大量の肉を瞬時にして切り取ることができた．そんなことは，手や歯や木切れを使うだけでは不可能だった．だが今のところまだ，初期人類の食性に関する詳細な知識があるわけではない．

実際には考古学の知識などは偶然に得られる産物でしかないし，先史時代にあった現実の一部でしかない．食べ物の残滓が残されることは珍しい．たとえ見つかったとしても，たいていは動物骨である．それゆえ時を超えて残る石器こそ，初期人類の生業や調理法のことを知るのに，最も重要な情報源となる．かくして出土する石器類は，当の遺跡で実際に営まれていた出来事を解釈するのに必要以上に重宝されることになりかねない．動物の散乱骨が大量の礫石器や剥片石器と一緒に出土するのは珍しくないが，そんな遺跡は往々にして，動物の遺体が運び込まれ，解体され，食料に供された場所とか，あるいは仮の住居とか，と解釈されるわけだ．

ここで問題となるのは，ハビリス猿人が食料とした肉の量である．また，肉類を消費していたとすれば，本当の捕食者を追い払って肉を横取りしていた

だけのことであろうか．あるいは実際に大型獣を狩猟していたのだろうか．石器を使用して大型動物を狩り，だからこそ生業や社会組織が急激に変化したのであろうが，最近の研究では，初期のホモ属は大型獣を狩猟するようなことはなく，ただ小規模な狩猟活動を行っただけではないかと指摘されている．それはともかく，膨大な数の石器がカバやバッファローやキリンなどの大型哺乳類の骨と一緒に見つかる．もちろんのこと，そうした石器類は相当に遠い場所から運び込まれていた．この事実こそ，そうした遺跡が動物の解体場所に他ならないこと，屍肉あさりの現場であること，捕食動物が獲物を残して逃げ去った場所であることなどを示す．そうした遺跡は，たとえば定住場所であったとか，しばらくの間，滞在したキャンプのような場所であったとかと考えることはできない．時には，動物の肉塊を安全な場所まで運び，野獣を避けるように消費したのかもしれない．火もなく槍や弓矢のような武器もなければ，そうした生活は，逃げ場も戦うすべもないサバンナの環境条件では危険きわまりないことだったに違いない．発見された動物骨の多くには，よく調べてみると，石器で傷つけられた跡と捕食動物の噛み跡の両方が残っている．もしも動物の噛み跡が石器痕の上に重なるなら，もちろんハビリス猿人が残した肉を動物が食したことを意味するのだが，多くの場合，間違いなく石器痕のほうが動物の噛み跡の上に重なる．つまり，捕食動物が殺した獲物を屍肉あさりしていたことになる．

それでも，多くの雑多な動物種の骨が混在して出土するという事実は，その筋の研究者をして，実際に初期のホモ属が多少なりとも狩猟活動をしていたとの思いに駆りたてる．狩猟行動は時代とともに重要な生業になっていったわけだが，ともかく最初の頃は狩猟もやり屍肉あさりもやっていたと考えるのが妥当な解釈だろう．もっとも，大多数の研究者は，植物体，球根，木の根，果実などの植物性食物が圧倒的に重要な部分を占めており，動物食源としては，鳥の卵，昆虫の幼虫，トカゲ類，さらには小動物のほうが大型獣よりも大切な役割を果たしていた，と考えている．同じような食生活は，チンパンジーの場合も，今日の狩猟採集民の人たちについてもいえる．考古遺物でみる限り，初期のホモ属がそうでなかったことを示す積極的な証拠はない．

エレクトス原人の化石が出土した主要な遺跡

エレクトス原人は今から70万年前より以前にアフリカ以外の地方に進出し，東南アジアやヨーロッパに住みついた．海岸線や氷床については，最終氷河期よりも前の大きな氷河期のときの様子を示す．ヨーロッパの遺跡については，左側の地図で詳細に示す．

CARTOGRAPHY: RAY SIM

腕力が誇りの狩猟者か，それとも食うや食わずの屍肉あさりだったのか

ピーター・ロウリーコンウィ

われわれの祖先たる最初期のヒト科人類の生活はどうだったか．どんな暮らしを送っていたのか．レイモンド・ダートがタウング鉱山で発見された頭骨にアウストラロピテクス・アフリカヌスの学名を与えてからというもの，考古学者たちはたえず，そんな疑問に答えを求めてきた．最近になって，いくつかの興味深い研究が達成された．

南アフリカの猿人類

「クルミ割り」と呼ばれる猿人のグループについては，マカパンスガットをはじめとする遺跡で重要な化石が発見された南アフリカで詳細な研究がなされてきた．それらの遺跡では，ヒト科人類の化石だけでなく，バッファロー，各種のカモシカ類，同じく食肉類などを含む大量の化石骨が出土している．はたして，これらの動物骨は猿人によって狩猟され食い尽くされた動物の残骸なのであろうか．いくつかの理由を挙げ，それに対して，ダートは「イエス」と答えた．

そうした遺跡では，いっさい石器類が見つかっていないが，マガパンスガットに住んでいた猿人たちは骨や歯や角の道具を使っていたのだろうと，ダートは考えた．彼は動物骨のいくつかに穴があけられ壊されているのを指摘して，物を割ったり削ったり，あるいは武器として先を尖らしたりした証拠だと述べた．さらにダートは，そうしたヒト科人類は日常的に骨角器を使い，動物を狩り，おそらく仲間を殺したのだろう，とも主張した．

最近になって出版されたC・K・ブレインらの著作では，ダートの仮説は完全に否定されている．その『狩猟者だったのか，獲物だったのか』というタイトルの本は1981年に出版されたが，それらの遺跡で見つかった動物骨はみな，ヒト科のものも含めて，ヒョウなどの大型肉食獣に捕食された動物の残骸である，と主張する．ヒョウがヒト科人類をも餌食とし，彼らが腹いっぱい食べたのちにハイエナが死体をあさった，のだと考える．こちらのほうがダート説よりも理にかなっていよう．実際，ハイエナの穴蔵にころがっている骨は，南アフリカの猿人の遺跡で見つかるのと同様に先が尖り壊れている．

ともかく，南アフリカのオーストラロピテクス猿人が骨を何かの用途に使っていた証拠などない．それどころか，彼ら自身の骨にも他の動物の骨と同じように噛み跡や破壊された跡があることから，それらの動物と同じ運命をたどったのに違いない．つまり，彼らは捕食者ではなく，単なる獲物にすぎなかったのだ．

この仮説は，そうした化石骨が集積していたのが洞窟ではなくて，かつては地中の割れ目のような場所であったことを明らかにした地質学の最近の研究成果によっても裏づけられる．それらの遺跡は乾燥地の水源のような場所であり，そこだけ樹木が茂っている．ヒョウを観察していると，彼らは屍肉に群がるハイエナを避けるために獲物を樹上に運ぶ．ヒョウが食いあさると，死体の一部は地上に落下する．そこへハイエナが集まり，骨だけを残し，それらが近くの割れ目に集まる．どうやら，このことこそが南アフリカの遺跡の謎を解く答えとなろう．つまり，それらの遺跡は自然の恵みによる化石の落とし穴であったわけだ．もちろん，どの動物もそこに住んでいたわけではなく，200万年前か300万年前にヒョウが捕食行動していたことを物語るだけなのだ．

東アフリカの初期のホモ属人類

今から200万年前より少し前のことだが，東アフリカでホモ・ハビリスに関係する考古学の証拠が見つかるようになる頃，たちまち多くの変化が生じた．動物骨化石が堆積する状況は，それまでの場合とは決定的に異なる．まずは，それらが一つの層位に広く散らばっていること，深い裂け目に落ち込んだ状態で見つかるのではないこと．そして，何よりも石器が伴って見つかることである．そうした場所は，どうしてもハビリス猿人のキャンプ跡のようにしかみえないのだ．

本当にそうなのだろうか．オルドワイ峡谷やコービ・フォラのような重要な場所では，石や骨が集積した状態で，かつて河川や湖沼の水際であった地点で見つかることが珍しくない．もちろん，いろいろな物が洪水に流されて一緒になることもあろうから，多くの骨と多くの石が混在して見つかるからといっても，必ずしも，それらが最初から一緒にあったことを意味するわけではない．それでも実際，ある狭い範囲に散らばって見つかった石片をつなぎ合わせることができる．このことは，そこでだれかが石器を作り，そのときにできた石片が後の洪水によってバラバラにされたことを意味する．それと同様に動物骨もつなぎ合わせることが可能な場合がある．

動物骨はハビリス猿人の行動を反映する鏡のようなものである．多くの四肢骨には打撃痕があり，骨髄を取り出すために打ち割られ

◀ヒョウは獲物を樹上に運ぶことが多い．それを食べると，地上に骨が落ちる．それを屍肉あさりのハイエナが噛みつく．スウォートクランズなどの遺跡は，そうした骨が落ち込んでたまった深い割れ目だった．もちろん初期のヒト科人類の骨も混ざっていた．

第3章　ホモ・サピエンスへの道

↑先史時代の骨で見つかるカットマーク（上）は一見，食肉類の咬痕（下）と似ているが，検鏡観察により区別できる．

たことを物語る．また，カットマーク（線状痕）を有するものもあり，鋭い剥片石器で肉が切り取られた跡なのである．つまり，ハビリス猿人が自分たちのキャンプに死肉を持ち帰り，石器を使用して肉や骨髄を食していたのだと推測できるわけだ．

そうした動物骨が出土する遺跡については，定期的に獲物を持ち帰る居住地だったと決めつけたくなるが，この仮説は十分には証明できない．それは考古学者のグリン・アイザックが導いた推論でもあり，彼の考えから多くのことを演繹できる．アイザックは推論を進める．もし狩猟動物の骨だったなら，すでに分業が行われていたことを意味する．狩りをしたのは男だろうが，子供を抱えた女は居住地の近くで食用植物や小動物を採集していたのだろう．このことは，すでに両性間で食物が分配され，それなりに複雑な社会構造が芽ばえていたことを意味する．

このシナリオはわかりやすい．今日の狩猟採集民が居住地で送る暮らしそのものであり，さらに単純化したものだからだ．要するに，現代の狩猟採集民の暮らしから200万年前の過去をのぞこうとするのが，この仮説の要点である．狩猟と分業体制を軸に解釈していこうとする理論なのである．でも，こ

の狩猟仮説には多くの疑問がつきまとう．

そもそも，どこまでが確かなのだろうか．最近になって，ルイス・ビンフォードやリチャード・ポッツなどの考古学者が証拠類を具体的に再検討した．現代を生きる人々の行動原理でもって，どこまで古く追跡できるのか，それが一番の問題である．決して先入観にとらわれてはいけないたぐいの問題でもある．

とにかく動物骨の化石のことで，ある事実に焦点を当てなければならない．すでに述べたように，カットマークがあるものがある一方で，肉食動物の噛み跡を残すものがある．それらが同じ骨にある場合は，噛み跡のほうが先にできたもののほうが多い．このことは何を意味するか．少なくとも，そうした骨をハビリス猿人が手にしたのは肉食類がことを終えたあとでしかないわけだ．だから解釈できることは，ただ一つ，明らかにハビリス猿人は食肉類の獲物を屍肉あさりしたのであって，自分自身で狩猟したのではない．

このことは新たなる難問をつきつける．もし屍肉あさりなら，何も分業体制など必要ないし，現代のわれわれがやるような分配行動はなくてもよい．それに，どんな目的のために鋭い刃をもつ石器を使っていたのかも説明できる．おそらくハビリス猿人は屍肉あさりのとき，もっとそれを上手にできるハイエナなどの動物と競合しなければならなかったのだろう．時に，ハイエナなどがハビリス猿人を殺して食う場面さえあったろう．屍肉あさりをするハビリス猿人にとっては，できるだけ素早く死体から肉をはぎ取ることこそ，何よりも大切な行動だったのではあるまいか．競合動物のように鋭い歯をもたない彼らは，まさに鋭利な石器でもって，硬い皮や腱を素早く切り離し，ハイエナが来る前に食える部分を持ち去らねばならなかった，のではあるまいか．

この仮説によれば，「住みか」とは，屍肉あさりのハビリス猿人たちが食物を持ち帰り，それを安心して食べる場所だったことになる．そうした遺跡については，古生態学の研

究により，もっと詳しく知りうる．既述したことだが，かつては川や湖の岸辺で樹木が茂っていたような場所で見つかることが少なくない．住み着くには格好の場所のように思えるが，必ずしも初期のハビリス猿人にはそうではなかっただろうし，ましてや熱帯アフリカでは絶好の場所などなかったろう．今日の狩猟採集民ならば，水辺の茂みにキャンプ地を構えることなどない．夜になり，ライオンが徘徊し，水を飲みにやって来る動物を捕食するからである．

これは重要な問題である．なぜならば，ハビリス猿人は遺跡が残っているような場所に寝たりはしなかったことを示唆するからである．もちろんわれわれは，どこを彼らがねぐらとしたか知らない．現在の霊長類から類推するに，水辺から少し離れた崖や岩場で寝起きしていたのではあるまいか．だから，「住みか」と称される場所はねぐらなどではなく，むしろ昼間，大型肉食獣の獲物から掠めた肉を食べる場所だったのではないか．ハビリス猿人は現代人がするように基地を中心に活動するのではなく，むしろヒヒのように昼間は相当に広い範囲を動きまわっていたのではなかろうか．

これまでに見つかった証拠でハビリス猿人の活動パターンを再現すれば，次のようになる．ねぐらを出てサバンナをうろつくわけだが，その間，肉食類が残した獲物をあさり，食用植物類を探し，石器作りの岩場に立ち寄ったりして，水辺の樹の下で昼間を過ごしたのち，やがて夜のとばりが訪れる前に再びねぐらに帰還する．これでは，とても人間の活動とはいえまい．ルイス・ビンフォードが指摘するように，われわれの最古の祖先は，かなりわれわれとは異なる生活を送っていたのである．

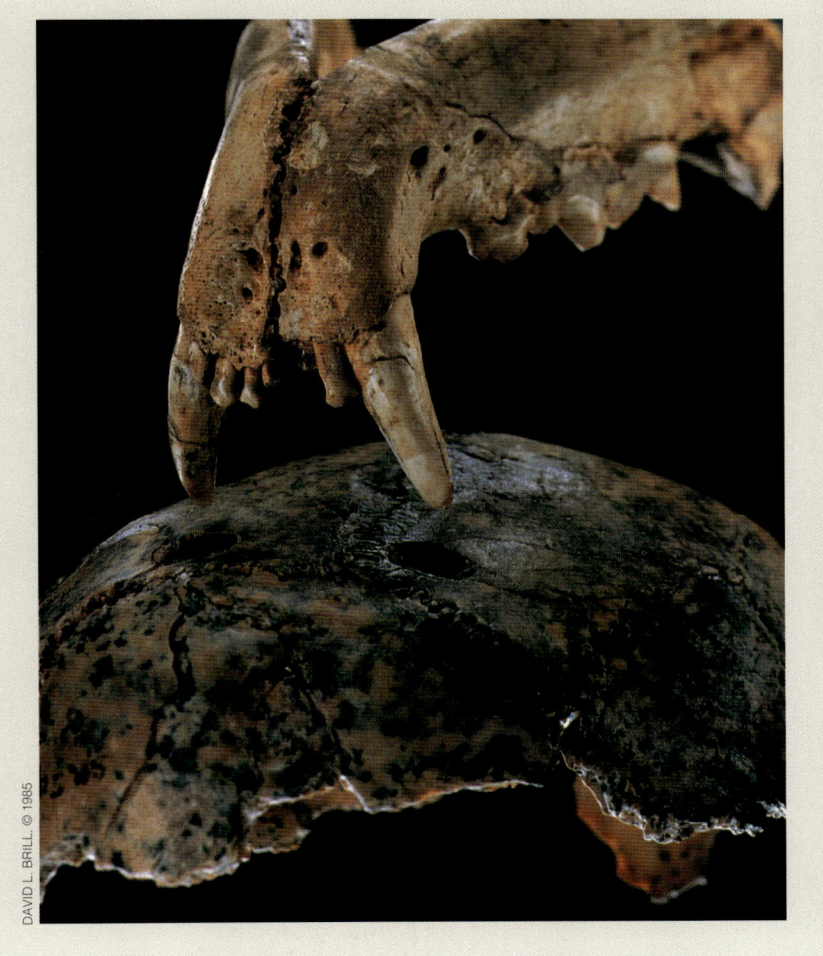

←スウォートクランズ遺跡で発見されたオーストラロピテクス猿人の子供の頭骨にある二つの傷跡．当初，先の尖った棍棒でつけられたのではないかと考えられたが，ヒョウの犬歯とピッタリ一致することがわかった．要するに，この子供は捕食動物の餌食となったのである．

47

▶大地溝帯 -人間性の揺りかご- 地球表面で最大規模の構造帯．南西アジアから東アフリカを通りモザンビークまで伸びている．この写真は，その断面をケニアの地で見たものである．

今から250万〜150万年前の時代，人類の進化は劇的なかたちで進行した．それは心性や技術や生活の面だけでなく，社会的な面でもそうであった．同じ生態条件を競合することで，初期のホモ属は人間ならではの特徴を身につけるよう余儀なくされた．と同時に，他のヒト科人類は絶滅の道をたどっていった．中央アフリカにいたヒト科人類全体の個体数は今のヒヒのそれと同じくらいだったかもしれない．つまり，お互いに競合関係にある非常に多くの個体が存在していたわけだ．だんだん脳が大きくなることにより，乳児の脳は相対的には小さくなった．これが出産を促進した．それとともに，子供が母親に依存する期間が長くなり，社会組織と性的分業の仕組みに大きな変化が生まれた．

ハビリス猿人は，おそらく小さな群れかバンド組織のようなものを作り暮らしていただろう．今日の狩猟採集民のようであったであろうが，社会組織そのものは，むしろチンパンジーのそれに似ていた．もっと人間の社会組織に近づくのは，今から160万年前の頃にホモ・エレクトスが出現したのちのことなのである．

ホモ・エレクトス段階：「直立姿勢で歩行した猿人」

エレクトス原人が舞台に登場したとき，人類の進化において新しい特質が次々と加わった．それらの特質こそが，われわれの祖先がはじめてアフリカの外に拡散する原動力となり契機となった．アフリカの外では，まったく異なる方向に生態的な適応を果たす他なかった．より北の寒冷気候のもとで生活するには，冬を温暖に過ごすために火を使用し適当な衣服を着用せざるをえなかったろう．つまるところ，ホモ・エレクトスが北方に拡散したということは，かなり厳しい生態条件に対処できる術を身につけたことを意味する．そこでは季節によって食物資源が大きく変動し，ことに冬の季節には狩猟活動が重要になったはずだ．秋になると食用植物の多くは枯れていくので，堅果や球根や根のような長持ちする食物を貯蓄する必要が生まれた．

身体については，エレクトス原人はハビリス猿人よりも現生人類のほうによく似ていた．現生人類と非常に違うのは頭と顔の形であり，旧態依然，驚くほど原始的な特徴を有していた．すなわち，前頭部が低く，眼窩上隆起が非常に大きく，オトガイがへこんでいた．首すじの筋肉はとてつもなくよく発達していた．脳が大きくなり，775〜1300cm^3ほどとなり，おおざっぱな平均では現生人類の70%ばかりの大きさとなった．直立姿勢にかなった体形となり，身長は150〜180cmほど，筋肉質の頑丈な体格をしていた．もしもホモ・エレクトスに出会うことがあれば，非常に強力でパワーあふれる印象を受けるだろう．

エレクトス原人こそ，東アフリカ中央部でハビリス猿人から次第に進化し，北方に拡散して，旧世界に広く分布するようになった人類ということで，ほとんどの専門家の意見は一致する．これまでに見つかった最古の化石は，ケニアのツルカナ湖の東岸から出土したのだが，しばしば「ツルカナの新参者」と呼ばれ，およそ160万年前にさかのぼる．それから100万年ほどたつと，ホモ・エレクトスとその姉妹種であるホモ・ハイデルベルゲンシスは，西は大西洋岸，東は中国やジャワ島までのユーラシアの一円に広がった．

大規模な民族移動を想定する必要はない．だいたいにおいて狩猟採集民たちは食物を求めて広い地域を動きまわるのであり，人口が増えた結果，グループが分かれ，新しい場所に住みついたのである．一世代あたり20kmの割で広がるなら，ナイロビから北京までの1万4000km離れた場所でも2万年あれば十分な距離である．たとえそれより遅い速度で広がったとしても，世代を重ねていけば，何十万年のうちに，その広大な分布域にエレクトス原人が住みつくには十分なわけなのだ．ヨーロッパやアジアの寒くて太陽が弱い地域に居住するようになって，十分な量のビタミンDを作るにたる紫外線が透過できるよう皮膚は淡い色となった．皮下脂肪を蓄え，汗腺を発達させることにより，拡散した先々の気候条件に適応していった．では，なぜエレクトス原人のグループは住み慣れたアフリカから出て行ったのだろうか．

繰り返すが，エレクトス原人も含めてホモ属の人類はみな，熱帯アフリカのサバンナ地帯で進化した．500万〜100万年前の間に繰り返した大規模な気候変動は90万年前の頃に激しくなった．氷期と温暖な間氷期とが交互にやってきて，地球の気候が大いに変

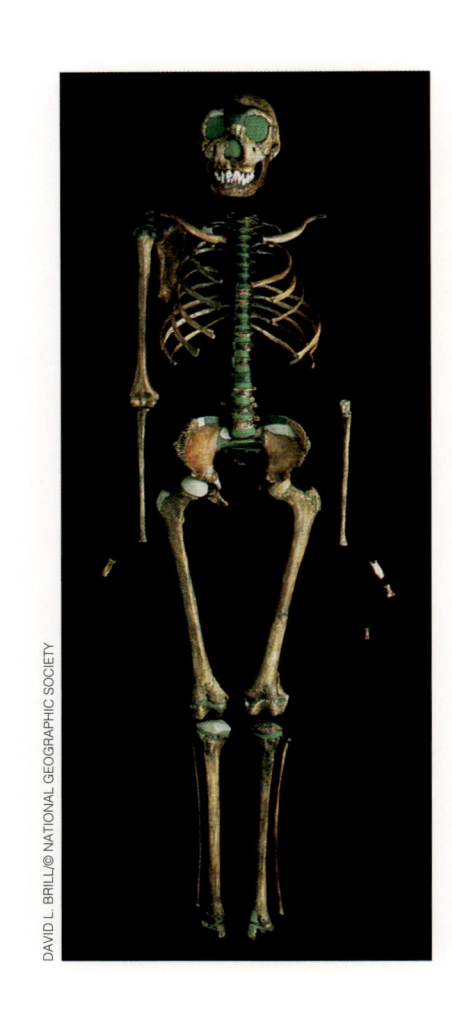

↑ケニアのツルカナ湖の近くで1984年に発見されたエレクトス原人の化石は，160万年前にさかのぼるが保存状態がよく，12歳ほどの少年の遺骨である．骨格全体の長さは170cm近くもあり，エレクトス原人の大人の身長が180cmほどであったことを示唆する．

動した．それと連動するように，アフリカの植生ではサバンナが優勢となったり，熱帯雨林に広く覆われたりした．こうした気まぐれな自然を生き残るためにこそ，人類はあれこれとやりくりしたのだ．そこから出て行き，新しい気候で生きのびるなどしたのである．それにもいろいろな道があり，植物食が主体の生活から動物食を主体とするものに変えるなど，すでに柔軟性を備えていたことを意味する．

確かにサハラ砂漠は重要な役割を果たした．ヒトの集団は降雨量が増した時代，そこへ南のほうからやって来たが，乾燥すると，また出て行かねばならなかった．時として南に向かう退路がなくなったため，北方の地中海沿岸や西南アジアに拡散する他なかったのかもしれない．それを裏づけるように，約70万年前のヨーロッパでは大型の陸上動物が劇的に増加した．ゾウ類，有蹄類，カバ類，さらにはライオンやヒョウなどの食肉類などがアフリカから移動してきた．そうした動物が移動したのと，ヒトがアフリカを出たのとは，まさに同じ頃の出来事であり，同じ原因による可能性が大である．

ここで要約しておく．ホモ・エレクトスを代表種とするエレクトス原人は，まずアフリカで姿を現した．ツルカナ湖やチェソワンジャやオルドワイで見つかる彼らの遺物は，たいていは160万〜100万年前にさかのぼる．その一方で，アジアで見つかったものは，みな新しい．たとえばタイのバン・メ・タ遺跡は東南アジアでは古いほうの遺跡だが，その年代は約70万年前である．その一方，中国では，周口店遺跡の原人化石は46万〜23万年前にしかさかのぼらないし，藍田（らんでん）や元謀（げんぼう）のものも周口店よりは古いものの，およそ60万年前にしかさかのぼらない．ジャワ島の原人化石については，カリウム・アルゴン法で90万〜60万年前，フィッショントラック法では100万年前を少し超える年代が測定されている．

エレクトス原人がヨーロッパに広がったのは，だいたいのところはアジアに広がったのと同じ頃だったようだ．西南アジアでは今のイスラエルにあるウベイデア遺跡が最古であり，そこは70万年前までさかのぼるが，ヒトの化石骨は見つかっていない．その一方で西ヨーロッパでは，イタリアのローマの南東に位置するイセニア・ラ・ピネタ遺跡で石器類が出土しており，約73万年前の年代を示す．しかしながら，旧ソ連のグルジア共和国の首都トビリーシの南西にあるドマニシ市で最近になって発見された下顎骨化石を証拠にして，すでに180万年前に人類が出アフリカを果たしていたと主張する向きもある．

アシューレアン型石器：握斧の時代

エレクトス原人の時代には，旧世界の広い地域で両面加工をした握斧が使用された．このタイプの石器は，それが最初に報告されたフランスのサン・アシュール遺跡にちなんでアシューレアン型石器と呼ばれる．この握斧は三角形に近い形をしており，広範な用途に使用されたようだ．たとえば，物を切ったり，穴を掘ったり，皮を剥いだりするのに使われ

←このホモ・エレクトスの頭骨化石は，インドネシアのジャワ島中部にあるサギラン遺跡で発見されたのだが，約80万年前のものである．

↓かの有名な周口店洞窟遺跡であるが，中国の北京近郊にあり，1920年代の初頭にデイヴィドソン・ブラックによって発掘が開始された．これまでに40人分ほどのホモ・エレクトスの化石と，スクレイパーやチョッピングツールなどの1万点以上の石器が出土しており，世界でも有数の原人遺跡である．それらが出土した地層は46万〜23万年前にさかのぼる．

■ 握斧文化
■ チョッピングツール文化

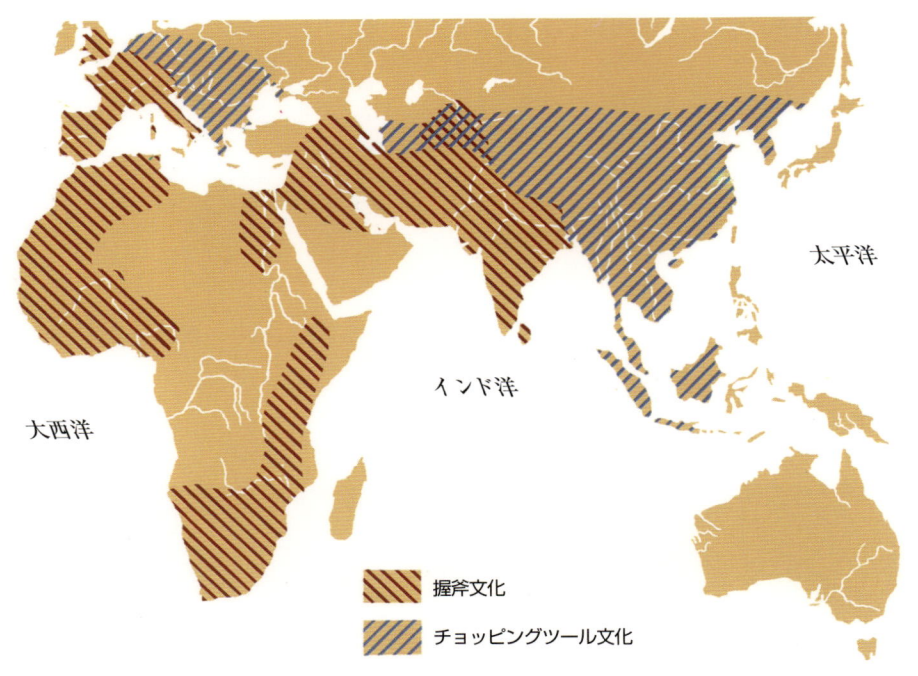

CARTOGRAPHY: RAY SIM

エレクトス原人の石器文化

エレクトス原人の段階にある頃，石器文化の内容を異にする二つの地域が旧世界で区別できる．アフリカ，ヨーロッパ，南西アジアの集団では握斧が特徴的であり，一般にアシューレアン文化と呼ばれる．それに対して，東南アジアや東アジアや東ヨーロッパではチョッピングツールが特徴となる．

↑こんな見事な握斧がアシューレアン時代の特徴であり，その時代名の由来となった北フランスのサン・アシュール遺跡で出土したものである．

GÖRAN BURENHULT

た．こぎれいに成形されたものが多いが，万能道具だったのだろう．オルドワン型石器を分析したウィンの研究によれば，それら握斧の製作者たちは最初から完成形を心のなかで思い描きながら，剥片をはがしつつ成形していき完成させたと推論できる．握斧には柄がつけられず，素手で使用された．某研究者などは，狩りのとき，そうした握斧がミサイルや円盤のように用いられたと述べている．しかしながら，その時代，大型獣を相手にする狩猟がどれほどのものであったのか，まだまだ論争の渦中にある．

エレクトス原人の時代は長かったが，その間，旧世界は別々の石器製作技術を特徴とする二つの地域に分かれていった．その理由は定かでない．アフリカ，ヨーロッパ，それに西アジアや南アジアを含む西側の地域では握斧が多く出土するが，もう一方の東アジアや東南アジアなどの東側地域では握斧を欠き，地方色あふれるチョッピングツール型の石器が優勢だった．興味深いことに，東側地域はホモ・エレクトス種の分布と重なる．しかるに西側地域ではホモ・ハイデルベルゲンシスが分布していたのではないか，というのが多くの専門家の見方である．

アシューレアン型石器は非常に長い時代にわたり製作し続けられた．アフリカでは約150万年前に始まり，より精巧な中期石器時代の石器製作技術に置き換わる20万〜15万年前まで続いた．いわゆる中期石器時代は，皮はぎ石器（スクレイパー）とか，剥片を細工した尖型石器（ポイント）が多いのが特徴である．ヨーロッパでは，もっと遅い時代まで，より現生人類に近いグループが現れる約10万年前まで，握斧が作られ続けた．

多くの専門研究者たちは，握斧が存在することで，大型獣の狩猟が原人類の重要な生業活動だったと考える．その証拠として多くの遺跡が挙げられる．ケニアのナイロビの南西にあるオローゲセリという遺跡では，グリン・アイザックとバーバラ・アイザックが動物を解体した跡を発掘した．そこにはカバなどの大型哺乳類の遺骨が多くあり，とりわけ絶滅種である巨大ヒヒの遺骨は63個体分もあり，それらは合計1万個以上もの見事な握斧とともに出土した．その遺跡は狭く，12×20mの広さもなかった．そこが動物を屠殺した場所であり，おそらく夜中の闇に乗じて，巨大ヒヒを取り囲み，威嚇し，逃げようとするところを撲殺したのではないかと，発掘者たちは考えた．もう一つの遺跡は，それよりも長い時間にわたって使われたようだが，そこでもまた，巨大ヒヒを好んで捕獲していたことが指摘されている．

アメリカの人類学者であるルイス・ビンフォードは，オローゲセリ遺跡だけでなく，エレクトス原人が大型動物の狩猟者だったという仮説そのものに対して疑問を投げかけている．彼の意見に従えば，実際に遺跡から動物が屠殺されたことが特定できるわけではないし，別の解釈も可能である．ひとところに集まった動物骨は，もしかしたら肉食獣の獲物を屍肉あさりしたときの食べ残しかもしれない．ビンフォードによれば，大型動物を狩猟した証拠とされるヨーロッパやアジアの中期旧石器時代の遺跡についても，同じことがいえるという．たとえば，スペインのトラルバ遺跡や中国の周口店遺跡である．

フランスのリビエラ地方のニースにあるテラアマタ遺跡もまた，この時代の重要な遺跡であり，しばしば言及される．この遺跡では長さが8〜10mもある大型の卵円形をした建物遺構が10個ほど見つかっている．いずれも中心部に炉跡があり，柱穴があり，壁面に配石が施されている．そこを発掘したアンリ・ドリュムレーは30万年前の季節的な住居であろうと考えた．そこに居住した人々が一年のある期間，漁労活動や採集活動で生活したのだろうとも考えた．ことに，イガイ類，カキ類，カサガイ類を多く採集したという．このテラアマタ遺跡もまた，長い間，研究者たちの論争のまととなってきた．柱穴や石器などの遺物を解釈するのは難しい．もともとの地層は地滑りや凍結などの際に攪乱されているが，何らかの形で人類の活動拠点になっていたのは間違いなかろう．住居であったとすれば，ことに花粉分析により，春先にかけての活動拠点であったと示唆される．

ホモ・サピエンスの出現

今から40万〜30万年前の時代，エレクトス原人からサピエンス新人が生まれ，人類の身体特徴は様変わりし，石器技術の面でも革新がもたらされた．脳容積は約1100cm^{3}から約1400cm^{3}ほどに増え，それと同時に，現生人類の顔だちや体形に近づいてきた．石器製作技術が洗練され，ネアンデルタール人の時代には儀式的行為や宗教的信仰の兆候が認められる

第3章　ホモ・サピエンスへの道

周口店遺跡での発見が物語ること
ピーター・ロウリーコンウィ

←周口店遺跡で見つかったホモ・エレクトスの頭蓋化石のすべては、顔面と底部を欠く。以前には喰人の証拠と考えられていたが、今ではハイエナが咬んだか、自然に壊れたためと考えられている．

巨大な洞窟がある．何十万年もの間、そこにある．とてつもない時がめぐる間、さまざまな出来事があった．時折、ハイエナが住む．彼らは獲物を持ち込み、その骨を齧る．幼獣を育て、糞をして、やがて死ぬ．オオカミが住みつくこともある．その巨大な洞窟で越冬する動物もおり、ある動物は死に堆積のなかに骨を残す．フクロウが割れ目に宿り、食物として消化できない小動物の羽根毛、骨類、食べかすなどを胃から戻す．たえまない風や雨によって、砂や埃や泥が吹き込まれ、それらが流される．そのようにして、洞窟の内部に厚い層位が形成されていくのだ．

時折天井の岩塊が崩れ落ち、下にある物を潰し、やがては堆積物のなかに埋もれていく．また、時には崩れ落ちた岩が入り口を封じ、新しい入り口ができて、洞窟は景観を変える．入り口の周りに植物が茂る．その種子が内部に吹き込まれ、割れ目のあちこちに住みついた齧歯類によって運び込まれる．その齧歯類も洞窟のなかで死に絶え、あるいはフクロウやオオカミの餌食となる．その間にたえず、あくなき自然の力により洞窟内の堆積物などが姿を変えていく．風化、瓦解、移動、再堆積、変質、消失していくのだ．そんな洞窟のなかに、ときどき人類が入っていく．何をするために．

こうした洞窟内における人類の営為を考古学的に解明するためには、一つ一つの堆積作用を解きほぐしていかなければならない．それに加えて、別の問題もある．この洞窟は一貫した計画のもとで発掘されたのではない．長い年月をかけ、何人もの発掘責任者のもと継続して発掘されてきた．近代的な発掘基準を満たさない不十分なものもあった．発掘責任者に問題があったからではなく、今ほどに発掘技術が十全でなかったからである．内乱、世界大戦、革命などの出来事が、発掘中の遺跡の上を通り過ぎていった．そうした混乱のなかで、貴重な発掘遺物の多くが謎めいた状況にまぎれ消失していった．

アジアで最も有名な考古遺跡の一つである周口店遺跡では、そんなことが次々と起こった．その遺跡では、北京原人として知られるホモ・エレクトスの地方グループの化石が大量に発見された．アジアにあるどの遺跡よりも多くの化石人骨が石英の石器とともに見つかっているのだ．

どのようにして北京原人は生活していたのか．それを明らかにするのは難しい作業である．石器が洞窟内で見つかってはいるが、ただそれだけの理由で、すべての物が人類によって運び込まれたと考えることはできない．洞窟というものは、多種多様な物を集める装置となりうるばかりか、いろいろな動物の活動舞台となる．高名な中国人発掘者である裴文中などの研究者たちは、この事実を認識していたが、それでもなかには北京原人の生活について、実際の証拠が物語る以上のことを発表しようとする者がいた．

喰人仮説

周口店遺跡で見つかったホモ・エレクトスの頭骨のすべては、顔面部と頭蓋底部が失われている．このことが喰人論争をまき起こした．ある研究者は、別種の人類が脳を取り出して食べたのではないか、とさえ主張した．そのうえ、頭骨だけが多く見つかり、他の骨が少ししか見つからないことから、洞窟の外で解体され頭部だけが運び込まれたのではないか、つまり、何らかの宗教的な儀式行為の産物ではないか、と主張する研究者もいた．もしそうなら、とんでもないことを意味することになるのだが、なぜならば、その手の宗教的な儀式行動が非常に古くから存在していたことを意味するからである．

と同時に、そんなにたいそうなことと考えない解釈もある．頭骨の失われていた部位は実際には脆い部分であるから、自然現象によっても壊れやすい．だから、あまりにも過剰な結論をもち出す必要などない．さらにいえば、ハイエナも獲物の頭を巣に運び、頭骨の脆弱な部分から壊していく．周口店の洞窟で人間の脳が食いちぎられた可能性はあるが、でもそれはハイエナによるものである．おそらく、他の動物の骨もたいていはハイエナによって運び込まれたのであろう．なぜなら、その多くは完形をとどめており（人間なら骨髄を取り出すために壊しているはずなのに）、多くの動物の頭骨が大量にあるからだ．ハイエナの糞が一緒に見つかることも、この解釈に有利である．

火の使用を示す証拠か

何mもの深さで何mもの広がりで見つかった黒色層は、長い間、人類が炉を作っていた証拠だと説明されてきた．だが、これも可能性は低い．それだけの広がりは、炉にしては大きすぎる．この層のどこでも、小さく壊れた齧歯類の骨が大量に見つかることから、フクロウがねぐらにしており、食べ物を吐き出していた場所であることを示す．この黒色層は実際には、何千年もの間にたまったフクロウの排泄物であり、それが自然発火したものかもしれない．定型をなす炉のようなものは残っていないが、おそらく人類は火を使用していたであろう．ある動物の上顎歯と頭骨は焼けており、これこそは人類の行為であろう．たぶん、脳を調理したのではあるまいか．では人類が狩猟していたかどうか．それは定かではない．石器類のなかには槍先のようなものも矢尻も見つかっていない．動物の頭骨は肉食獣の獲物を屍肉あさりして集められた可能性もあろう．

それでは周口店遺跡は、何を物語るのか．もちろん人類が洞窟を使い、動物の骨と石器類を残し、火を使っていたことを物語る．でも、それだけのことであり、それ以上のことは語らない．人類よりもハイエナのほうが洞窟を多く使っていただろうし、洞窟遺跡で見つかった錯綜とした証拠から結論を導くには注意が肝心である．だからといって、この遺跡の値うちが下がるわけでもない．人類化石の出土地として非常に重要である．また、そこを発掘することで生じた疑問によって、そうした遺跡を研究する新しい分析方法が次々に生まれたことでも大きな意味をもつのだ．

第1巻　人類のあけぼの（上）

↑この頭骨化石はフランスの東ピレネー地方のアラゴ洞窟で発見されたものだが，多くの研究者はエレクトス原人からネアンデルタール人に移行する段階の標本と考える．

ネアンデルタール人

ヨーロッパと南西アジアにあるネアンデルタール人の化石を出土した主要な遺跡．ネアンデルタール人は間氷期に生まれ最終氷河期まで生きのびていたが，約3万3000年前に消えた．海岸線と氷床は最終氷河期の絶頂時の様子を示す．

ようになった．アシューレアン石器文化の握斧に加えて，形のよい剥片石器を作る技術が芽ばえた．そうした剥片石器が最初に見つかったロンドンの東にあるクラクトン・オン・シー遺跡の名前にちなんでクラクトニアン文化と呼ばれる．

確かに重要な時代ではあるが，あまり人類化石が見つかっていない．それでもヨーロッパでは，ネアンデルタール人の特徴を彷彿とさせるような化石人骨が発見されている．イギリスのスワンズクーム遺跡で見つかった若い女性の化石骨については，22万5000年前の年代が測定され，脳容積は1325cm³ほどと推定されている．ドイツのシュタインハイム遺跡で見つかった同じく女性の化石骨の年代は，それよりも少しだけ古い．これまでに見つかった化石のうちで，最も資料価値が高いのは，フランスのピレネー地方にあるアラゴ遺跡から出土したもので，今から20万年前まではさかのぼる．こうした化石を残したのは，今から13万年前の頃にヨーロッパで出現した典型的なネアンデルタール人の祖先だったようだ．それらと同じタイプの化石人骨は，東ドイツのビルツィングスレーベン遺跡（30万年以上前），ギリシャのテサーロニキ市の近くペトラローナ遺跡でも見つかっている．

スワンズクームやシュタインハイムやアラゴなどの遺跡で発見された化石人骨によって，すでに当時，ヨーロッパには現生人類と変わらない大きさの脳をもつ人類が存在していたことがわかり，それにアジアやアフリカの広い地域でも30万～20万年前には同じような状況にあったことがうかがえる．その頃，東アジアや南アジアでも，新しいタイプの人類が旧来のホモ・エレクトスに替わって現れた．実際，中国の大茘や金牛山の遺跡とかインドのハスノラ遺跡で発見された化石人骨はシュタインハイムやペトラローナで見つかったものと似ている．しかし東南アジアでは，ホモ・エレクトスが10万年前の頃まで細々と生きていた．その子孫であり謎につつまれたままのネアンデルタール人がヨーロッパや西アジアに現れたのは，まさにその頃のことである．

ネアンデルタール人の謎

ネアンデルタール人化石が最初に発見されたのは，ドイツのデュッセルドルフ市近郊にあるネアンデルタール遺跡であるが，それ以来このかた，彼らと現生人類との間の系譜関係をめぐって論争が続いている．ネアンデルタール人の新しい化石が見つかるたびに，ホモ・サピエンス・サピエンスの進化において，彼らが果たした役割をめぐり論点が行き来するところとなった．最近になってアフリカで一連の遺跡が研究され，その問題は決着したかにみえるが，いま一度，ネアンデルタール人の存在にスポットライトを当ててみよう．

ひさしく，ことにヨーロッパのネアンデルタール人については，その身体特徴が現生人類と著しく異なることが指摘されてきた．脳は現代人よりも大きい．眼窩上隆起が発達し，鼻骨が極端に大きい．下顎骨も頑丈そのもので，オトガイはへこむ．歯も相

第3章　ホモ・サピエンスへの道

当に大きく，そして歯列は，現生人のように末広がりとならずU字形である．頭は非常に強い項筋で支えられている．身長は160cmほどしかないが，極端に筋肉質の体格であったようだ．

そうした身体特徴の違いにもかかわらず，長い間，現生人類はネアンデルタール人の直接の子孫だと考えられてきた．ただフランスの古生物学者マルセリン・ブールなどが20世紀の初頭に行った研究では，現生人類の祖先と考えるにはネアンデルタール人の身体特徴は特異すぎると指摘されていた．

ネアンデルタール人は約20万〜10万年前の頃に出現した．フランスのドルドーニュ地方にあるル・ムスティエ遺跡にちなんで名づけられた通称ムステリアン文化を育んだ．現生人類の化石がヨーロッパで出てくるのは約4万年前のことだから，ホモ・ネアンデルターレンシスという種を想定するなら，ホモ・サピエンスという別種に移行するには十分な時間がなかったことは明らかだ．さらにブールは，ネアンデルタール人は最終氷河期の頃に新しくやって来た人類によって絶滅させられた，と考えた．昨今の知見では，ネアンデルタール人は3万5000年前の頃まで生き続けたことがわかっている．となると彼らと現生人類とは，ほんの短期間しか共存してなかったことになるが．

新たなる発見があいつぎ，ネアンデルタール人とホモ・サピエンスの関係が見直されるようになった．イスラエルのハイファ市近くの地中海沿岸にあるカルメル山は，いくつかの洞窟遺跡で重要な化石人骨の標本が見つかったことで知られる．たとえば，スフール洞窟，タブン洞窟，ケバラ遺跡，ジュベル・カフゼー遺跡などである．カフゼー遺跡では現生人類の古いタイプが，すでに約9万2000年前に存在していたことを示す化石が見つかった．しかるに，タブン遺跡では約12万年前にさかのぼるネアンデルタール人タイプの化石が見つかり，ケバラ遺跡に至っては，たった6万年前にしかさかのぼらないネアンデルタール人の化石が出ている．つまり，カフゼー遺跡に現生人類が居住した時期と重なるわけだ．その一方，スフール遺跡では約8万年前にさかのぼる化石人骨が発見されている．これらレバント地方で出土した化石人骨はみな，現生人類の特徴をもつものも含めて，中期旧石器時代のムステリアン文化と結びつく．

もしも，ネアンデルタール人と現生人類タイプのグループが6万年もの期間にわたって共存していたとすれば，ヨーロッパでも約5000年にわたり共存していたとすれば，一方が他方から出自したとは考えられない．最も考えやすいのは，両者がともにホモ・ハイデルベルゲンシスから進化したことだ．つまり，ネアンデルタール人はヨーロッパや中東の温帯域でアラゴやペトラローナで見つかったような祖先型から進化した．その一方，ホモ・サピエンスはアフリカでカブウェやボドなどで見つかった祖先型から進化したと考えられる．実際，ホモ・ハイデルベルゲンシスからホモ・サピエンスに変遷した様子を物語ると思われる13万〜12万年前の頃の化石群が，オモ，ガロバ，ジュベル・イルフード，エリエ・スプリングスなどの遺跡で出土している．次のようなシナリオが可能になろう．最古のホモ・サピエンスは10万年前の頃にアフリカで出現した．何万年もの間，ネアンデルタール人と共存していた．そして，後期旧石器の製作技術を偶然に工夫するなどして，何らかの優位性を獲得したのちに，広く拡散していき，不幸なネアンデルタール人を一掃したのではなかろうか．

ネアンデルタール人をめぐる仮説は変遷をたどった．1860年代には，現生人類の祖先と考えられた．その後，ブールによって，彼らと現生人類との間の違いが強調されることになった．彼は自らが研究した「ラ・シャペローサンの老人」と呼ばれる化石骨が関節炎で変形しているとは知らずに，その結論に達したのである．その化石でみられる変形性の異常を明らかにしたのは，ウィリアム・シュトラウスとA・J・E・ケーブが1952年に発表した論文であるが，かくして再び，ネアンデルタール人に対して現代人の系譜につながる位置が与えられた．現代のコーカソイド系グループ（ヨーロッパ人，中東人，インド人など）の祖先だろうと考えられたのである．でも今やまた，熱ルミネッセンス法や電子スピン共鳴法などの新しい年代測定技術が発達するとともに，別の視点が生まれた．現生人類と多くの点で相似するが，現生人類の祖先ではなく，むしろ従兄弟のような関係にあるとみなされることになった．そして再度，現生人類の起源をめぐる論争は，そもそもの人類の祖地であるアフリカと関係づけられることが多くなった．

↙イスラエルのハイファ市近くのカルメル山にある洞窟の一つ，スフールで発見された11体分の化石人骨のうちの一つの頭骨．以前にはネアンデルタール人のものと考えられていたが．今では現生人類に分類される．

DAVID L. BRILL, ©1985/PEABODY MUSEUM, HARVARD UNIVERSITY

↑イスラエルのガリレー湖に近いアムッド洞窟で発見されたネアンデルタール人の頭骨化石．この頭骨の脳容積は，実に1800 cm^3 もある．

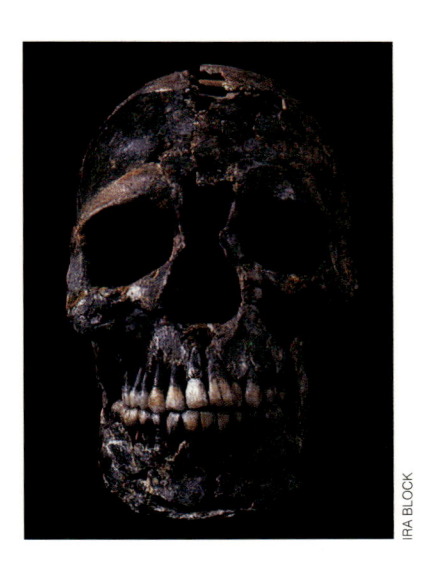

↑イスラエルのカフゼー洞窟で発見された化石のなかの一つの頭骨．スフール洞窟で見つかったものと同様，古いタイプのホモ・サピエンスと考えられている．

ネアンデルタール人

コリン・グローブス

だれもがよく知る化石人類，それがネアンデルタール人である．何万年もの間，彼らは小さなグループに分かれ，西ユーラシアの森林やツンドラの大地を放浪していた．ヨーロッパでの化石標本としては，古くはイタリアのサッコパストーレで出た約6万年前のものから，新しくはフランスのサン・セゼールの3万5000年前のものまで多くが知られる．西アジアでは，イスラエルのタブン洞窟で見つかった標本が古く，12万年前の年代が与えられている．新しいものではイラクのシャニダール洞窟で出た4万5000年前の化石がある．時にネアンデルタール人はホモ・サピエンスの絶滅した人種と考えられ，また時に別種のホモ・ネアンデルターレンシスと考えられる．彼らは西アジアでは何万年もの間，現生人類と同じ時間を過ごしたが，その一方でヨーロッパでは，たった数千年しか共存しなかった．この二つの人類グループは，お互いをどう見つめていたのだろうか．交易関係を築いていたのか，あるいは戦争関係にあったのか．時に交配することもあったのかどうか．いっさいが定かでない．いずれにせよネアンデルタール人は，もはやどこにも存在しない．彼らが消え去った理由は謎のベールにつつまれたままだが，現生人類の祖先は技術面で，あるいは文化面で，さらにはその両面で優位にたったため，それに抗することができなくなり，ネアンデルタール人は滅亡したのだろうか．

ILLUSTRATION: JOHN RICHARDS

55

ネアンデルタール人は宗教観念をもっていたか

ピーター・ロウリーコンウィ

　古学では，よく使われるジョークがある．何かが発見され，それが実用的に説明できないとき，「儀式用」の名のもとに解釈される．そうした解釈が，時に真実味を帯びる．このコラムはネアンデルタール人について，儀式用と人口に膾炙する発掘遺物について言及する．最近，そうした遺物を再度，点検してみようとする風潮が目立つのだが，ここでは，これまでに暗黙の了解がなされていた三つの事例につき簡単に紹介する．

ホラアナグマ信仰

　ジーン・オーウェルの小説「ホラアナグマ氏族」に触発されて俎上にのぼる仮説だが，多くの洞窟でネアンデルタール人の石器とともに大量のクマの骨が見つかることに端を発する．この事実が物語るのは，大型クマが冬眠し死をむかえた洞窟をネアンデルタール人も利用していたということであり，彼らがクマを殺していたということではない．何らかの儀式が行われていたことでもないだろう．

　スイスのドラシェンロック洞窟で一連の大石の間で数頭のクマの頭骨が発見されたとされる報告があり，儀礼活動と関係する確かな証拠だと考える向きがある．これについては，互いに矛盾するような実測図が別々に公表されており，そもそも写真が存在せず，最近になって，その発見がなされた日に発掘担当者が不在だったことが判明した．あらゆる推論は実際に発掘した不慣れな作業員の記述に基づくのである．しばしば洞窟の天井からは大石が落ちる．それが珍しい格好で床に並ぶ．そこにホラアナグマの骨があったということではなかろうか．偶然が重なり，それがわれわれの説明願望によって強調されることになっただけのことではなかろうか．

喰人風習

　たとえネアンデルタール人が仲間うちで喰人をするようなことがあったとしても，このこと自体は飢餓があり，また彼らが貪欲であったこと以上の問題に敷衍する必要はない．イタリアのモンテ・キルケオ洞窟で「円形に並べられた」と称される石積みのなかでネアンデルタール人の頭骨が見つかった．ここでも，その頭骨を取り上げるときに写真が撮られていない．のちになって頭骨を発見し取り上げた人物が描いた図では，石積みは円形に並んではいない．ただ雑然と山になっているだけである．要するに，配石されたものとは思えない．頭骨には石器による傷はない．ただ食肉動物に咬まれたような跡があるだけである．普通，ハイエナは獲物の頭を巣に持ち帰る．その頭骨をめぐっては，いささかなりとも殺伐たる解釈をするよりは，そのほうが現実的であろう．私が思うに，ハイエナが落石群の上で獲物の肉を食したことを物語るだけではなかろうか．

ネアンデルタール人の死者埋葬

　そう簡単に片づけられる問題ではない．確かに，いくつかの事例は疑わしい．そのなかで必ず引用されるのがウズベキスタンのテシクタージュ遺跡の例である．少年の化石骨が円形に囲まれた野生ヤギの角の間で見つかったとされているが，実際にはネアンデルタール人の12歳ばかりの少年の骨がいくつか（全骨格ではない！）が，同じく若干数の野生ヤギの角の近くで見つかったにすぎない．それらの角は円形に並べられていたわけではない．墓穴のようなものもない．これまでに述べてきたように，ハイエナは獲物の頭骨を巣に持ち込むことが多い．私が思うに，この例もハイエナの所業ではなかろうか．

　かの有名なイラクのシャニダール洞窟の「献花埋葬」例も非常に疑わしい．そもそも墓穴が確認できない．それに死因は，大きな石が落ち，その下にいたネアンデルタール人の男性を直撃したことによるものである．確かに花卉植物の花粉が堆積しており，そのことは，何らかの儀式行為の跡を示唆する．たとえば，多くの教科書や映像で描かれるように，死者に花束を積み重ねるなどの行為である．しかしながら，洞窟内の堆積物は一筋縄には説明できない．いろいろな状況で花粉がまぎれ込むことがあろう．発掘時にまぎれ込んだのかもしれない．この事例に対する私の結論は，おり悪く悪い所に立っていた不幸なネアンデルタール人よ，ということだ．

　だが二つだけだが，いくら疑っても，埋葬されていたことを否定しにくい例がある．一つはフランスのラ・シャペローサン遺跡で見つかった遺骨である．それは鋭角度に掘られた土坑のなかで発見されたのであるが，1908年に出版された報告書に詳しく記載されている．その土坑は，そこをネアンデルタール人がうろつき，不幸にも落ちて死んだと考えるには定型的にすぎる．確かに洪水でできた穴だと考えられないではないが，きちんと方形に掘られており，墓穴とみなすのが自然であろう．この時代で一番墓穴らしくみえるのが，イスラエルのケバラ遺跡でネアンデルタール人の骨格が埋まっていた土坑である．これは周到に掘られた土坑墓のようである．これら二人のネアンデルタール人は確かに埋葬されていた．だからといって，彼らが宗教心をいだいていたとか，来世を念じていたなどと考えるのは，いかがなものだろうか．ただ死者を埋めただけ，それ以上でもそれ以下でもない．

⬆ イスラエルのケバラ洞窟は，ネアンデルタール人が死者を埋葬していたことを示す確かな例を提供する．埋葬土坑が視認でき，周到に掘られたものであるのは間違いないから，死者の遺体を埋めたものと解釈できる．しかし，これまでに見つかったネアンデルタール人の遺骨の多くは周到に埋葬されたようにはみえない．

⬅ モンテ・キルケオで見つかったネアンデルタール人の頭骨にある穴は，おそらくはハイエナが咬みつき脳を食したことによって生じたのではなかろうか．

ムステリアン時代：ネアンデルタール人たちの時代

　ネアンデルタール人こそ，北方の寒冷な気候に適応を果たした最初の人類であった．彼らが育まれたのは最後の間氷期にあたる温暖な時期であったが，彼らに特有の道具文化，つまりはドルドーニュ地方にある有名なル・ムスティエの岩陰遺跡にちなんで名づけられたムステリアン文化が出現したのは約7万年前のヨーロッパであり，そこは当時，最終氷河期にあった．もっとも中東地方では，ムステリアン文化に似た石器文化は，すでに約12万年前には存在していた．ネアンデルタール人は，極北圏に近い環境条件で弾力性に富んだ生活を営んでいたという意味で確かに「氷河人」なのであった．

　ネアンデルタール人は彼らの祖先である原人類と同様に広い地域を漂泊した．そして季節によって，別々の集落を設けた．おそらく彼らの生活では大型哺乳類（シカやトナカイ）の狩猟活動が，だんだんと重要性を増していったのだろう．しかし結局のところ，寒冷な気候条件のために季節に応じた食料に依存せざるをえなくなり，その結果，異なった機能をもつ多種多様な石器を含む豊かな文化が出現することになった．季節にかかわらず保存食料は必須であった．洞窟の開口部や岩陰などを意味するアブリ（abri）が，どこでも雨露をしのぐために使われた．このようなわけで，多くの地域で野外の平地遺跡も珍しくないが，ネアンデルタール人のことを「洞窟人」と呼ぶのは根拠のないことではない．

　今から13万年前の頃，石器文化は大きく進歩した．あらかじめ石核は一定の大きさをした剥片が取れるよう調整される．こうした石器加工のことをルバロア技法と呼ぶ．この名前はパリ郊外にある遺跡名にちなむ．これは原石をうまく利用した方法であり，一つの石核から多くの剥片が取れる．石核は上面が真平らになるように成形され，そこから次々と剥片を打ち欠いていくのである．そうして成形された石核は，その外見ゆえに，亀甲石核と呼ばれている．

　ムステリアン文化には地域差があり，石器のタイプの組合せは地域により異なっていた．こうした地域差については，ヨーロッパのなかでも多様な「ネアンデルタール文化」が存在したのだと考える専門家がいる一方で，地域により必要とする石器のタイプが違っていたためだとか，あるいは時期差の問題にすぎないと考える専門家がいる．いずれにせよネアンデルタール人の石器文化は，それまでのものより多様性に富み，はるかに効率のよいものであった．まさにムステリアン文化は，多様な生活環境のために必要とされる工夫能力の面においてネアンデルタール人がすぐれていたことを証明するものといえよう．

　これまでに述べてきたように，ネアンデルタール人は解剖学的な意味で大きな集団変異があった．ネアンデルタール人そのものといえるような化石は西ヨーロッパからしか出土していないが，それほど極端でなければ，南西アジアからも出土している．こうした身体面での多様性は気候への適応性を反映したものであろう．正真正銘，氷河時代の環境条件で暮らしていたのは，ヨーロッパのネアンデルタール人だけである．アフリカや東南アジアの同時代の人類は，ひどく彼らと異なっていた．たとえば，ザンビアのカブウェ人（かつてブロークンヒルと呼ばれていた場所で出土した；いわゆる「ローデシア人」），南アフリカのケープタウン近郊のホープフィールド人（あるいはサルダーニャ人），ジャワ島のソロ河周辺にあるガンドンなどの遺跡で出土したソロ人などの化石がそうである．これらは以前にはヨーロッパのネアンデルタール人に相当する段階にあるアフリカやアジアの化石人類と考えられていたが，今では，カブウェやサルダーニャの化石はホモ・ハイデルベルゲンシス，そしてガンドンの化石（10万年前）は同地域のホモ・エレクトスの末裔とみる見方が有力である．

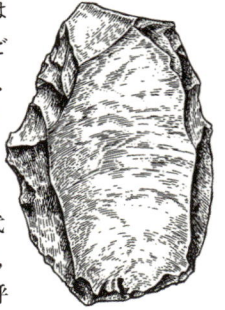

ルバロア技法による剥片石器の製作：適当な石器を調達し，その縁部と上面が調整され，石核の片面が平らにされる．大きな剥片石器（右）ができ，石核（左）からは次々と剥片が打ち欠かれる．

ILLUSTRATIONS: KEN RINKEL

ネアンデルタール人が利用した典型的な岩陰遺跡．フランスのドルドーニュ地方，ベーゼル川の畔にあるル・ムスティエ遺跡．この遺跡の名前にちなんでムステリアン時代と名づけられた．ここでは1908年にネアンデルタール人の子供の骨格が発見された．

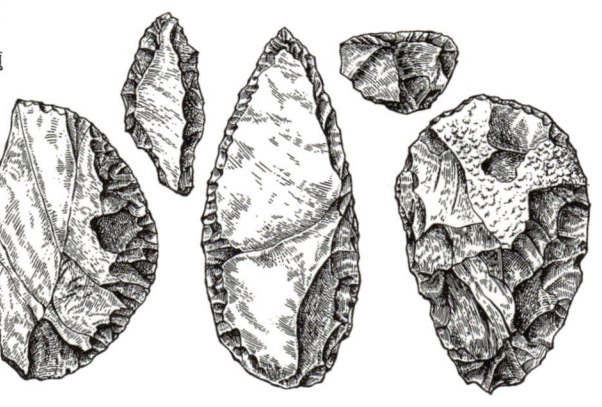

ムステリアン時代の尖頭石器とスクレイパー．ムステリアン石器文化はネアンデルタール人と密接な関係にあり，ヨーロッパ，西アジア，北アフリカの各地にあるネアンデルタール人の遺跡で見つかる．何らかの関係にある石器文化はアフリカ，南アジア，東アジアでも見つかる．

ILLUSTRATIONS: KEN RINKEL

↓長いこと，更新世の間には三度か四度の氷河期が訪れたといわれてきた．でも最近の知見によると実際には，もっと複雑な気候変化があったようだ．この図の左側では，太平洋の赤道地域で深海の堆積物によって明らかにされた地球規模の気候変化を示す．堆積物の深さごとの酸素同位体の割合を調べることによって，地球の気温の変化を明らかにすることができる．右側には，これまで使われてきた氷河期と間氷期の名称を示す．

ガンドンでソロ人の化石が出土した状況からは，喰人が行われていた可能性を考えざるをえない．そこで発見された11人分の頭骨については，頭蓋冠しか残っておらず，脳頭蓋の他の部位や顔面頭蓋を欠く．すべての化石は狭い範囲で見つかったので，会食儀式で人肉を食したときの残滓ではないか，と解釈されてきた．クロアチアのクラピナ遺跡で発見された20人分ほどの化石についても，男や女や子供の頭骨や体肢骨がバラバラに壊された状態で見つかったことから，ネアンデルタール人がカニバリズムをしていた証拠と解釈されたりした．しかし多くの専門家は，これらの証拠物件なるものに対して懐疑的である．仮に喰人の跡であるとしても，ネアンデルタール人が儀式的な行為をなし宗教心のようなものをいだいていた最初の人類であることを示す証拠は他にもあるのだろうか．いつ頃から死者の埋葬が行われたか，それを知ることこそ，そうした疑問に答える道なのかもしれない．

死者の埋葬と宗教の起源

死は避けがたい．それゆえ，さまざまな方法で死者の遺体を処理することは，先史時代であれ現代であれ，人間という動物に共通する行為である．いつ頃から死者を埋葬するようになったかを知ることで，抽象思考や言語伝達に関する人類の能力が一歩進んだことを知りうる．死者を埋葬する行為が他界観念の芽ばえを表徴するにせよ，単に縁者の死を嘆き悲しむだけのことであったにせよ，葬送儀礼というものは，それまでにはなかった時間を超越する思考法とか観念が生まれていたことを示す．いずれにせよ，死者にオーカー（赤色顔料）をまぶしたり副葬品を供えたりする埋葬風習こそ，人間の死に伴う不思議な観念世界のあり方をのぞき見る道なのである．

ネアンデルタール人が死者を弔っていたことは，以前からだれもが認めるところであり，たいていは洞窟内であるが，いくつかの重要な埋葬遺跡がヨーロッパや西アジアで知られている．ドルドーニュ地方のル・ムスティエ遺跡では10歳代で死亡した男子の遺骨が土坑のなかで見つかった．頭骨が火打ち石の集塊の上に置かれ，片方の腕は頭の下になるなど，まるで横たわるような姿勢であった．フランスではネアンデルタール人が死者を埋葬していたことを示す同様な発見が他にもある．たとえば，ラ・フェラシーやラ・シャペローサンの遺跡である．ラ・フェラシーでは小さな墓地が見つかり，そこには2人の成人骨と4人の小児骨が隣り合わせに土坑に埋葬されていた．こうしたフランスの埋葬骨の多くにはオーカーが撒かれ，墓の中やまわりで大量の動物骨が見つかっている．

ヒマラヤ山脈の西側斜面，ウズベキスタンのテシクターシュ遺跡では，ネアンデルタール人の子供の遺骨を埋葬した墓のようなものが見つかり，それを取り巻くように6頭分の野生ヤギの角が置かれていた．その子供の骨には解体痕があり，おそらく儀式などのために遺体を土葬する前に軟部組織が切り取られていたのだろう．イラクのザグロス山脈の麓にあるシャニダール洞窟遺跡でも埋葬された可能性が高い遺骨が見つかっている．それを発掘した研究者に言わせれば，「30歳代で死んだ男の遺体が花むしろの上に横たえられていた」のだそうだ．花粉分析の結果，西洋ノコギリソウ類，トクサ類，アザミ類，ヤグルマギク類，ヒヤシンス類，タチアオイ類などなどの草花の遺物が検出された．

しかし最近になって，そうしたネアンデルタール人の埋葬例に疑義をはさむ研究者が少なからず現れた．旧石器時代の遺跡を発掘するのは難しいもので，うまく層序を区別するのは容易でない．のちの時代に起こった攪乱や天井石の落下なども，死者が埋められたときの状況を復原しにくくする要因となる．なかには，ネアンデルタール人が死者を埋葬した証拠などないし，これまでに証拠とされてきたものは，いずれも偶然によるか攪乱による結果でしかないと

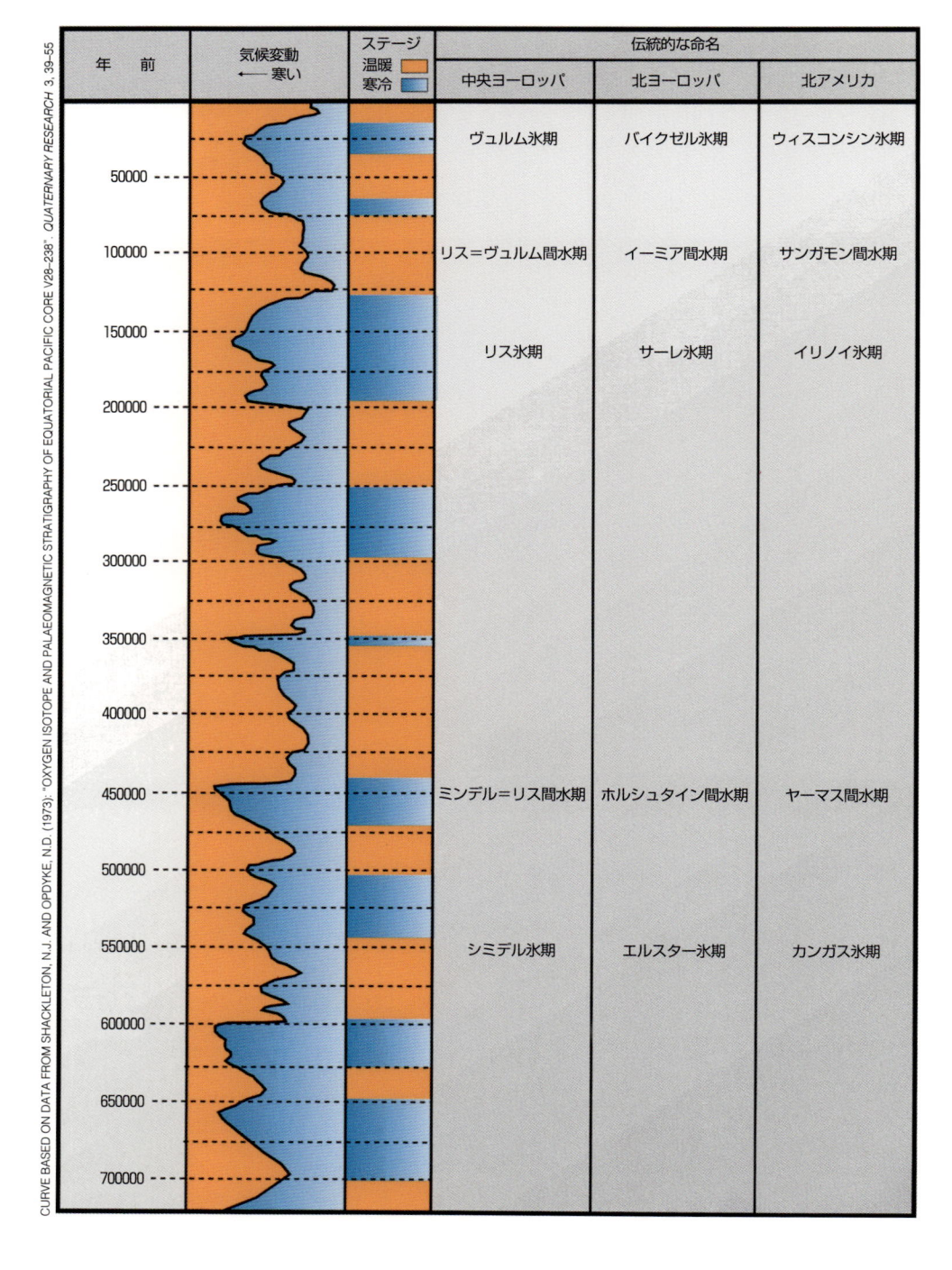

年　前	気候変動 ←寒い	ステージ 温暖/寒冷	伝統的な命名		
			中央ヨーロッパ	北ヨーロッパ	北アメリカ
50000			ヴュルム氷期	バイクゼル氷期	ウィスコンシン氷期
100000			リス＝ヴュルム間氷期	イーミア間氷期	サンガモン間氷期
150000			リス氷期	サーレ氷期	イリノイ氷期
200000					
250000					
300000					
350000					
400000					
450000			ミンデル＝リス間氷期	ホルシュタイン間氷期	ヤーマス間氷期
500000					
550000			ミンデル氷期	エルスター氷期	カンガス氷期
600000					
650000					
700000					

主張する研究者さえいる．その手の議論に対しては，ネアンデルタール人が埋葬をしなかったことを示す逆の証拠もないと反論できよう．

どのような科学論争でも，そういう風に問題のある資料を懐疑的に見直してみて，新しい仮説を出すのは重要なことである．考古学の場合は発掘状況の再検討だ．確かに以前には多くの場合，ネアンデルタール人骨が発見されると即，そこに埋葬されていたのだと考える暗黙の了解があった．だから再調査は欠かせない．それとは逆に，ネアンデルタール人の化石の多くについて，単なる偶然の結果，そこにあっただけだと無闇に切り捨てるわけにはいかないことも指摘しておかねばなるまい．たぶん，イスラエルのカルメル山の麓にあるケバラ遺跡で最近になって発掘されたネアンデルタール人化石こそ，この論争に決着をつける証拠となろう．この化石は，これまでに見つかったネアンデルタール人の化石骨のいずれよりも，確かな埋葬状況で見つかっており，死者が周到に埋葬されていたことを示唆する．

同じようにネアンデルタール人の宗教活動を暗示する証拠は，ヨーロッパにある二つの有名な遺跡，つまりドルドーニュ地方のレグルドー遺跡とローマの南にあるモンテ・キルケオ遺跡でも発見されている．レグルドー遺跡では大きな蓋石で覆われた長方形の土坑で20個以上のアナグマの頭骨が見つかった．そのそばでネアンデルタール人の骨格の一部がクマの完全骨格と一緒に見つかった．この発見は，つい最近まで北極圏の人々の間でみられたクマ信仰をネアンデルタール人が行っていたことを示す例だと解釈されている．それが発掘されたときの状況には不明な点が少なくないが，今では多くの専門家が，そうした解釈を怪しげな目で見るようになった．

考古学の遺物に基づいて超自然的な概念のことか，呪術や宗教の体系のことを云々するのは非常に難しい．しかしながら，いずれにせよ，のちの現生人類で普遍的にみられる複雑な観念や社会行動が，すでにネアンデルタール人の段階で発達しつつあったことを示す証拠と考えてよいだろう．

↑イラク北部のシャニダール遺跡で，30歳前後の年齢で死亡したネアンデルタール人の遺骨とともに見つかった花粉のかたまりについて，ある研究者は，死者が花束の上に埋葬されたことを示す証拠と考えている．しかし最近になって，それを死者を周到に埋葬したことを示す証拠とみることに疑義が出されている．

←巨大なシャニダール洞窟はイラク最北部のクルド居住地にあり，6万〜4万4000年前のネアンデルタール人の化石を産出している．すでに9人分のネアンデルタール人の遺骨が見つかっており，そのなかに30歳前後で死亡した問題の男性の遺骨が含まれており，その他に野生ヤギやイノシシの動物骨もある．

過去の年代を測定する
コリン・グローブス

何万年以上も前にさかのぼる化石について直接に年代測定することはできない．その年代を決めるのは，あくまでも地層学的にあって，化石そのものからではない．年代測定法は大きく二つに分けることができる．絶対年代測定法と相対年代測定法である．

絶対年代測定法

その1．ウラン系列法

ウランは放射性元素である．つまり，その原子核は一定の速度で崩壊していき，次々と他の物質に変わり（ウラン系列），最後に鉛となる．ウランの二つの同位元素であるウラン235とウラン238は，異なった速度で崩壊し，異なった系列をたどり，別々の鉛の同位元素に変化していく．それぞれの同位元素の崩壊率は解明されているので，どれくらい過去に崩壊が始まったのか計算できる．かくして，当の化石を含む地層のウランを定量することにより，地層の古さを計算できることになる．二つの同位元素で崩壊率が異なるので，そうやって推定された年代を互いにチェックできることにもなる．ウラン系列法は，4億5000万年前の地球の誕生までさかのぼって年代を測定できる．

ウランからトリウムへの崩壊過程を利用することにより，それよりはるかに近い過去の年代を測定できる．

その2．カリウム・アルゴン法

地殻物質の多くはカリウム元素を保有する．カリウムは微量の放射性元素カリウム40（K40）を含む．ウランの場合と同様，これが一定の速度で崩壊しアルゴンの気体となる．

火山が噴火すると，融けた溶岩が吹き出し，そのなかにカリウムが含まれる．カリウム40が崩壊してできたアルゴンは空気中に放たれる．溶岩が冷却すると，その結晶ができ，そこに放たれたアルゴンがたまる．結晶中のK40とアルゴンの相対比を定量することによって，どれくらい昔に溶岩が冷えたか，つまりは火山が噴火したか，知ることができる．

ほどなくして噴火した溶岩と火山灰は浸食され始める．水に流され，あちこちに堆積され，他から来た堆積物と混じる．そんなに古くない火山性の堆積物はタフと呼ばれる．東アフリカの大地溝帯のような地殻変動の激しい地域では，化石包含層はタフと入れ子状態となっている．だから，地層形成に沿った年代測定が可能なのである．ウラン系列法による年代測定と同様にカリウム・アルゴン法は，火山活動が活発な地域ならば，非常に古い堆積から新しいものまで幅広い年代に有効である．

その3．放射性炭素年代測定法

これは化石そのものの年代を測定する方法であるが，せいぜいのところ約5万年前のものにしか適用できない．植物は大気中から炭素を固定するが，そのなかにわずかだが，放射性元素であるC14が含まれる．植物が死ぬと，もはや炭素は補充されないから，次第にC14は減少していく（窒素に変わる）．かくして，残留C14を定量することにより，植物が死んでから経過した時間を測定できるわけだ．しかしながら，C14の崩壊は速やかで，何万年かそこらで消滅してしまう．

植物食の動物も炭素を取り込む．だから，その遺骸についても年代測定が可能である．

実は大気中のC14の量は宇宙線の量に相関して変動する．そのために放射性炭素による推定年代は，樹木の年輪などによって補正しなければならない．

その4．熱ルミネッセンス法

ある種類の堆積物は太陽光にさらされたり熱を加えられたりすると，漂白され，電子が貯留される．それが地中に埋まると，だんだん貯留電子が放出される．残留電子により発せられる光を測定することにより，もし最初の光量を推定できれば，その堆積が形成されて以降に経過した時間を測定できる．熱ルミネッセンス法（TL）は放射性炭素法と同じくらいの古さのものを年代測定できる．だから互いにクロスチェックできるわけだ．この方法は，最近では，これまで年代測定するのが難しかった5万〜10万年前の堆積物に適用できるようになった．

最近になって開発された電子スピン共鳴法（ESR）は，滞留する電子を直接に測定する．だから，歯のエナメル質などの生物物質を年代測定できる．

その5．フィッショントラック法

ウラン235は放射的に改変するだけでなく，瓦解もする．そのとき素粒子が物質に傷跡を残す．そうした痕跡はフッ化水素でエッチングで，それを定量することによって，物質が冷却されたのちに経過した時間を測定できる．火山性のガラス（黒曜石）には美しい跡が残っており，だからこそ，この方法によってカリウム・アルゴン

いまなおカリウム・アルゴン法は，ヒト科化石が包埋された岩石の年代を決める最も有力な方法である．この写真は，アルゴンに崩壊していく放射性のカリウムを定量するために岩石の試料を分析する様子を示す．この岩石が生まれた火山の爆発から経過した時間の長さが推定できる．

法で求めた年代をクロスチェックできる.

相対年代測定法

その1. 動物化石による年代測定

新しい年代測定法が開発されるにつれて，絶対年代測定法のいずれもが適用できない遺跡の数は少なくなってきた．人類の進化に関係する遺跡のうち，まだ絶対年代が測定されていないのは，南アフリカのハイフェルト高原にあるタウング，スタークフォンテイン，マカパンスガット，スウォートクランズ，クロムドライの遺跡だけとなった．これらの遺跡については，動物化石によって年代が推定されている．

ある種のイノシシ類だとか，サル類だとか，レイヨウ類については，それらが進化してきた時代が判明している．東アフリカの大地溝帯にあるコービ・フォラやオルドワイの遺跡では，それらの動物の化石についてカリウム・アルゴン法やフィッショントラック法で年代測定が可能である．だから，そうした動物種が特徴的な形態を備えるようになった時代を決めることができる．それをスタークフォンテインなどで見つかる同種の動物化石と比べるのだ．もちろん限界はあるわけで，すでに東アフリカでは新しいタイプの種が出現していたのに，まだ南アフリカでは古いタイプがいたということはありうる．

その2. 古地磁気による年代測定

もう一つの方法は，地球の磁場が正逆の方向を変えることを利用する．地場は今は北極を向くが，70万年前には南極を向いていた．その何万年か前にも北を向いていた．残留磁場が堆積中にとどまることから，北を向く正磁気の時期と南を向く逆磁気の時期とを示す古地磁気コラムを遺跡ごとに求めることができる．それを標準コラムと比べて，逆磁気の時代を整合させるのだ．

その3. 化学的年代測定

時に化学的な方法も用いられる．その原理はこうだ．たいていの遺跡では化石中の化学組成が変化する．たとえば，古い化石ほど多量のフッ素を含む．この方法は土壌の条件が変わらない狭い地域でのみ適用可能である．別の方法では，生物のタンパク質を構成するアミノ酸が極性を変えることを利用する．生物が死ぬと，アミノ酸の極性は左回旋と右回旋が同量となるまで緩やかに変化する．しかしながら，こうした変化は温度や湿度によって速度が異なる．だから，このアミノ酸のラセミ化を利用する年代測定は，洞穴内堆積物などのように湿度条件などが一定に保たれる場合にのみ適用できる．

➡長い地質年代の間，いくたびか地球の磁場は逆転した．正磁気か逆磁気が卓越する時代（クロン）の間に短期間だけ磁場が逆転する時期（サブクロン）があった．この図は最近の500万年間の古地磁気コラムを描いたものである．

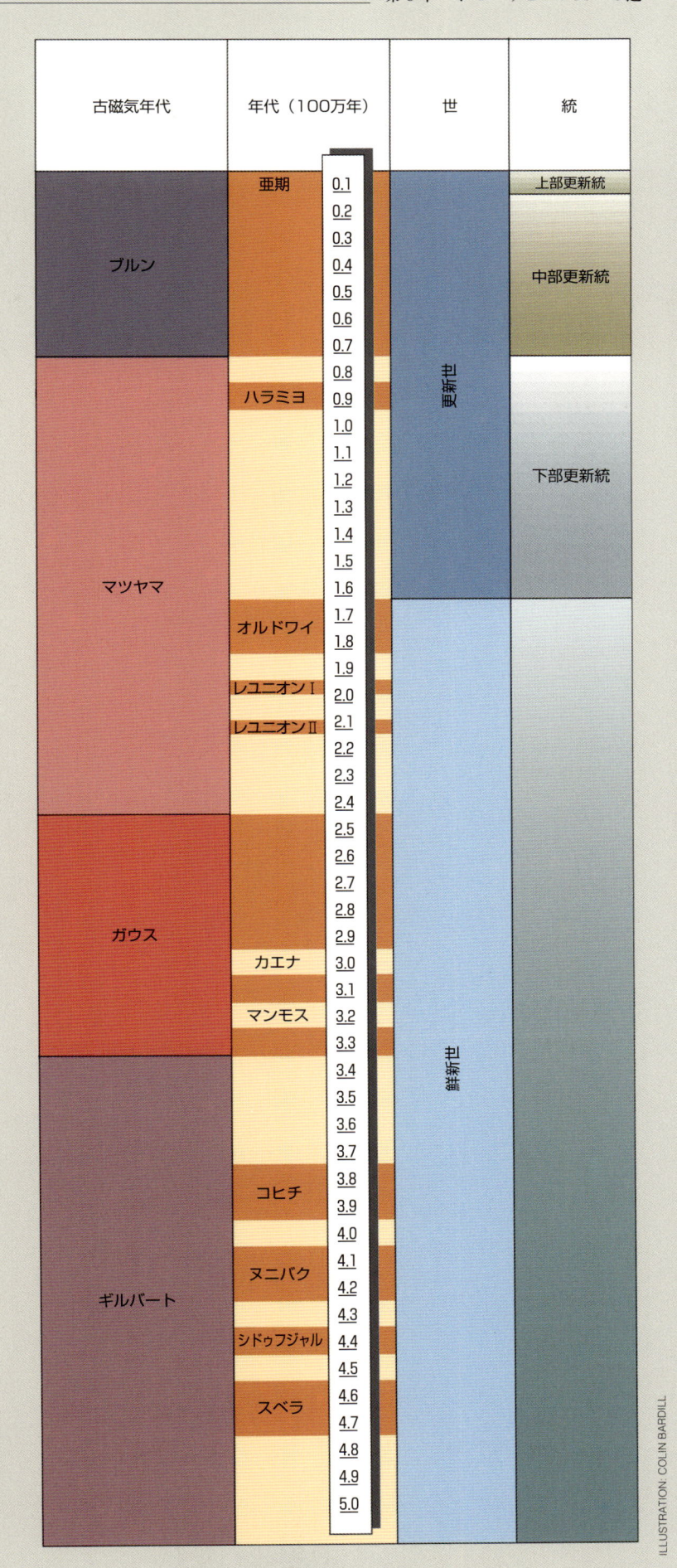

古磁気年代	年代（100万年）	世	統
ブルン	亜期 0.1 / 0.2 / 0.3 / 0.4 / 0.5 / 0.6 / 0.7	更新世	上部更新統 / 中部更新統
マツヤマ	0.8 / ハラミヨ 0.9 / 1.0 / 1.1 / 1.2 / 1.3 / 1.4 / 1.5 / 1.6 / オルドワイ 1.7 / 1.8 / 1.9 / レユニオンI 2.0 / レユニオンII 2.1 / 2.2 / 2.3 / 2.4		下部更新統
ガウス	2.5 / 2.6 / 2.7 / 2.8 / 2.9 / カエナ 3.0 / 3.1 / マンモス 3.2 / 3.3	鮮新世	
ギルバート	3.4 / 3.5 / 3.6 / 3.7 / コチヒ 3.8 / 3.9 / ヌニバク 4.0 / 4.1 / 4.2 / 4.3 / シドゥフジャル 4.4 / 4.5 / スベラ 4.6 / 4.7 / 4.8 / 4.9 / 5.0		

IRA BLOCK, 1989

62

第4章 アフリカとヨーロッパの現生人類

20万年前－10000年前

アウト・オブ・アフリカ：寒冷適応

ヨラン・ブレンフルト

　現生人類とネアンデルタール人類との間の関係につき，どんな見解をいだこうとも，ホモ・サピエンス・サピエンスがヨーロッパに拡散したのが4万年ほど前のことは間違いない．そのときに新しい生活技術力と知力が伝播した．中期旧石器時代にヨーロッパのネアンデルタール人が使っていたムステリアン文化と呼ばれる石器類と，オーリナシアン文化と呼ばれる後期旧石器時代の道具類との間には，はっきりとした違いが認められる．この両者が移行していった現象は，現生人類がヨーロッパに到来したことと関係する可能性が高い．

　剥片系の石器から石刃系の石器へ変わったのが最大の違いである．ネアンデルタール人のスクレイパー型剥片石器は片側だけに刃をつけたものであるのに対して，後期旧石器時代になってヨーロッパに出現したのは両刃の石刃型スクレイパーである．さらに，新しいタイプの掻器やポイントなどの石器類が加わった．

　ネアンデルタール人が骨角や象牙で道具を作ることは，あまりなかったが，こうした素材も道具製作に欠かせなくなった．それらは加工され研磨されて日常生活に供されただけでなく，工芸品や装飾物にもなった．そうした新しいタイプの道具が出現すると，すぐに使用法や装飾法において地域差が認められるようになった．この点，画一的で古めかしいネアンデルタール人の道具製作技術とは好対照をなす．

◁南アフリカとスワジランドの境界に位置するボーダー洞窟遺跡は，あまたある南アフリカの考古遺跡の一つだが，最近になって，ホモ・サピエンスの起源を論じるうえで脚光を浴びるようになった．最下の文化層は約20万年前にさかのぼる．

↑オーリナシアン文化期に属する底部が割れた槍先．フランスのドルドーニュ地方にあるダンファー渓谷で見つかった．

J. M. LABAT/AUSCAPE

第1巻　人類のあけぼの（上）

アフリカで現生人類の化石が発見された遺跡

現生人類のものと考えられる化石人骨と石器類が見つかったアフリカでの遺跡．およそ12万年前から最終氷河期が終焉する頃までの時代のものばかり．サハラ砂漠より北で出土する石器はヨーロッパで見つかるものと類似するが，その南で出土する石器は，いわゆる「中石器時代」の様式を示す．

CARTOGRAPHY: RAY SIM

➡次ページ：クラシエス河口洞窟遺跡．アフリカ大陸の南端にあり，ホモ・サピエンスの進化を論じるのに非常に重要な役割を果たす遺跡である．ここで見つかった現生人類の化石骨に対しては11万5000〜8万年前の間の年代が与えられている．カラス貝やカサ貝やアザラシの化石類が出土することから，この遺跡を残した現生人類の人々には海産食物が重要な資源だったことがわかる．

⬆クラシエス川の河口より眺めた海．ここで現生人類が生活していた頃，食物の相当部分を海産物に依存していたであろうことは疑うべくもない．

　現生人類とネアンデルタール人類の違いは石器類の製作と使用についてだけでなく，もっと深いものである．アメリカの人類学者であるリチャード・クラインは，そのことを次のように要約する．「もともとは現生人類といえども，たいしてネアンデルタール人と違わなかった．でも最終的には，おそらく化石では調べることができない脳の機能の違いに起因したのであろうが，ネアンデルタール人をしのぐほどの適応を果たすべく文化的能力を育んだ」．別の表現をすれば，革新的で柔軟な社会組織を発達させたのだ．また，新たなるタイプの住居を作り，豊かな儀礼生活を確立し，芸術という手段で自らの思考を表現するようになった．さらにリチャード・クラインは，「その結果，彼らは全世界に拡散し，おそらく最後に屈服させたのはヨーロッパのネアンデルタール人であろうが，それまでに存在していた人類と交代した」とまで言う．ヨーロッパの至るところでネアンデルタール人を急速に凌駕したのだとすれば，これもクラインの指摘するところだが，ヨーロッパ以外のどこからか拡散してきたからだ，と考えるほかあるまい．

　この仮説は最近になって南アフリカで相継いだ発見により裏づけられるところとなった．今や有名となった5遺跡，つまりクラシエス河口洞窟，ボーダー洞窟，エクウス洞窟，フロリスバード，ディ・ケルダーズ洞窟などの遺跡では，現生人類の起源を探るうえで欠かせない証拠が見つかっている．このうちケープタウンから160kmほど東にあるクラシエス河口洞窟遺跡こそ，最も重要な遺跡だと，リチャード・クラインは考える．そこではおびただしい数の人骨化石が発見されており，それらは11万5000〜8万年前の昔にさかのぼるが，現代人の特徴を強く有する．それゆえ，ヨーロッパでネアンデルタール人が栄えていたのと同じ頃，すでにアフリカでは，より現代人的な人類が存在していたことになる．中期旧石器時代と後期旧石器時代の石器技術の違いはヨーロッパと同様にアフリカでも大きいが，中期旧石器時代の南アフリカに住んでいた人類のほうが，ヨーロッパのネアンデルタール人に比べて，より現代人的だったのだろうか．

　南アフリカでの発見は，おそらく20万年以上も前に現生人類がアフリカで進化していたことを示唆する．ザンビアのカブウェ（かつてはブロークンヒルと呼ばれていた）で見つかった「ローデシア人」（Homo heidelbergensis）は人類の進化の古い段階にあたるもので，そうした南アフリカで発見された化石人骨は，それから発展した人類のものだろうか．もし仮にホモ・サピエンスの歴史がアフリカで始まったとすれば，その祖先はだれだったのだろうか．ホモ・エレクトスなのだろうか．でも多くの専門家たちはそうは考えない．まだ十分に整理されてないが，それとは別の祖先種がアフリカにいたのではないか，と考える．ツルカナで150万年前の地層から見つかったホモ・エルガスターこそ，そうした種ではないか，と考える研究者もいる．

　おそらく人類の進化は遅々としていたが，それでいて確実に進んだのではなかっただろうか．アフリカのサバンナ地形は人類が進化するのに理想的な条件となり，熱帯環境こそが良質な食物をたっぷりと提供してきたのではなかろうか．こうした条件が人類にすぐれた食物を提供し大きな集団で生きることを可能にしたのかもしれない．

　リチャード・クラインのシナリオに従えば，現生人類がアフリカ以外の世界に移住するのは，ずいぶん後のことであり，いわゆる旧世界のあちこちで古いタイプの人類にとって代わっていったことになる．人類学者のウィリアム・ハウェルズは，そんなシナリオを「ノアの箱舟」仮説と命名した．なぜなら，ホモ・サピエンス・サピエンスがアフリカという一地方で生まれたと唱えるからである．それと対立関係にある人類の進化に関する仮説は「燭台」モデルと呼ばれる（これらのモデルは一方で，それぞれ前者が交代説，そして後者が多地域連続仮説とも呼ばれる）．

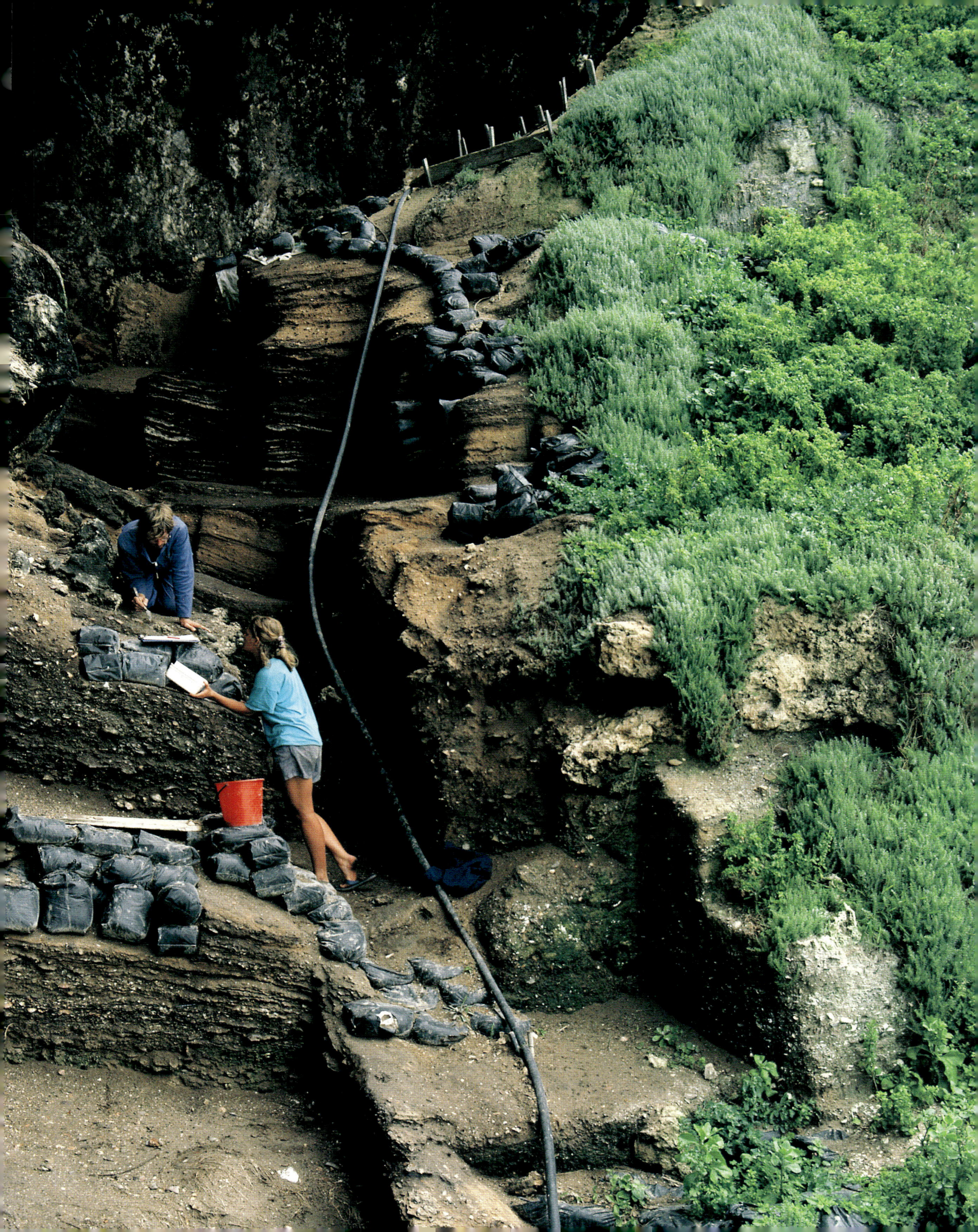

多地域進化仮説

```
オーストラロイド    モンゴロイド     コーカソイド      ネグロイド
    |                |                |              |
  マンゴ湖           柳江            クロマニヨン    イウォ・エレル
    |                |                |              |
  ガンドン          ターリ          ネアンデルタール  オモ／キビシュ
    |                |                |              |
  サギラン          周口店           ペトラローナ    カブウェ
              └──────ツルカナ──────┘
```

交代仮説

```
オーストラロイド    モンゴロイド     コーカソイド      ネグロイド
    |                |                |              |
  マンゴ湖           柳江            クロマニヨン    イウォ・エレル
                                                      |
  ガンドン          ターリ        ネアンデルタール  オモ／キビシュ

  サギラン          周口店           ペトラローナ    カブウェ
                        ツルカナ
```

▲現生人類の起源に関する二つの仮説．多地域連続仮説（枝付き燭台モデル）と交代仮説（ノアの箱舟モデル）．後者の仮説にとっては，南アフリカのクラシエス河口などにある遺跡からの出土物やDNA研究の成果がよりどころとなる．

▲マリ共和国のハシ・エル・アビオド遺跡で発見された埋葬人骨．いくつかの北アフリカの遺跡はクロマニヨン人に似た人骨化石を出土しており，ヨーロッパでのクロマニヨン人などの出発地となったのではないかと考えられている．

最近になり遺伝学的研究によって，交代説のほうが強く支持されるようになった．そのほうが人間の「人種」が分かれた時代とか，それらの相互の関係とかが明確に説明できると考える向きもある．アラン・ウィルソンやマーク・ストンキング（カルフォニア大学バークレー校），さらにはレベッカ・キャン（ハワイ大学）は，現代人のミトコンドリアDNA（mtDNA）を分析することで，現在の地球上に住むすべての人間は約20万年前に南アフリカに住んでいた一人の女性まで祖先をたどれる，と結論している．これは「イブ仮説」と呼ばれる．その他の女性に連なる母系ラインは5万世代ほどの間に絶滅し，たった一つの母系の子孫しか残っていない，というわけである．この研究結果はクラシエス河口洞窟などの遺跡での考古学的な発見とも符合しよう．同じくDNA分析によって，現生人類タイプの人類が地球上に拡散するとき，それまでいたネアンデルタール人などの古いタイプの人類と混血することは珍しかったことが示唆されている．

まだ「イブ仮説」は十分に検証されたとはいえないが，たいていの証拠は，現生人類がアフリカから他の地方に急速に拡散したことを示唆する．もしも本当にアフリカが現生人類の故郷だったとすれば，いったい彼らは，どのようなルートをとり，どんな理由があってヨーロッパやアジアに広がっていったのだろうか．今のイスラエルにあるカルメル山の洞窟群で発見された知見によれば，そうした人類移動が起こったのは，今から10万年前より少しだけ前のことだったと考えられる．サハラ砂漠が唯一の障害だったろうが，当時は降水量が多く，そこは緑したたる平原であった．そこには湖水も川もあった．豊かな狩猟動物相や食用植物相が北方へ広がる役目を果たしただけでなく，たいへん魅力ある環境だったろう．南西アジアに止まるグループがいて，それがカルメル山で見つかった遺物と関係があろう．しかしながら，約7万5000年前に始まる最後の氷河期になると，そうしたレバント地方も非常に乾燥し，食糧資源は枯渇していった．そのためにそこに居着いていた人類は，さらに北に進まざるをえなくなり，食糧資源が豊富なヨーロッパのツンドラ地方や草原地帯に向かっていったのだろう．同じ頃，現生人類はアジアの方面にも拡散していったことだろう．

中期旧石器時代と後期旧石器時代のはざまにあたる頃，多くの点で対照的な二つの石器文化が片や北アフリカで，そして片やサハラ砂漠より南の地域で発達した．北アフリカのものはヨーロッパや南西アジアの石器文化と多くの共通点をもち，この両者は同じ頃に発展した．たとえばリビア北部のキレナイカ地方にあるハウア・フテアー洞窟の発掘により，ヨーロッパと同様に約4万年前の頃，このあたりでも後期旧石器時代を特徴づける石器群が存在したことがわかった．この北アフリカの石器文化はチュニジアのビレル・アテール遺跡の名前にちなんで，アテリアン文化として知られる．この文化は，東はリビア，西は大西洋沿岸，南はチャド湖方面に広がっていた．この範囲には多くの有名な遺跡があり，アルジェリアのメシュタ・エル・アルビ遺跡やモロッコのダル・ソルタン遺跡などでは，クロマニヨン人に似た人骨化石が出土している．

アルジェリアのティホーダンなどの遺跡での古植物学的調査は，当時の北アフリカ地域にはステップ草原が広がり，あちこちに湖や森林が散在していたことを示す．ゾウやバッファローやサイやアンテロープなどの動物がたくさん生息していた．はじめて有舌状の尖頭石器を製作したのがアテリアン文化人であり，取手

第4章　アフリカとヨーロッパの現生人類

◀今のサハラ砂漠あたりには，かつて，湖水や河川，それに緑したたる平原が広がっていた．人類が生息するには理想的な環境だったろう．一般には知られていないことだが，今でもサハラには大量の地下水があり，ところどころで地表に出ている．

◢南アルジェリアのタシリ・ナジェール地方にあるジェベル・エフェヒの麓の遺跡で見つかった北アフリカ産の野牛を描いた巨大な線刻画．長さが約5mあり，曲線や渦巻き文様や円が描かれている．いわゆる「ババラス時代」のもので，サハラ地方では最古の芸術であり，約1万2000年前までさかのぼる．

をつけることができるように尖頭石器の基部を成形したわけだ．この槍の形をした武器は，たいへんな技術革命であり，遠距離から動物をしとめることを可能にした．

　最終氷河期の終末に生じた気候や環境の変動は，北アフリカのほうがヨーロッパよりも緩やかだった．アテリアン文化は一連の続旧石器文化に変わった（これは旧石器文化に連なるもので，時期も連続する）．非常に小さな火打ち石の尖頭器，刃器，かかりをもつ石鏃などの細石器が見つかることは，それらの人々が弓矢を使っていたことを意味する．それこそ彼らの唯一の技術革新であるが，大いに注目すべき革新でもある．そうしたグループのなかで特記すべきは，紀元前1万3000～1万1000年の頃にエジプト北部にいたクアダ人である．彼らの生業は狩猟であり，漁労であり，野生の草本植物などの種子を採集することであった．また，石臼を使った数少ない後期旧石器時代人であった．

　サハラ砂漠以南のアフリカの各地域では約20万～4万年前の頃，その同じ頃にヨーロッパ地域で使われたのと同じような道具が使われていた．つまり，これらの地域では，中期旧石器時代（もっとも，アフリカでは中石器時代というが）が時期的に一致するわけだ．後期旧石器時代，つまりアフリカの後石器時代になると，それ以前の時代と劇的に変化する．もっとも4万～2万年前にかけての頃は，あまり遺物が見つからない．今から2万年前より後の出土遺物は，どこでもよく似てくる．そうした石器遺物は，バッファローや野ブタなどの大型獣の狩猟が以前よりも比重を増し，屍肉あさりが次第に廃れていった様子を物語る．漁労活動も非常に重要となったが，それは中期旧石器時代にはまだなかった生業である．細石器が出現することは弓矢が使用されたことを物語っており，骨や角や木材で作られた鎌に埋め込むように細工された細石器が発見されることから，植物の採集活動が以前にも増して重要になったことを物語る．

氷河時代

ビヨーン・バーグルント，サヴァンテ・ビヨーク

↑これはグリーンランド東部の景観であるが，大陸氷塊が背景をなす極地環境である．今から1万8000年前の中緯度地帯や高緯度地帯には，こんな状況であったと推測できる．

　時に長く，時に短く断続した氷河期が地球の歴史を画した．更新世とも呼ばれる最後の氷河時代は，今から約250万年前に始まった．更新世になると，氷河期と呼ばれる寒い氷河に席巻された時期と，間氷期として知られる温暖な時期とが交互にやってきた．こうした氷床リズムを生じしめる要因は，地球自体の傾きと地球の太陽軌道と関係する日照サイクルにあったようだ．

　深海で採取したコアで酸素安定同位体の変化を調べることにより明らかにされた太古の気温と氷量の変動から，更新世が始まってから180万年の間は4万1000年ごとに氷期と間氷期のサイクルがめぐってきたようだ．その後の70万年は，そのサイクルは10万年ほどとなり，その間に間氷期が1万〜1万5000年ばかり続いた．最後の氷期は約11万5000年前に始まり，それが約1万年前に終わったとき，現在の間氷期が始まった．現生人類であるホモ・サピエンスが現れたのは，その氷期のことだった．彼らは地球の地質学的な現象に大きく影響した非常に急速な気候変化に適応しなければならなかった．

　今から4万年前は最終氷期期にあっても，少し温暖な頃だった．でもヨーロッパは，その前の間氷期のあと，3℃ばかり寒い時期があり，今日とは非常に異なっていた．海面は50mほど低くなり，北アメリカやユーラシアは山々が氷に覆われ風吹きすさむツンドラが広がっていた．植生帯も気候帯も今よりはるか南に下がり，まさに寒い寒い気候が訪れんとしていた．

大寒冷期

　今から2万5000年前，氷河に莫大な量の雪が蓄積され，北西ヨーロッパの大部分，北アメリカ，アンデスやアルプスなどの高山帯，中央アジアなどの各地では，巨大な氷床の下に大地が埋もれていった．こうした大陸の氷床は約2万年前に頂点に達した．海面が今より120mも下がり，今日の大陸棚は陸地となっていた．入り江が広がる各地に陸橋が形成されていた．たとえば，イギリス海峡，ベーリング海峡，さらには東南アジアとオーストラリアの間にある島々の部分などである．

　ヨーロッパの大部分は氷床に覆われてはいなかったが，ほとんどの地域で不毛なツンドラやステップ平原が広がり，風と寒さにさらされていた．当時の平均気温は今よりも8℃ほども低かった．樹木が生えるのは地中海の半島部と山間の一部に限られていた．しかし北アメリカ大陸ではツンドラ地帯が狭く，湖面の低下や砂丘に堆積した化石の様子から低緯度や中緯度の地域では今よりも乾燥していたことがわかる．インド洋からのモンスーンがなく，東南アジ

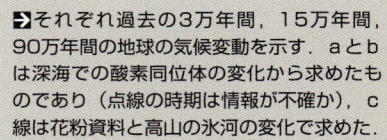

→それぞれ過去の3万年間，15万年間，90万年間の地球の気候変動を示す．aとbは深海での酸素同位体の変化から求めたものであり（点線の時期は情報が不確か），c線は花粉資料と高山の氷河の変化で求めた．

FROM WEBB, T. III 1990: "THE SPECTRUM OF TEMPORAL CLIMATIC VARIABILITY: CURRENT ESTIMATES AND THE NEED FOR GLOBAL AND REGIONAL TIME SERIES". IN BRADLEY, R.S. (ED.): *GLOBAL CHANGES OF THE PAST*. UCAR/OIES, BOULDER, COLORADO, 61–81.

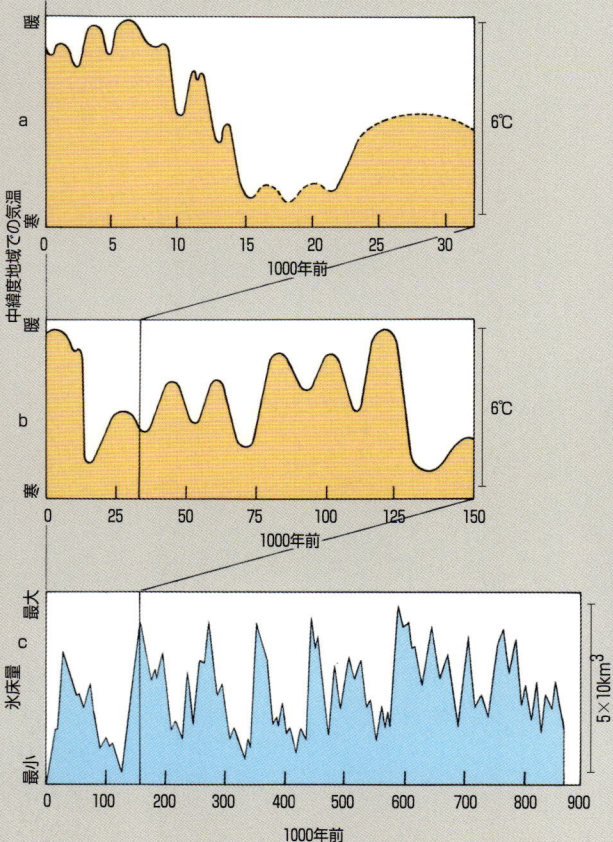

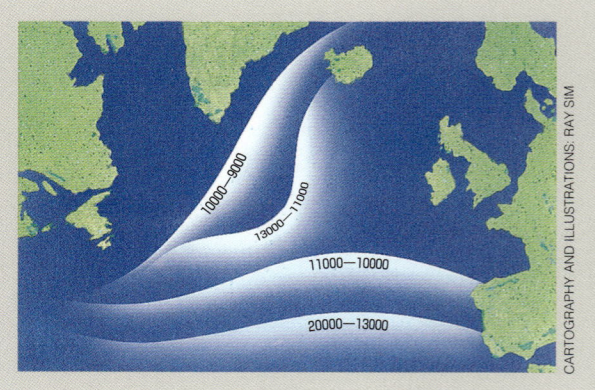

↑今から2万〜9000年前の間に起こったOceanic Polar Front の位置の変化

FROM RUDDIMAN, W.F. AND MCINTYRE, A. 1981: "THE NORTH ATLANTIC OCEAN DURING THE LAST DEGLACIATION". *PALAEOGEOGRAPHY* 35, 145–214.

第4章　アフリカとヨーロッパの現生人類

植生（1万8000年前）

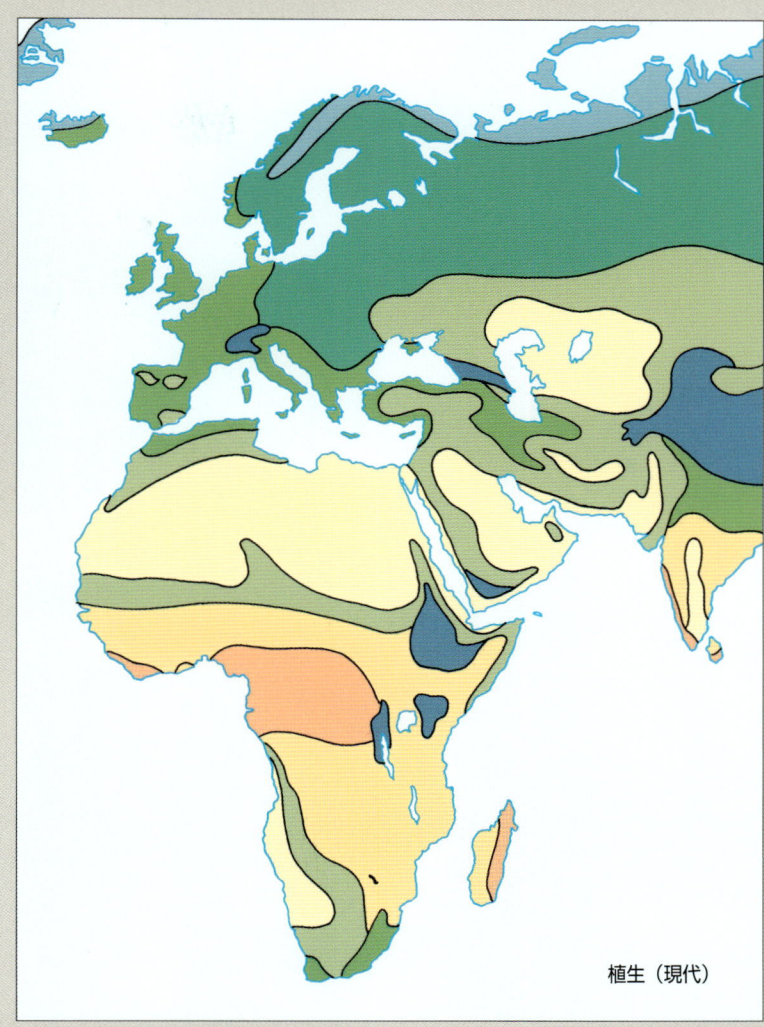

植生（現代）

アも全般に乾燥していた．熱帯地方では温度低下のために山地森林帯が1000〜2000mも低くなっていた．

雪融けの開始

今から1万5000年前の頃，地球のどこでも気温の上昇が始まった．氷が融けて海が広がり，陸橋であったところが沈んだ．ツンドラであった場所には森林が拡大した．それは北アメリカのほうがヨーロッパよりも早かった．非常に肥沃な草原や樹木の疎らな森林地帯が発達して，そこに多種多様な動物が住むようになった．北アフリカなどの低緯度地帯では気候が湿潤になっていった．かつて砂漠であった場所はサバンナや森林に変わり，さまざまな植物や動物があふれるばかりか，人間にも快適な生活環境となった．

小氷河期

約1万1000年前，温帯圏では太陽の照射量がピークに達した．そして新たなる間氷期を迎えた．しかしヨーロッパと北アメリカの一部では忽然と氷河気候が息をふきかえした．いわゆる「ヤンガー・ドリアス」イベントが500年ほど続いたのだが，北極圏がアイスランドからビスケイ湾にまで移動して，夏の気温が5〜10℃も下がり，融け始めていた氷床も再び増加するところとなった．ツンドラと永久凍土が再び拡大したから，多種の動物と植物が南下せざるをえなかった．

この謎に満ちた時期は，その始まりと同様，約1万年前に忽然と終息した．その終わりで更新世と完新世とが区分される．新しい間氷期の始まりとともに，再度，植生が北方に広がった．高緯度地域では氷期あるいは続氷期のツンドラが温暖な草原に変わり，その一方，低緯度地域では乾燥草原が湿潤な熱帯雨林に変わっていった．この時期，ともかく劇的に環境が変動した．人間はそれに適応していく他なかった．

↑今から1万8000年前（左）と今日（右）のヨーロッパとアフリカにおける植生帯と気候帯．

BASED ON LILJEQUIST, G.H. 1970: *KLIMATOLOGI* (GENERALSTABENS LITOGRAFISKA ANSTALT, STOCKHOLM), AND MCINTYRE ET AL. 1976, IN *GEOLOGICAL SOCIETY OF AMERICA MEMOIR* 145 (BOULDER, COLORADO).

- 熱帯雨林
- 熱帯サバンナ
- 砂漠
- ステップ
- 温帯常緑落葉樹林
- 寒帯針葉樹林
- 高山帯
- ツンドラ
- 内陸氷河

ヨーロッパにおける後期旧石器時代の埋葬遺跡と居住遺跡

ヨーロッパの各地にある後期旧石器時代の主だった遺跡．フランスのドルドーニュ地方については詳しく示す．海岸線と氷床の広さは，最終氷河期のピークにあった約1万8000年前の頃のものである．

僻地であったヨーロッパ

現生人類の起源に関する新たなる仮説によると，人類進化の観点では，これまでに眺めていたヨーロッパに対する見方を変えざるをえない．これまでは人類の身体や文化の発展を促した中心と考えられてきたのだが，今や重要性などない僻地，辺境，あるいは停滞地域とみなさなければならない．

人類進化に関する研究の古典期に発見された30万〜20万年前の間氷期にさかのぼる人類化石，つまりはイギリスのスワンズクームとか，ドイツのシュタインハイムで見つかったタイプの化石ばかりでなく，今では新たに発見された化石が加わる．たとえば，約40万〜30万年前にさかのぼるギリシャのペトラローナ頭骨，フランスのピレネー地方で見つかった約20万年前にさかのぼるアラゴ頭骨である．これらのタイプの化石は，今ではみな，同時代のアフリカの化石人類とともに *Homo heidelbergensis* として分類される．かつては「プレ・サピエンス」という名前で呼ばれ，現生人類の祖先だろうと考えられていたのだが，ヨーロッパのネアンデルタール人の祖先と考えるのが妥当なのかもしれない．古典的な人類進化の「燭台」モデルの骨組みをなすのが，そうした「プレ・サピエンス」化石であった．

最後の氷河期にあたる約4万年前の頃にヨーロッパに姿を現したホモ・サピエンス・サピエンスがクロマニヨン人なのである．クロマニヨンとはフランスのドルドーニュ地方にある遺跡の名前である．彼らはヨーロッパの気候を自分たちが出自した北アフリカのものより厳しく感じたろうが，次第に適応していったのであろう．北方の弱い日照条件のもとでも必要量のビタミンDを産生できるよう，彼らの皮膚色は次第に明色となった．北極圏の気候は人類の生存にとって，それまでのものとは，何から何まで違っていた．

その当時のヨーロッパは，今とはまるで違う大陸だった．ドイツ北部，イギリス，アイルランドもそうだったが，スカンジナビア半島の全域が1kmもの厚さの氷床に覆われていた．そのため，海面は今よりはるかに低かった．氷床の南にはツンドラ平原が広がり，トナカイ，ウマ，ヨーロッパ野牛，バイソン，シカ，マンモス，毛サイなどを含む豊かな動物相がみられた．ライオンやヒョウやオオカミが獲物を求めて人間と争った．イギリスやアイルランドは大陸塊の一部をなし，ビスケー湾や北海は干上がっていた．フランスやイベリア半島は気候もましで，夏場の気温は15℃ほどであ

第4章　アフリカとヨーロッパの現生人類

→フランスのドルドーニュ地方にあるラ・フェラシー遺跡で発見されたネアンデルタール人の頭骨（左）と、同じ地方のクロマニョン遺跡で見つかった現生人類の頭骨（右）。ネアンデルタール人の頭骨では、低い額、長く低い頭蓋冠、大きな眼窩上隆起などの特徴が目立つ。

JOHN READER/SCIENCE PHOTO LIBRARY/THE PHOTO LIBRARY

←トゲが出た骨製の銛先。後期旧石器時代の終わり頃にあたるマグダレニアン文化を特徴づける道具の一つである。いろいろなタイプのものがあり、このことは非常に特殊な用途に使われたことを示唆する。

DAVID L. BRILL, © 1985

った。だからそこでは、食物も多様で豊富であった。各種の植物、魚類、海産物が食用に供された。

ドイツのハンブルグ近郊のハーネフェルサント遺跡やフランスのサン・セゼール遺跡で発掘された化石人骨は、新たに到来した連中と併存していたネアンデルタール人のものだろう。この両遺跡の化石は3万6000年前の年代が推定されており、ヨーロッパにホモ・サピエンス・サピエンスが現れた後のものである。ネアンデルタール人と現生人類は場所によっては混血したであろうから、新たに到来した集団も、ある程度は変容したであろう。でも単純に述べると、新参者たちが取って替わったわけだ。また、ネアンデルタール人とホモ・サピエンス・サピエンスの間の身体特徴は違いすぎるから、時間的にみても、前者から後者に進化していったとは考えにくい。リチャード・クラインの言を借りれば、「後期旧石器時代の人々は、その前の時代の人々に比べれば、はるかに革新的で創意に満ちていたようで、このことこそが両者の決定的な違いである」とのことだ。

道具と伝統技法

後期旧石器時代は開発と革新が進んだ時代である。クロマニョン人は多様な特殊用途のために新しい石器を製作した。クロマニョン人はネアンデルタール人とは対照的で、理想とする石器のスタイルがあったようだ。さまざまな形をしたスクレイパー型石器、彫刻用石器、尖頭石器、ナイフ型石器などが火打ち石を材料に石刃技法で加工されていた。用途や社会的なコンテキストに応じてスタイルを変え、地域差や時代差もあった。

骨角や象牙などが、日常用具としてだけでなく、儀式用具とか身分を誇示する道具としても広い用途で使われ始めた。ことに象牙は優雅な文様を描くよう彫刻され、動物の形に細工された。多くの特殊な彫刻用石器が見つかっており、そうした有機素材を生の状態で自在に加工することを楽しんでいた様子がうかがえる。動物骨の両側に深い切れ目を入れ二つに割ることで、銛先、漁労用の槍、槍先、装飾品など、美しく加工した骨器の素材にした。針類も見つかっており、クロマニョン人が人類史上ではじめて動物の毛皮で衣類やテントを縫っていたことを物語る。雄ジカの角からは効率のよい投槍器が作られ、この時代のすぐれた武器となったようだ。

石器時代のことが研究され始めた頃、これら新たに出現した道具類は考古年代の枠組みのなかで地域ごとにまとめられ、いくつかの伝統技法として編年された。今でも後期旧石器時代の時期を特定するとき、その編年が用いられる。その手の研究の多くがフランスで行われたから、それらの名前はフランスにある遺跡名にちなむ。それら伝統技法の相互の関係については、まだ十分に研究されてはいない。いくつかは併存していたようだ。それぞれの技法は地域ごとの伝統に根ざしたものかもしれないが、時代とともに変化したのは当然の成り行きである。

ヨーロッパで最初に出現した後期旧石器時代の技法は、オーリナックおよびシャテルペロンの両遺跡にちなんだオーリナシアンおよびシャテルペロニアンという文化に関係する。この両者は3万5000～3万年前にかけての時期に別々の地域で存在した。オーリナシアン文化はヨーロッパの西部と南部で優勢だった。これはクロマニョン人の文化なのであり、埋葬された状態で見つかった化石人骨の多くは、この文化期に属する。地方色が豊かなシャテルペロニアン文化も現生人類と関係するのだが、サン・セゼール遺跡で発見されたシャテルペロニアン期の初頭とされる一人分のネアンデルタール人骨は例外である。すでに述べたように、この化石人骨が物語るのは、一定期間にわたり、ネアンデルタール人とクロマニョン人とが共存していたということである。それと同時に、ネアンデルタール人が借り物の技術文化を用いていたことも示すだろう。

↑ソリュウトレアン文化の特徴を示す道具。この美しく加工された槍先は石英で作られており、月桂樹の葉の形をしている。フランスのプラカール遺跡で発見された。

J. M. LABAT/AUSCAPE

71

第1巻　人類のあけぼの（上）

氷河時代のヨーロッパの動物相

ロニー・リレーグレン

　最後の氷河期，大西洋の沿岸からウラル地方に至る中部ヨーロッパは，広大なツンドラ草原の一部であった．これは一般にマンモス草原とも呼ばれる．この草原はアジアや太平洋の方面に伸び，時には，ベリンジア陸橋を通じて北アメリカの草原ともつながっていた．この草原の広がりは気候変動とともに推移したが，中心部は最終氷河期の間じゅう変わることはなかった．草原は寒く，乾燥していた．時に強風が舞い，夏場でも最高気温が15℃ほどしかなかった．

　土壌や風力や日照時間や水量の違いにより，環境条件は複雑をきわめ，多くの動物種が生息していた．イネ科，カヤツリグサ科，ヨモギ属，それに寒冷抵抗性の植物が雑然と分布していた．樹木は疎らだったが，マツやトウヒやビャクシンやカンバなどの森林が，風

多毛のマンモス（*Mammuthus primigenius*），おそらくかつてはステップ草原のどこにでもいた．最も大きな個体は肩のところで体高が3mもあった．ヨーロッパでは最終氷河期が終わるとともに消えていったが，極東アジアでは，その後も何千年か生きのびていたかもしれない．

ホラアナグマ（*Ursus spelaeus*），最終氷河期のはじめの頃には珍しくなかったが，その終末期に絶滅した．現在もアラスカに生息する褐色グマと同じほどの大きさであり，もっぱら植物食者であった．ヨーロッパの洞窟では，おびただしい遺骨が見つかる．

野生ウマ（*Equus ferus*），かなり小型であり，肩の部分で体高が115〜145cmほどしかなかった．ステップ草原では，ありふれた動物であり，とりわけ最終氷河期の後半に多かった．当時の人間によって大量に捕獲されたが，ヨーロッパでもアジアでも，つい最近まで生きのびていた．

オオカミ（*Canis lupus*），うまく生きのびた動物であり，今でも，ヨーロッパやアジアや北アメリカの奥地で見つかる．

洞窟ライオン（*Panthera leo spelaes*），アフリカのライオンの3分の1の大きさしかないが，おそらく，それと近縁種であろう．つい最近までアジアやバルカン半島にいたライオンとの間の系統関係は解明されていない．ヨーロッパでは最終氷河期の終わりに絶滅した．

クズリ（*Gulo gulo*），現生種より相当大きい．ステップ地帯には少数しかいなかった．今なお，ヨーロッパやアジアや北アメリカの北部に生息する．

ライチョウ（*Lagopus lagopus*），更新世の堆積のなかから見つかるが，現存する．この鳥の化石骨は珍しくはあるが，多くの種が存在した．

草原バイソン（*Bison priscus*），かつては優占種だったが，最終氷河期の終わりに絶滅した．強大な動物であり，体長は約3m，体高は2m以上もあった．ヨーロッパの現存種との間の系統関係は定かでない．

72

が弱い場所に生えていた．

　今から1万年ほど前に氷河期は終息し，気候が急激に温暖となり，森林地帯が増加した．新しい環境条件に適応するか他の地方に移動する動物もいたが，多くの動物は絶滅した．少なからずの動物が氷河期の最終段階の早い時期に消えたのである．そうした動物の大量絶滅例は，ことにアメリカ大陸でよく知られている．

　その前の氷河期には大量の動物種が絶滅する現象は知られていない．そうした現象がなぜ起こったのか，それをうまく説明する仮説はまだない．おそらくは人間活動だけが，そんな大規模な絶滅の原因となったわけではあるまい．また，そんなに多くの動物種が気候変化に適応しそこねた，と単純に考えることもできない．なぜならば，その前の氷河時代に生じた変化はくぐり抜けていたのだから．その他の仮説は動物化石について十分に解釈できないので，失格とせざるをえない．

　そのように動物種が大量に絶滅した理由は，なお謎のままである．大胆な推測しかないが，おそらくは気候変化や人間活動などの要因が複雑に絡みあった結果ではあるまいか．

トナカイ（*Rangifer tarandus*），ことに最終氷河期の後半には，この動物も優占種であった．今でもヨーロッパやアジアの北部では珍しくない．

ジャコウウシ（*Ovibos moscatus*），これもステップ草原の優占種であった．ヨーロッパでは最終氷河期の終わりに絶滅したが，カナダやグリーンランドでは今なお生息する．

毛サイ（*Coelodonta antiquitatis*），約1万2000年前に絶滅した．二つの大きな鼻角をもっていた．

洞窟ハイエナ（*Crocuta crocuta spelaea*），おそらく今なおアフリカに生息する斑ハイエナと同一種であろうが，それよりははるかに大きかった．ヨーロッパでは最終氷河期の終わり頃に絶滅した．

アイルランド・ヘラジカ（*Megaloceros giganteus*），巨大ジカの名前で知られ，アメリカのムースと同じほどの大きさだった．巨大な角をもち，おそらく，他の雄ジカを威嚇したり，雌ジカを引きつけたりしたのだろう．最終氷河期の終わりに絶滅した．

ジリス（*Citellus citellus*），リスの一種でステップ地帯の黄土を好んだ．今でも中央ヨーロッパの東部に生息する．

サイガ・レイヨウ（*Saiga tartarica*），ステップ地帯に特有の動物であり，今でもロシアの南部やアジアのステップ地帯に生息する．

今から約2万7000年前になると，グラヴェチアン文化（ラ・グラヴェト遺跡に名前を由来する）が生まれ，さらにそのあと，ソリュウトレアン文化（ソリュウトレ遺跡に由来）が続いた．グラヴェチアン文化の特徴は，何といっても，芸術的な表現が生まれたことである．ことにビーナス像と呼ばれる様式化した小さな女性像が有名である．オーリナシアン文化を担った人々がヨーロッパに広がったとき，すでに彼らは芸術を媒介に自らの思いを象徴的に表現するすべを身につけていたのだろう．外陰部を表す性の表現が一般的であり，それとともに，大きな乳房と豊かな腰が強調された．これらの証拠は儀礼と儀式が広範な地域で確立していたことを物語る．氷河の南側に広がる地域で非常によく似た女性像が見つかる．西は大西洋の沿岸部，そして東はシベリアに至る．広大な地域にまたがって恒常的に他のグループと交流する必要があったのだろう．珍しい物品はヨーロッパの全域に運ばれて交換財とされた．たとえば，地中海や大西洋から運ばれる貝殻であり，琥珀であった．このような物品はみな，社会組織を構築するうえで他のグループと交流することが，ますます重要になったことを示す．

⬆チェコ共和国のモラビア地方にあるドルニ・ヴェストニーチェ遺跡で出土した保存のよい埋葬遺骨．二人の頭骨には象牙のビーズ，それにオオカミとホッキョクキツネの歯が飾られていた．左側の人骨は地面にまかれた赤色オーカーが付着している．

➡チェコ共和国のドルニ・ヴェストニーチェ遺跡は，後期旧石器時代の遺跡としては，たいへん有名である．この遺跡の発掘で約2万8000年前の小屋の遺構が見つかった．その遺構の一つには土偶を焼くための地炉があった．

第4章　アフリカとヨーロッパの現生人類

↑マンモスの骨で作った家屋の復原図．ウクライナのプシュカリ遺跡で出土した住居跡に基づいて復原したもの．長軸が12m，短軸が4.5mあり，三つの円形小屋をつないだ構造をしている．
ILLUSTRATION: STEVE TREVASKIS

そうした文脈で一連の遺跡に興味が向かう．チェコ共和国のドルニ・ヴェストニーチェ遺跡では，約2万7000年前にさかのぼる二つの定住跡が発掘されている．そこでは人々は竪穴住居に住んでいた．これらの住居は厳冬の強風に耐えるべく屋根と床面の間の密閉性がはかられて，地下1mほど床を掘られた．壁は木柱で囲まれ獣皮で覆われていた．つねに火を確保するため固形燃料を必要としたが，樹木が少なく，マンモスの骨が使われた．これらの住居には100〜125人の人間が住んでいた，と推定されている．

今から2万5000年ほどさかのぼる同じような居住跡と採集地は，ロシアのドン川のほとりにあるコステンキ遺跡でも見つかっている．ここの住居は，一切木材を使わず，マンモスの骨だけで作られており，まさに壮観である．構造プランは定かでないが，長さ12mのロングハウス式の住居だったようだ．

後期旧石器時代の間，最も重要な地域は南フランスだった．この地域でも平地住居の跡が見つかっているが，大勢の人々は天然の岩陰（アブリ）で暮らしていた．これはここの石灰岩地帯の特徴的な地形である．

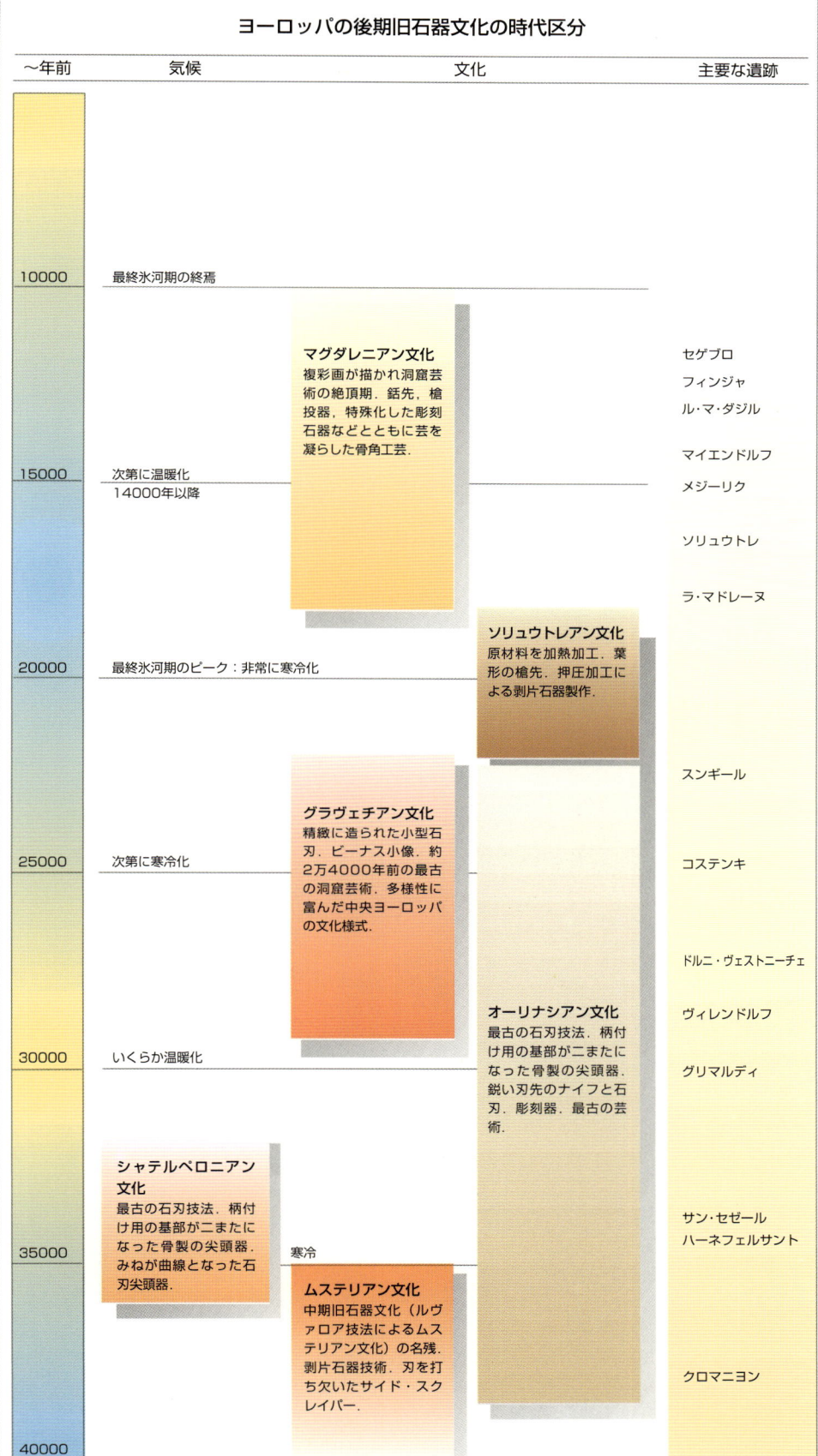

ヨーロッパの後期旧石器文化の時代区分

〜年前	気候	文化	主要な遺跡
10000	最終氷河期の終焉	**マグダレニアン文化** 複彩画が描かれ洞窟芸術の絶頂期．銛先，槍投器，特殊化した彫刻石器などとともに芸を凝らした骨角工芸．	セゲブロ フィンジャ ル・マ・ダジル
15000	次第に温暖化 14000年以降		マイエンドルフ メジーリク ソリュウトレ ラ・マドレーヌ
20000	最終氷河期のピーク：非常に寒冷化	**ソリュウトレアン文化** 原材料を加熱加工．葉形の槍先．押圧加工による剥片石器製作．	スンギール
25000	次第に寒冷化	**グラヴェチアン文化** 精緻に造られた小型石刃．ビーナス小像．約2万4000年前の最古の洞窟芸術．多様性に富んだ中央ヨーロッパの文化様式．	コステンキ ドルニ・ヴェストニーチェ ヴィレンドルフ
30000	いくらか温暖化	**オーリナシアン文化** 最古の石刃技法．柄付け用の基部が二またになった骨製の尖頭器．鋭い刃先のナイフと石刃．彫刻器．最古の芸術．	グリマルディ
35000	寒冷	**シャテルペロニアン文化** 最古の石刃技法．柄付け用の基部が二またになった骨製の尖頭器．みねが曲線となった石刃尖頭器．	サン・セゼール ハーネフェルサント
40000		**ムステリアン文化** 中期旧石器文化（ルヴァロア技法によるムステリアン文化）の名残．剥片石器技術．刃を打ち欠いたサイド・スクレイパー．	クロマニヨン

←ロシアのコステンキ遺跡でマンモスの遺骨が出土している場面．この近くでは20カ所もの後期旧石器時代の遺跡が見つかっており，小屋の遺構や膨大な数の芸術作品が発見されている．コステンキ遺跡からは，ヨーロッパのどの遺跡よりも多くのビーナス像が出土している．

IRA BLOCK, 1989

第1巻　人類のあけぼの（上）

北方の狩猟民：マグダレニアン文化期

今から1万8000年前の頃，マグダレニアン文化の伝統が優勢になり生活技術が発展した結果，ソリュウトレアン文化は呑み込まれていった．マグダレニアン文化期は，ドルドーニュ地方ベーゼル川のほとりにあるラ・マドレーヌの岩陰遺跡にちなんで名づけられたが，後期旧石器時代では最も激しく変動した時代である．約1万年前まで続いた．

この新しい時代を担った人々は氷河環境に完璧に適応していた．その8000年間に，骨角や火打ち石を使った工芸技術，細密彫刻や洞窟壁画などの芸術が絶頂期を迎えた．よく知られる洞窟芸術の80％以上は，1万5000年前から1万2000年前の間に集中している．つまりマグダレニアン文化期の後半にあたるわけだ．

南フランスあたりでは採集活動が重要になったことがうかがえる．ラ・マドレーヌ遺跡を含むドルドーニュ地方の四つの定住遺跡からは，この地方におけるマグダレニアン期の細密彫刻の約80％が出土した．フランスのラスコーやペクマールやニアー，それにスペインのアルタミラなど，壁画や線刻画が描かれた大型洞窟の多くは，たぶん公共の儀礼の場だったのだろう．

最終氷河期の終わり頃の社会組織について，最も多くのことを教えてくれるのが，ピレネー地方にあるル・マ・ダジルの巨大洞窟遺跡である．そこには非常に広い地域にまたがる近隣グループが季節的に集まっていた．建物20階分ほどの高さがあり，洞窟内に堆積した厚い文化層からは，何千もの数の小さな彫刻や装飾品が見つかっており，そのなかには美しい細工が施された槍投器がある．この洞窟は旧石器時代の終末期をまたいで使われ，生活空間，採集用のベース，儀礼場として重要な役割を果たした．このことから，後氷河期を迎える頃，旧石器時代と中石器時代を画する狩猟採集文化のことを指してアジリアン文化と呼ぶ．

最初の遊牧民

マグダレニアン時代には大型獣の狩猟が生業の中心だった．たいていは角のある動物，ことにトナカイを多く狩猟した．それが最も重要な動物であり，この時代の遺跡で出土する動物骨の99％ばかりがトナカイの骨である．トナカイは草原を広範囲にわたり季節的に遊動する．時には何千kmに及ぶ．1年中，トナカイに依存した生活を送る狩人たちは，遊動する群れを追いかけねばならない．

イギリスの考古学者ポウル・バーンが指摘するところでは，南フランスやピレネー地方の後期旧石器時代人の生活は今日のシベリアでトナカイの狩猟と遊牧にはげむ人々のそれに非常によく似ていたようだ．彼らは季節的に遊動し，狩りをし，さらにミルクを搾り使役獣として使うためにトナカイを飼育する．トナカイは季節とともに自在に遊動する．ドルドーニュ地方から大西洋沿岸のビスケイ湾地方へ，ピレネー地方へ，おそらくアルプス地方のほうにも遊動したに違いない．レスジー地方のパタウド岩陰遺跡で出土した動物

↑フランスはリオン市近郊のソリュウトレにある断崖であるが，この絶壁の下で莫大な量のウマの骨が見つかった．後期旧石器時代に狩猟現場として使われたのであろう．

←フランスのドルドーニュ地方にあるラ・マドレーヌでのベーゼル川の眺望．ここにある遺跡は，最終氷河時代に周辺を徘徊していた大型動物狩猟民のグループにより食物を採集する場所として使われた．

↑これはウマの頭の骨に彫り込まれた頭絡様の飾りを示すが，フランスのサン・ミッシェル・ダリュディ遺跡で発見された．すでに後期旧石器時代にウマが家畜化されていたことを示す証拠とみる研究者もいる．
MUSEE DES ANTIQUITES NATIONALES, ST-GERMAIN-EN-LAYE/R.M.N.

↑氷河時代ヨーロッパの野生ウマは，最近に至るまで中央アジアのステップを彷徨っていたプルゼワルスキウマに似ていた．その当時，ウマは大切な食糧源であり，ある程度の家畜化が始まっていたのではあるまいか．
GERARD LACZ/NHPA

骨を分析したところ，この生活遺跡が，もっぱら晩秋，冬場，春先にかけて利用されていたことがわかった．おびただしい量のアサリやムール貝の貝殻が内陸遺跡でも見つかり，このことは人々が大西洋沿岸にまで出かけていたことを意味する．

だからバーンは，マグダレニアン期の狩人たちはトナカイの群れを家畜化していたのかもしれない，とさえ考える．さらに彼らは，もう一種の群棲動物であるウマの家畜化にも成功したかもしれないのだが，それについては今なお謎のままである．

かつて19世紀の終わりにフランスの研究者エドアード・ピエットは，すでに後期旧石器時代の大型獣の狩猟者たちはトナカイやウマなどを管理下に置き，さらに飼育さえもしていたと指摘した．その証拠として彼が強調したのは，首綱のようなもの，ある種の馬具のようなものを装着された動物が描かれた線刻画や壁画であった．たとえば，ロージェリー・バスの洞窟遺跡に描かれた雄のトナカイ，ラ・パシーガ洞窟のウマの絵などである．そうしたなかで，最も注目すべき例はサン・ミッシェル・ダリュディ洞窟で1893年に発見されたウマの頭の線刻画である．それには撚り縄で作った馬銜（はみ）としか思えない物が描かれている．このピエットの学説は激しく批判された．ことに伝説の人であり非常に影響力をもったアベ・ブルイユによって論破されたため，ピエットの死後，そうした論争そのものが忘れさられてしまった．

ピエットの死後60年がたち，2人のフランス人研究者が南西フランスにあるラ・マルシュ遺跡で馬銜を着けたウマの頭の彫刻を発見した．ポウル・バーンによると，馬頭が完成したのちに馬銜が装着されたものである．この彫刻は乗馬や荷物運搬のためにウマを使用していたことを示すのであろう．ある研究者は3万年ほど前にさかのぼるウマの歯を調べて，いわゆる「飼槽嚙み」の特徴があると主張する．これは馬房の桶をかじる癖のために生じる独特の歯の磨り減りである．野生ウマでは生じないと考えられている．しかし最近になって，別の研究者が自然に生じた歯の磨り減りであろうと批判しているが．

それにもかかわらず，後期旧石器時代の大型獣狩猟者たちがウマやトナカイの群れに加え，たぶんヤマヤギもまた，ある程度は管理下に置いていたことを物語る証拠が他にもある．そう考えることによって，その時代の特色といえる動物の大量殺戮と，長距離を行き来していたことを整合させて考えうるのではないか．当時の狩猟では大勢の人間が力を合わせる必要があった．彼らは動物を容易に倒すべく断崖絶壁とか狭い渓谷に群れを追い込まねばならなかったろう．しかし走りまわるウマの群れを人間の足で追いかけるなんて，どだい無理な相談である．おそらく，まさに後期旧石器時代の狩猟者たちこそ，最初のホースマンと呼べるような存在だったのではなかろうか．

大規模な狩猟戦略が講じられていたことを示す証拠として，しばしば人口に膾炙するのがオーヌ渓谷ソリュウトレにある崖である．そこの断崖の足場からは，今から1万7000年前にさかのぼるマグダレニアン期の初期の層位から何万頭ものウマの遺骸が発掘された．最近の知見からは，そこは追跡猟にではなく，むしろ囲い込み猟にかなった場所と考えられる．おそらく崖は動物を身動きできなくする障壁として使われた．群れを分断し屠殺するのを容易にしただろうし，幼獣は，そこに留めておき食糧源として確保できたろう．

氷河期の人々の動物管理について，これからの研究から何が明らかにされるか定かでないが，いずれにしてもユーラシア大陸では，彼らの生活条件と食物利用法に大きな地域差があったのは確かである．氷床に沿ったツンドラ地帯では大型獣の狩猟が非常に重要な生活手段だったであろうが，その一方で，南西ヨーロッパの温暖な気候帯では多種の食物が安定して供給されたであろう．すでに述べたように，この地域の遺跡ではどこでも，アサリやムール貝の殻が大量に出土することから，1年のある時期には海産物が食用にされていたことがうかがわれる．サケやヒラメ，その他に淡水魚の絵柄が多数，洞窟に描かれていることからも，漁労活動が大切な生業手段であったことがうかがえる．魚類が常食とされる場所もあり，そのことが定住をうながす理由となったかもしれない．すでに植物性の食物が西ヨーロッパでは大量に利用されていたが，まだ東ヨーロッパではそうでなかった．こうした要因により人口増加が促進され，さらには，社会組織や儀礼活動が一新されることになったのではあるまいか．

第4章　アフリカとヨーロッパの現生人類

↑氷河時代の生活遺跡で見つかる大量の動物骨を定量的に分析することにより，狩猟者たちがトナカイを主要な食糧源としており，その群れを追って季節的に移動していたことがわかる．

不平等性の起源

　ことに南フランスでは，豊かな食糧資源のたまもの，マグダレニアン文化期の間に人口が急速に増加した．今から2万年前には2000人か3000人だった人口が，それから1万年後の氷河時代の終末には，その3倍に膨れあがったようだ．マグダレニアン期の後半，洞窟住居の規模が大きくなり，ベーゼル川のほとりにあるロージェリー・アウト，ロージェリー・バス，サンクリストフなどの遺跡では，1年のある時期には何百人もの人間を収容していたようだ．ある郎党や，その一部は，この地域に1年を通じて居住していただろう．

　この時代，各グループの社会組織の様子，他のグループとの関係はどうだっただろうか．現代に残る伝統社会で，グループの大きさを決定するのは，一つには生存能力であり，一つには平和的に共存する能力である．もしグループが小さすぎれば，生存能力は格段に減少する．ただ1人でいるときは1年を超えるほどしか生存できなくとも，5人のグループなら，ゆうに一世代（30年ほど）は生存できる．それが25人のグループとなれば，もし他のグループとの接触があるなら，たとえ通婚関係がなくとも，おそらく500年は生存できるであろう．

　その一方で，人口が大きいほど，グループ間でいさかいが起こりやすくなる．この点でも25人というのは悪くない数字であり，今日に残る狩猟採集民を調べた民族誌は，たいていが20〜70人のグループで暮らしていることを示す．オーストラリア先住民でもカラハリのブッシュマンでも，あるいはアンダマン島民でも北インドのビロール族についても，そうなのである．アメリカの人類学者ロバート・カーネロは南米のヤノマミ族について，あるグループの構成員が100人以上になれば，攻撃性が非常に高まるために二つのグループに分裂してしまうと報告している．

　そうしたグループやバンド組織は，さらに生存の機会を増すためには，より大きな部族組織などに統合されなければならないわけだが，そこには必ずや限界がある．たとえば近親交配の問題を回避するには，その大きな組織は少なくとも475人以上でなければならない．実際，たいていの狩猟採集民の部族組織は約500人で構成され，最大で800人である．同じような社会条件がマグダレニアン文化期の南西ヨーロッパでもあったのではなかろうか．

　旧石器時代の氷河期と同じような生態ゾーンと気候条件にある地域で食糧資源を調べることによって，狩猟，漁労，食物採集について，各地域での生産力を推定できる．つまり，人口支持力を推定できるのである．氷床に近いツンドラ地帯のような貧弱な地域では200km²あたり一人しか住めなかったかもしれないが，南フランスやスペインでは，20km²あたり1人くらいの割合で居住できたのではあるまいか．部族の構成員が500人程度なら，前者では10万km²を必要としたことになり，後者の場合，わずか1万km²ですんだことになる．こうした人口密度の差によって，旧石器時代に存在した社会組織や儀礼の違いが説明できよう．また，広範囲にわたる交易活動が必要だったことが推測できる．その時代の中心地域であった南フランスでは，いくつかの場所で定期的に交換儀礼が催され，配偶者の交換も行われた．

↑これは等寸大で復元したマンモスの骨で作った小屋．現物はウクライナのメジーリク遺跡で発見された．

放射性炭素年代：過去に近づく鍵

ヨラン・ブレンフルト

放射性炭素年代測定法，あるいはC14年代測定法は，絶対年代を測定するのに考案され，近代考古学の発展を促し革新的な影響を及ぼした．この年代測定法は，次々と改良が重ねられてきた．今では測定されたC14年代を暦年代に較正できるようになり，つまり歴史事象と対応させることが可能である．さらに加速器を用いて年代測定が行われるようになり，第3世代の革新のさなかにいるといえよう．

1949年，アメリカの化学者ウィラード・リビーは，有機物質に含まれる放射性炭素を定量して年代測定できることを発見した．生きている植物はみな，大気中の二酸化炭素を使って光合成で植物体を作るとき，大気中から少量の放射性炭素を吸収する．炭素にはC12，C13，C14という三つの同位元素があり，C12とC13は安定同位体であるが，C14は放射性同位体であるから，一定の割合で崩壊していく．C14は成層圏で生成され続けているので，壊れていく割合と生成される割合の間で均衡が保たれ，大気中の二酸化炭素にはC14とC12が一定の比率で存在する．植物や草食動物を捕食することにより，肉食動物や人間も放射性元素を摂取し体内に蓄積する．人間が死ぬと，あるいは樹木が倒れると，放射性元素を蓄積しなくなり，それが一定の割合で壊変するようになる．「半減期」とは，放射性の原子の数が半分になるのに要する時間のことであり，放射性炭素の場合，それは5568年である．残留するC14の量を測ることにより，放射性元素が蓄積されなくなってから経過した時間を推定できるわけだ．測定値は放射性炭素年代（1950年より何年前かを示す）で求められるが，紀元前か紀元後の年代に簡単に変換できる．推定年代の変異幅はプラスとマイナスで示される．たとえば，4600±100年とあれば，

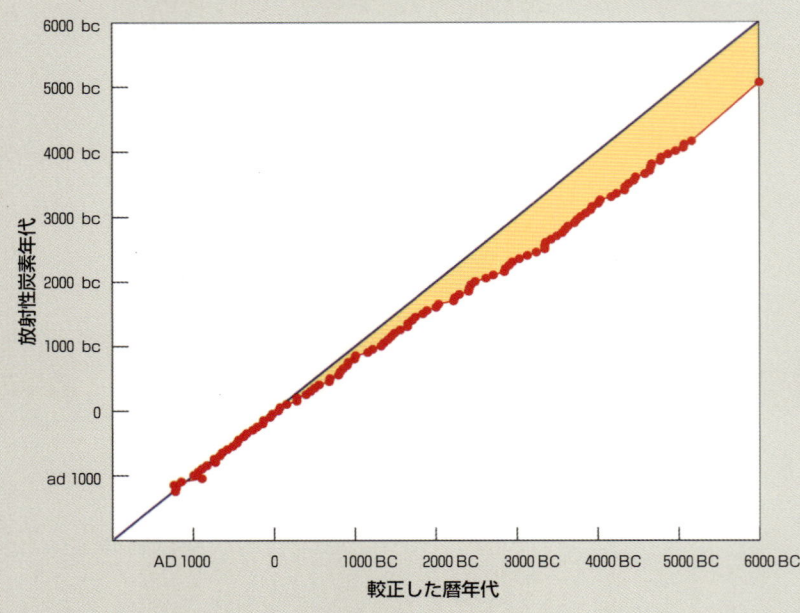

この図は，放射性炭素年代の絶対値（bc/ad）と較正値（BC/AD）の隔たりを示す．較正値は年輪資料についての測定値で補正したC14年代である．

AFTER HANS E. SUESS

誤差の範囲がプラスかマイナスの100年であることを意味する．したがって，この例では4700〜4500年前の範囲の年代ということになる．もっと正確を期するなら，その値は三つに二つの確率では正しいが，20回に19回の確率で4800〜4400年前とするのが正しいということでもある．

年ごとに一定の割合で放射性元素が減少していくので，放射性炭素年代測定法には限界があり，約7万年より新しい資料にのみ適用できる．この方法が威力を発揮するのは，5万〜500年前の資料である．放射性炭素年代測定は，たいていの有機物質に適用でき，よく使われるのは木材，木炭，樹脂，毛髪，皮膚，骨，泥炭などである．誤差の範囲はさまざまで，ひとえに測定資料の性質と量にかかわる．一般には，樹脂や木材や木炭などのほうが，汚染が少ないという理由で，骨や泥炭よりも正確な年代を測定できる，といわれている．

放射性炭素年代測定法が実用に供されるようになった頃は，大気中の放射性元素の濃度は何千年もの間，たいして変化せず，それゆえ暦年代に依存するものと，何と

なく考えられてきた．しかしながら1960年代になって，ハンス・スースとH・ドフリーズという2人の化学者がそれぞれ，実際にはそうではない，と指摘するところとなった．地球の磁場の変動や，太陽活動とか，大気と海洋の間のバランスとかの変動によって，その濃度が変化することがわかってきた．近年になってからも，自動車や発電所などから出た排気ガスや核実験のせいで，炭素14の濃度曲線が影響を受けている．アメリカ合衆国の西部産の樹齢4000年以上に達する巨大セコイアやマツ類の老木の年輪を放射性炭素年代測定することによって，C14測定値を点検し暦年代に補正することが可能となった．樹木年代測定法（樹木の年輪を数える方法）では，今では5300年前まで年代をさかのぼることができ，非常に正確な考古年代を得ることができる．つまり，エジプト古王朝のケオスのピラミッドが築造された時期や，ギリシャやローマなどの古典期の出来事について，年代を照合できるわけだ．

よけいな混乱を避けるため，あるいは，さらなる調節を施すために，放射性炭素年代測定の専門家たちは，従来のように測定したC14年代とともに較正年代を併記する．

その両者のズレは4000〜3000年前の間で最大となる．だから較正年代は，ヨーロッパの新石器時代の錯綜した文化を解明するのに影響を及ぼした．この点について，ことに注意を要するのが農業の開始時期である．かつて考えられていたよりも1000年ほど古く訂正されたからである．もはやヨーロッパの石器時代人は，地中海や南西アジアで発達した文化を一方的に受容しただけの傍流的な存在とみなすのは難しくなった．

加速器による測定技術（AMS）が導入されることにより，正確性と応用性の両面において，C14年代測定法は飛躍的に前進した．ともかく必要な試料が非常に少なくてすむようになり，今では，わずか数mgだけで信頼できる年代が測定できる．このさき考古学者には，とても重要な年代決定の手段となろう．すでに瞠目すべき成果が達成されており，たとえば，植物栽培の年代とか，新世界に最初に人間が現れた年代などについてである．さらにAMS年代法で測定した結果，かの有名な「チュリンの帷子」などの歴史的稀覯品は，イエス・キリストの時代にさかのぼるような代物ではなく，紀元1300年頃の白布であることが判明した．

ヨーロッパやアジアで出土した後期旧石器時代の人骨の研究によって，21歳以上まで生きるのは全体の半数以下，40歳以上に達するのは，わずか12％にすぎず，未婚の女性はだれ1人として30歳以上まで生きることがなかったことが示されている．多くの人骨は栄養失調，くる病，何かの失調性疾患の徴候を残しており，また少なからずの骨に暴力的な障害をこうむった痕跡が認められる．氷河時代の生活が過酷なものであったのは疑いようがなく，社会組織や儀礼に関係した遺物もみな，限られた資源をめぐって争いごとが絶えない社会であったことを示している．

後期旧石器時代の後半になると，大きな集落には近くから人が集まり，そこでは物資が交換され，儀式が行われた．この時代の遺跡で見つかる手工芸品の多くは，そうした儀式の際に個人の地位を象徴するアクセサリーとして使われたのだろう．その代表例が，ウクライナのキエフの南東にあるメジーリク遺跡で見つかった約70tものマンモスの骨で作られた5軒の家屋跡である．

高い地位にある人々がいたことを示す十分な証拠がある．そうした人々とはシャーマンであったかもしれないし，おそらく儀式や儀礼をつかさどっていたのだろう．派手な副葬品を供えられた埋葬者が見つかるのは，その時代に地位や身分のようなものがあったことを示す，ゆるぎない証拠となる．モスクワ近郊のスンギール遺跡では2人の成人と2人の子供の遺骨が見つかっているが，1人の男と子供たちは何千もの象牙のビーズと動物の歯で飾られた衣服を着装しており，高い地位にあったことを示す装飾武器などを供えられて埋葬されていた．にぎにぎしく飾られた子供たちの遺骨はイタリアのリベエラ地方にあるグロッテ・デサンファン遺跡でも発掘されている．

その子供たちは7〜13歳の年齢で死亡したのであるから，自分たち自身が高い身分を手に入れたわけではない．この子供たちの贅をこらした装飾墓は世襲的な地位が存在したことを示す最古の例として解釈されている．つまり旧石器時代の社会でも，すでに身分の高い家系が存在していたことを示す証拠となるわけだ．アメリカの著述家ジョン・フェイファーは，「そうした埋葬を行う際には，たいへんなエネルギーが費やされ，それに見あった儀式が催された．そんな行事は特別な人々だけに行われたのであり，身分の差別化が生まれていたことを示す．狩人として，あるいはシャーマンとしての栄誉を達成するなど，自らの事績で地位を手に入れるには時間がかかるものだ．だから，立派な業績をあげる前に死んだ子供が威厳をもって埋葬されていたことは，世襲される身分が，すでに存在していた可能性が高いことを示す」と喝破している．

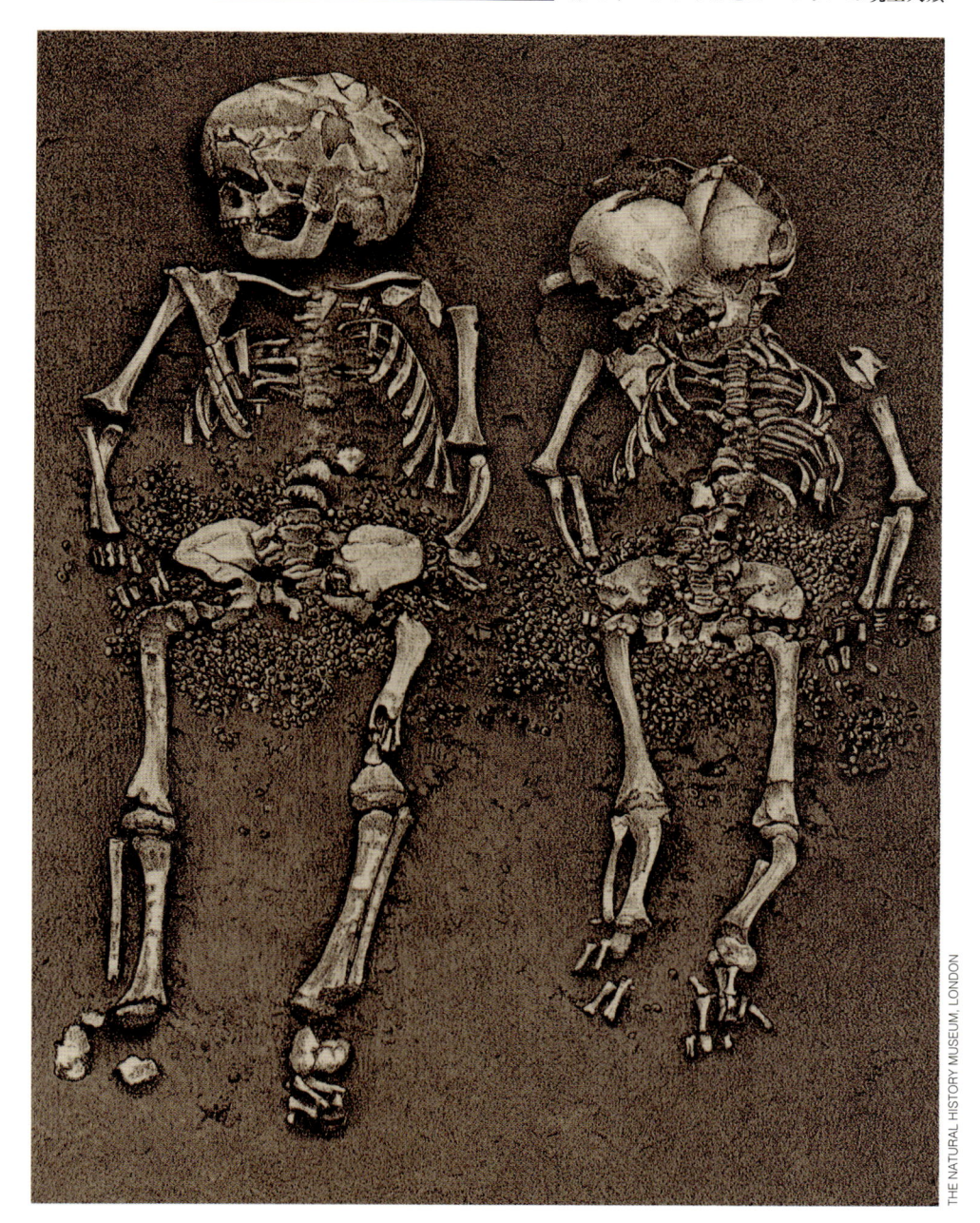

⬆豪華に飾られた子供の埋葬．イタリアのリベエラ地方にあるグリマルディ洞窟の一つ，グロッテ・デサンファン遺跡で発掘された．穿孔した貝殻を束ねた意匠をこらした装飾物は，世襲的な身分を表すシンボルとして最古の例だと考えられている．

82

第5章 芸術の誕生

3 5 0 0 0 年 前 － 1 0 0 0 0 年 前

氷河時代のヨーロッパでの画像製作

ヨラン・ブレンフルト

かの1879年，スペインでのこと，たまたま，ドン・マルセリーノ・ドサウツオラの5歳になる娘がアルタミラ洞窟で天井を見上げているとき，バイソンの絵を発見して以来このかた，旧石器時代の狩人たちのすばらしい芸術は多くの者の心を魅了してきた．暗闇が深く続く，湿っぽく狭い石灰岩の洞窟，そんな驚くべき場所で先史時代の遺物が発見された例は，それまで他にはなかったのである．

後期旧石器時代の信仰の現場．そこでかきたてられるのは，畏怖，不安，興奮，驚異，そんな気持ちであろうか．山里深く1km以上も遠出をしなければならない．歩き続け，肘や膝を使っての匍匐，時に地下の池や流れを泳ぎ渡らなければならない．このように人里離れた場所にあるのが，洞窟芸術の特徴である．石器時代人が聖域を決めるときは，疎外感，暗闇，時間を超越した感覚，そんな体験を味わえる場所こそが，何よりも大切だったのではあるまいか．こんな非日常的な雰囲気のなかで秘密の儀式や神秘あふれる儀礼が行われていたのだ，と思うとき，ある種の圧倒されるような感慨をいだくだろう．

◀北スペインにあるアルタミラ洞窟のバイソンの壁画．旧石器時代の芸術のなかでは，最も精緻であり，最もよく人口に膾炙する作品である．およそ1万2000年前に描かれたもので，ヨーロッパで何千年もの間続いた旧石器時代芸術の最高傑作であり，同時にその終焉を告げるものである．

▲手形の印影．氷河時代からの強烈な個人メッセージである．
RONALD SHERIDAN/ANCIENT ART AND ARCHITECTURE COLLECTION

↑ラ・マドレーヌ遺跡にある有名な岩陰（abri）．この遺跡はマグダレニアン文化の名前を提供し，フランスのドルドーニュ地方を流れるベーゼル川の土手にある．この遺跡からは非常に精巧な携帯芸術作品を産出しており，その昔は大規模な儀礼用の集会場だったようだ．

→ウマの形に見事に造形された骨製槍投器．フランスのブリュニケル遺跡で出土した．槍投器（投げ槍とも呼ばれる）は，北アメリカの先住民やオーストラリア先住民など今日の狩猟採集民の間でも知られる．シンプルそのものであり，片方に槍先にある穴を留める鉤があり，長い腕の部分によりパワーと正確さに劇的な効果が発揮される．手慣れた狩人ならば，30mの距離からシカを倒すことができ，15mの距離から衝撃で動物を殺傷できる．

ド　サウツオラはアマチュアの考古学者であったが，彼が発見した壁画について，だれも最初は石器時代の珍しい芸術遺産だとは夢にも思わなかった．優雅に生き生きと描かれた動物は，あまりも完成されており，あまりにも現実感にあふれ，高度な技法を駆使されていたため，とても石器時代の男や女が創作したものなどとは思えず，最近になって描かれたのではないか，と疑われたのだ．ドン・マルセリーノは，それらの壁画が驚くほど昔に描かれたことが判明する前に世を去った．新たに見つかった洞窟芸術などが当時の科学的な眼を納得させたのは，さらに後のことだった．新たに発見されたのは骨角に浮き彫りにされた小さな動物像などで，いわゆる携帯芸術であり，これも驚くほど精巧な技術を駆使して生き生きとしたイメージで創作されている．

時間の遠近については頭が混乱してくる．最古の彫像は3万年以上前にさかのぼる．われわれが知る限り，ネアンデルタール人は，そうした芸術表現をしなかった．何かを彫像で表現するのは現生人類たるホモ・サピエンス・サピエンスの専売特許なのかもしれない．いわゆるクロマニョン人の姿で彼らが最初にヨーロッパに出現したのは3万5000年ほど前のことである．もちろんネアンデルタール人が形象し抽象的に思考する能力で劣っていたことを示す証拠はないが，ある理由のため，そんなことを彼らはしなかった．

後期旧石器時代が始まった頃，いったい何が起こったのだろうか．なぜゆえに氷河時代の人々は忽然，形象表現を必要とするようになったのか．またなぜ彼らは，死の危険をかえりみず，洞窟の奥深くに入り込むような困難な道を求めたのだろうか．なぜ，そうした洞窟は南フランスや北スペインのような地域でしか見つからないのだろうか．はたして洞窟絵画は一人の人間によって描かれたのか，あるいは共同体全体が秘儀を催すために沈黙につつまれた聖域に集まったのだろうか．そもそもだれが絵画を描いたのか，男たちだったのか，女たちだったのか，それとも子供たちだったのか．

絵画や彫刻に予備的な段階が認められず，突然，出現することから，限られたグループの選ばれた人々，たとえば呪術師やシャーマンのような人々によって，洞窟芸術は創作されたのではないか，とする解釈もある．また別の解釈では，洞窟外で獣皮や木材のごとき朽ちゆく材料で練習を積んでのことではないか，とされる．

激動の時代

芸術が生まれてきた背景を理解するには，ただ芸術を眺めているだけではしかたあるまい．後期旧石器時代は変動の時代である．ヨーロッパに新しい人類が登場したことだけでも大事件なのだが，それに加えて，新参者たちは短期間のうちに生活の諸条件を一変させるような社会的かつ技術的な革新をもたらした．人口が急激に増大し，離合集散を繰り返していた家族集団は以前に増して長い期間，より大きな集合体を作るようになった．大きな距離の間で物品が交易されるようになり，グループ間を結ぶ交流ネットワークが拡大したことを考古学の知見は物語る．

この時期に起こった最大の変化は，新しい意匠を凝らした道具作成技術が発展したことである．ネアンデルタール人の石器類は似たようなタイプのものばかりだった．カメの形に調整された石塊を原材料にして，それから剥片が打ち欠かれ，その剥片がスクレイパーや尖頭器が加工された（ルバロア技法）のだ．ホモ・サピエンス・サピエンスは石刃技法を発達させ，月桂樹の葉っぱの形をした石刃など，細長い薄手の道具を製作できた．新しい道具のなかには，たとえば一方の側をスクレイパーとして使い反対側を彫器として使うように加工した剥片石器のように，二つの機能をもつ石器もあった．多種多様な彫器が見つかっており，それらは多くの特殊な用途に供されたのだろう．

こうした新しい道具は骨角を有効に利用する道を開いた．ことに彫器は骨角器を作る目的で使われた．旧石器時代の終末に近いマグダレニアン文化期には，実用道具であれ，装飾品や儀礼具とおぼしき道具であれ，

第5章 芸術の誕生

多くの道具が骨角材料で製作された．そのたぐいの芸を凝らした何万もの小道具が，ことに南フランスを中心にしたヨーロッパで発見されている．この時期には，さまざまな装いを凝らした銛やヤスのたぐいが膨大な数で見つかっているが，このことは，小型動物の狩猟や漁労活動が非常に達者に行われるようになり，より大切な生業手段となっていったことを物語る．

鹿角製の槍投器は，きれいに線刻されたものが少なくないが，この時代に新たに加わった狩猟用道具である．

後期旧石器時代に社会が大きく変化したことを物語るのは，何も道具類や工芸品類だけではない．この時代に新たなる必要性が生まれ伝承工法が確立されたことは，豊かな儀礼生活が生まれたことを示す色とりどりの品々にも強く反映されている．

まず最初に注目すべきが，死者の埋葬である．遺体に赤色オーカーが塗られ，立派な服飾で飾られ，石器類が副葬されていた．モスクワの北東200kmのところにあるスンギール遺跡では，2万5000〜2万年ほど前にさかのぼる墓が見つかり，成人の男と女，それに思春期あたりで亡くなった2人の子供の遺骨がよく残った状態で出土した．その男の遺骨は象牙の刃物を副葬され，およそ3000個ものマンモスの牙製のビーズをつないだ数個の首飾りを装着していた．女の頭蓋骨は，男の葬送儀式の中途に造られた墓に置かれていた．頭を並べるように少女と少年の遺体を埋葬した二重の墓では，1万個以上もの象牙のビーズが見つかり，いくつかの指輪，装飾品，ホッキョクキツネの歯，槍や槍投器や短剣などの16個の武器などが副葬されていた．この時代の同じような埋葬例は，イタリアのグリマルディやフランスのラ・マドレーヌなど，ヨーロッパ各地の遺跡で見つかっている．

手工芸品や壁画もそうだが，これら死者の埋葬は，その当時の人々が他界観念のようなものを伝える必要性を感じていたことを物語る．これらは仲間意識や社会的地位を伝える必要性のようなものを示す人類の歴史における最初の証拠といえよう．と同時に，子供の埋葬は，そうした地位が世襲されたことを示している．こうしたことから，まさに後期旧石器時代こそ，平等社会が終焉に近づいた時代であることもわかる．

人口が増え，より複雑な構造をした社会組織が生まれるとともに，仲間内だけでなく，外部とも交流する必要性が生まれてきた．さらに，交流活動の必要性が増すとともに，表象や象徴の概念が発達し，それに併行して言語が発達したのではなかろうか．

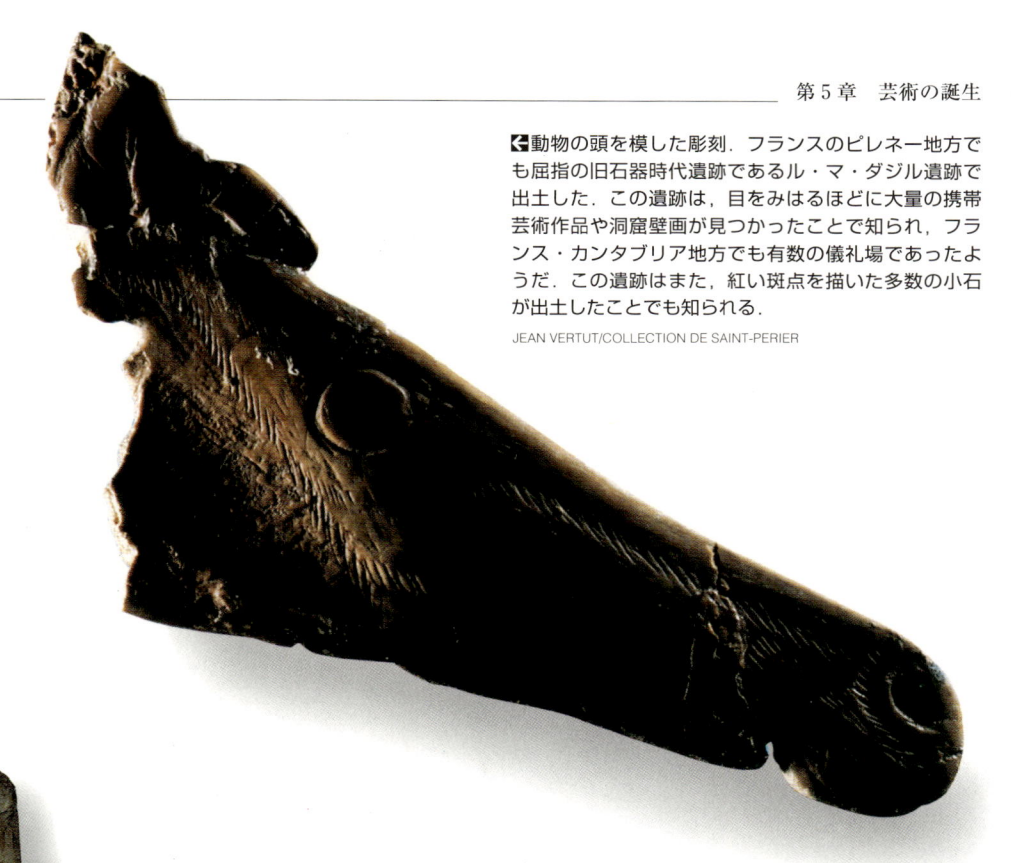

←動物の頭を模した彫刻．フランスのピレネー地方でも屈指の旧石器時代遺跡であるル・マ・ダジル遺跡で出土した．この遺跡は，目をみはるほどに大量の携帯芸術作品や洞窟壁画が見つかったことで知られ，フランス・カンタブリア地方でも有数の儀礼場であったようだ．この遺跡はまた，紅い斑点を描いた多数の小石が出土したことでも知られる．
JEAN VERTUT/COLLECTION DE SAINT-PERIER

←骨片に彫られた野生ヤギの像．フランスのピレネー地方にあるイツュリッツ洞窟で出土した．
JEAN VERTUT/COLLECTION DE SAINT-PERIER

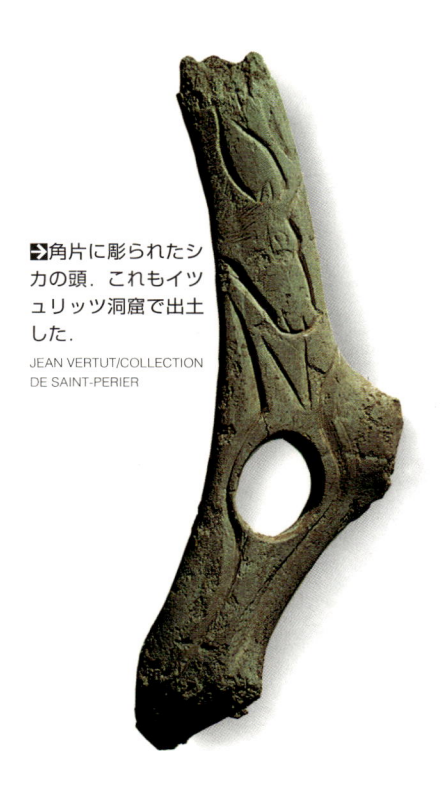

→角片に彫られたシカの頭．これもイツュリッツ洞窟で出土した．
JEAN VERTUT/COLLECTION DE SAINT-PERIER

←骨片に彫られたバイソン．イツュリッツ洞窟のマグダレニアン文化層で出土．
JEAN VERTUT/COLLECTION DE SAINT-PERIER

芸術革命

洞窟芸術は動物の姿を写実的なイメージで表しており、後期旧石器時代の後半に現れた。ヨーロッパで最初の芸術は女性像を象徴的に表現している。今から3万5000年も前、クロマニヨン人は女性の外陰部を岩などに刻画した。それから何千年かたち、約2万9000年前には最古の携帯芸術作品が造られた。いわゆるビーナスの小像であり、独特の様式で小さく女性の姿を造形している。その後の1万年近くの間、それが芸術表現を代表した。

これら女性像の多くは大きな胸と尻を強調しており、頭と脚はどうでもよかったらしく、形も定からぬほど小さく表現されている。これが非常に広い地域で見つかり、その時代、あちこちのグループの間で交流があり、共通する儀式体系が存在していたことを示唆する。同じような形のビーナス像が、東は南ロシア、そして西は大西洋岸に至る2000km以上に及ぶ広い範囲で見つかっている。とりわけ有名な出土地は、チェコ共和国のドルニ・ヴェストニーチェ遺跡であり、ロシアのコステンキ遺跡であり、オーストリアのヴィレンドルフ遺跡であり、フランスのレピューグ遺跡である。

クロマニヨン人の芸術、あるいは儀礼において、女性の性器が強調された理由、あるいはビーナスの女性像が独特の姿で形象された理由については、二つの解釈ができる。一つは化石人骨の研究から導かれたもので、安産を祈念してのものだとする解釈である。一般にクロマニヨン人の女性の体形は、その前にいたネアンデルタール人のそれより華奢であり、骨盤口が狭かった。そのために出産に難があり、母子ともに死亡することが珍しくなかったのかもしれない。もう一つは、急激な人口増加のため人々の間で軋轢が増し、そうした軋轢から女性をめぐる争いが昂じたからではないか、とする解釈である。いずれにしても、緊張感が高まった社会を長く維持するために女性の活力を必要としたがゆえに、女性を尊重する祭儀が盛んになった可能性は十分にある。

われわれは、時代とともに変遷する遺跡の数を目安にして、人口が増加した様子を傍証することができる。たとえばロシア。ネアンデルタール人の時代には黒海から北の氷床までの地域で、わずか6遺跡しか見つかってないが、クロマニヨン人の時代には同じ広がりで500以上の遺跡が確認されている。外部との交流が頻繁になるにつれ、自分が何者で、どんな身分にあるか、他者に誇示する必要が生まれる。現在の伝統社会では個人的な身分などを誇示するために、何かの装飾品を身につけたり、入れ墨や身体加工などで身体に装飾を施す。後期旧石器時代には、美しく線刻された象牙製の槍先や槍投器、骨角製の工芸品などが身分の高さを表すのに使われたようだ。さらには魔よけ用の護符となった工芸品もあったようだ。

洞窟芸術が出現したのは、今から2万3000年ほど前のことである。それは、南フランスや北スペインのフランコ・カンタブリア地方に集中している。

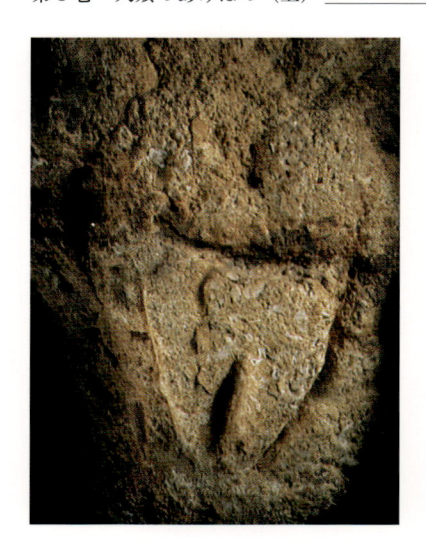

⬆二枚貝をかたどる彫刻。ドルドーニュ地方のラ・フェラシー遺跡で出土。

➡次ページ：ビーナス像の頭。この見事な工芸品は人間の顔を表現した最初の作品であり、今から2万9000年前ないし2万2000年前のグラヴェチアン文化期にさかのぼる。頭部の格子模様は頭を覆った網だと解釈されている。

➡巧みに様式化された頭のない女性像。ドルドーニュ地方のラランド遺跡で出土した。腰の部分が強調されている。背丈が約10〜15cmの大きさで彫られている。これもマグダレニアン期のものである。

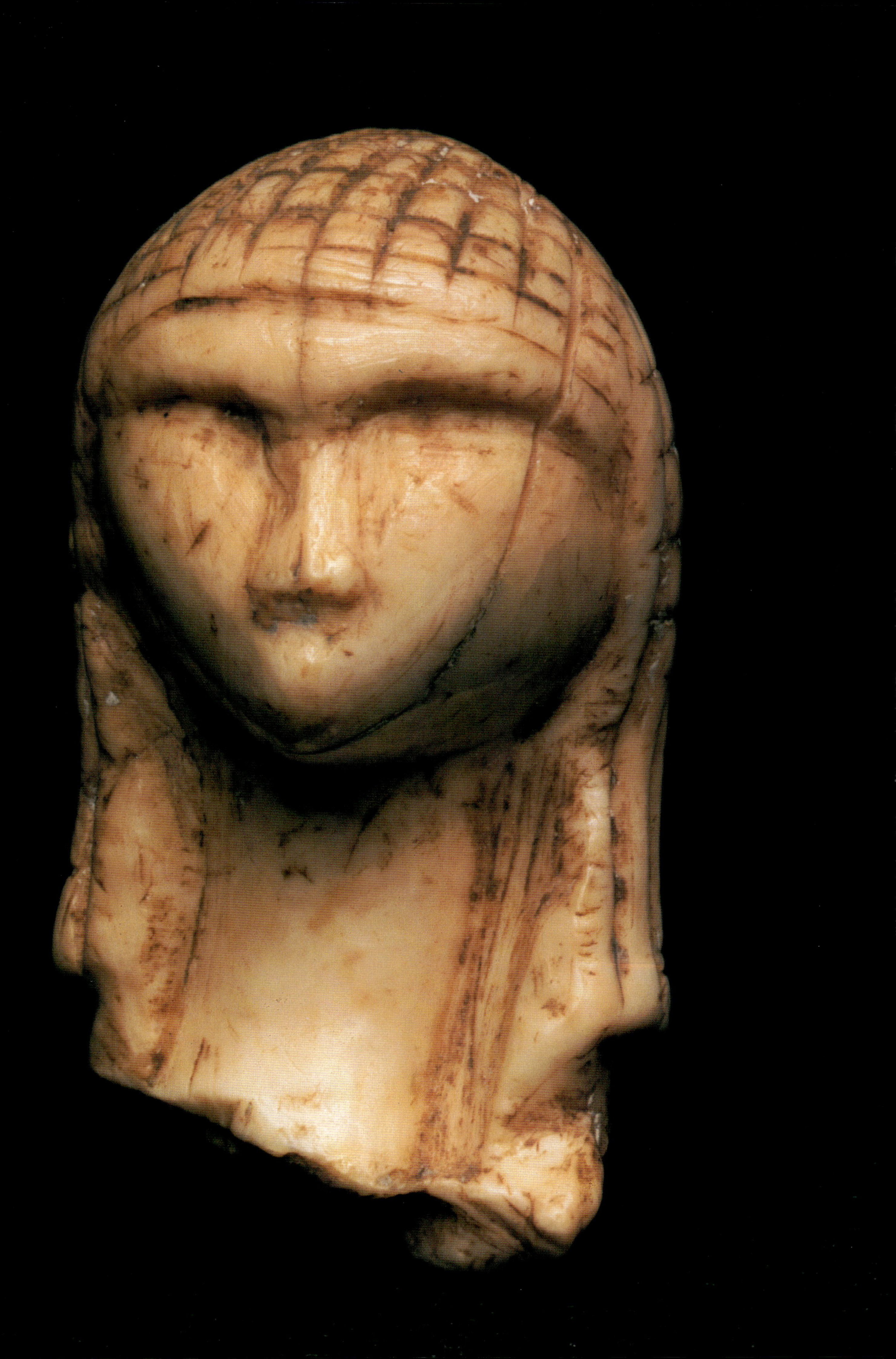

ビーナス像
ヨラン・ブレンフルト

今から3万年ほど前，豊饒の象徴として作られたビーナス像は，最も心を魅了するものの一つであり，謎に満ちた後期旧石器時代の芸術作品である．超能力を希求する信仰，儀礼や儀式，持続する心，豊饒概念などのことを物語る材料にもなる．これらすばらしい作品群は氷河期の狩人たちの信仰世界を垣間見る材料を提供してくれるとともに，人間と超自然世界の交流を象徴する偶像崇拝の先がけとなる．

芸術表現がなされるようになったことは，ホモ・サピエンス・サピエンスがすぐれた心的能力を備え，ひいては偶像を介して意思疎通する能力を備えていたことを示す徴候でもある．こうした偶像を用いる抽象世界は，生業が変化し社会組織が変容した結果，芽ばえてきたのであり，現代人が必要とする宗教や儀礼体系を解き明かす手がかりとなろう．

➡マンモスの牙で造られたビーナス像．フランスのデ・リドー遺跡で出たものだが，約2万3000年前にさかのぼる．この像について，氷河時代に脂臀の特徴をもつ女性が存在したことを示すのだ，と解釈する者がいる．それに対してマリジャ・ギンバタスは，臀部を強調することで妊娠状態が暗喩され，つまりは豊饒のシンボルとされたのではないか，と考えた．

MUSEE DE L'HOMME, PARIS/J. OSTER

DR LIDIO CIPRIANO, 1932/NATIONAL MUSEUM OF ETHNOGRAPHY, STOCKHOLM

⬅いくつかのビーナス像で表現される膨らんだ臀部について，氷河時代の当時，実際に脂臀の女性が存在したことを示すのではないか，ともいわれる．つまり，食糧不足が恒常的であったため，それに備えて臀部に過剰な脂肪を蓄えていた，というわけである．脂臀は，カラハリ砂漠に住むブッシュマンの人々など，今なお昔ながらの生活を営む社会で存在するが，審美的な理由があると考えられている．

第5章　芸術の誕生

後期旧石器時代の狩人たちが最初に行った象徴表現については、氷河時代を生きのびるに欠かせざるもの、つまりはヨーロッパの各地で主要な食糧源となった狩猟動物と関係があろうと考えがちだが、実際には生殖と豊饒に関するものが多い。それらも、グループが生き続けるうえで生存競争の中心をなしたからである。

最古の彫像は女性の外陰部を表現したものであり、約3万年前にさかのぼるオーリナシアン文化に関係づけられよう。その手のものは岩に彫られており、ドルドーニュ地方のブランシャ洞窟やカスタネ洞窟やラ・フェラシー遺跡で見つかっている。だが、よく知られるビーナス像こそ、その時代の信仰生活を写す工芸作品を代表する。非常に広い地域にまたがり発見されている。ビーナス像はマンモスの象牙、シカの角、骨、石、粘土など多彩な材料で製作されているが、どれもが同じようなデザインで造形されている。豊満な胸と腰が誇張されており、たいていは妊娠していることを示すようだ。ほとんどは裸であり、生殖器が目立つ。少数の例外を除いて、頭の部分は小さく、わずかな瘤のようにしか表現されていない。同様に足も小さく、豊満な太腿から次第に細くなる。生殖力が象徴されていることは疑いようがなく、生殖、豊饒、妊娠などを重要視していたことがわかる。

だが、これらすべての豊饒の女神が妊娠した状態で描かれているわけではない。アメリカの人類学者マリジャ・ギンバタスは、オーストリアのヴィレンドルフで見つかったビーナス像もフランスのレピューグのそれも妊娠してはいない、と指摘している。胸と腰が強調され、両手が胸の上に置かれている。ロシアのコステンキで見つかったビーナス像やフランスのローセルで見つかった石灰岩のレリーフ像なども両手を腹部に置くが、これらの像は妊娠していることを表象しているかもしれない。なぜならば、これらの像では胸と腰が特に強調されているわけではない。

ビーナス像が多く製作されたのは、今から2万9000～2万2000年前のグラベット期であり、寒冷化して、氷河と氷床が拡大した時代である。西は大西洋から東はロシアに至るまで2000km以上に及ぶ範囲にわたって規格的なビーナス像が見つかることから、大型動物の狩人たちがユーラシアの氷床沿いに長距離交易していた様子がわかる。

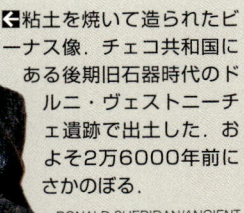

← かの有名な石灰岩で造られたビーナス像。オーストリアのヴィレンドルフ遺跡でクラベット期の層位から出土した。
NATURAL HISTORY MUSEUM, VIENNA

← 粘土を焼いて造られたビーナス像。チェコ共和国にある後期旧石器時代のドルニ・ヴェストニーチェ遺跡で出土した。およそ2万6000年前にさかのぼる。
RONALD SHERIDAN/ANCIENT ART AND ARCHITECTURE COLLECTION

← 滑石製の2万2000年ほど前のビーナス像。この像の頭は男根のシンボルであるとも解釈されている。北イタリアのサビナーノ遺跡で出たもの。
MUSEO NAZIONALE PREHISTORICO EO ETNOGRAFICO "L. PIGORINI", ROME

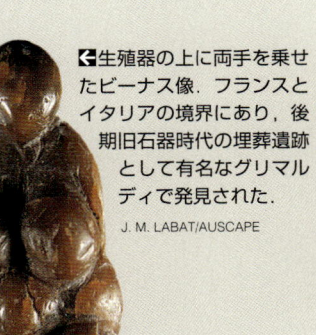

← 生殖器の上に両手を乗せたビーナス像。フランスとイタリアの境界にあり、後期旧石器時代の埋葬遺跡として有名なグリマルディで発見された。
J. M. LABAT/AUSCAPE

← 美しい琥珀色した石灰岩で造られたビーナス像。約2万3000年前の作品であり、フランスのドルドーニュ地方にあるシリュール遺跡で見つかった。
MUSEE DES ANTIQUITES NATIONALES, ST-GERMAIN-EN-LAYE/R.M.N.

ベーゼル川付近の詳細

後期旧石器時代の洞窟芸術が残る遺跡の分布図

フランスとイベリア半島で後期旧石器芸術が残る主要な遺跡を示す．南フランスのドルドーニュ地方とベーゼル川流域は，特に多くの洞窟芸術が見つかるのだが，拡大して示す．海岸線については，約1万8000年前，最終氷河期の絶頂期の様子．

フランコ・カンタブリア中核地方

　これまでにヨーロッパの200カ所以上の洞窟で旧石器時代の壁画や線刻画が見つかっている．このうち180カ所以上，つまり85％は，南フランスから北スペインにかけての地域にあり，フランコ・カンタブリア中核地方と呼ばれる．この地方への集中状況はただごとではない．この地方以外では，イベリア半島の他の地域で20カ所かそこら，イタリアで10カ所ほど，東ヨーロッパではウラル山脈のカポヴァ洞窟だけしか見あたらない．

　旧石器時代の洞窟芸術の90％近くがフランスとスペインに集中する事実は，他の地方には適当な洞窟がない，という理由では説明できない．カルパチア山系やアルプス山系やウラル山系など，ヨーロッパの他の地方にも多数の洞窟がある類似した地形はある．十分な調査が行われてないとか，偶然，見つからないだけだとかいう理由でも説明できない．20世紀になって，洞窟学者たちは，そうした地方にある，ほとんどの洞窟を探検し地図に落としていった．西はフランスから東はロシアのウラル地方にかけて，かつての大氷床の南側にあたる広い地域で後期旧石器時代の遺跡が長く帯状に見つかり，どの遺跡でも相当な数にのぼる携帯芸術の作品が出土している．こうしたことなども，洞窟芸術が地域的に集中することに，あらためて驚きを禁じえない．

　このように洞窟芸術が集中しているのは，人口学的にも社会経済的な側面でも理由があるのだ．かつて存在した広大なツンドラ地帯の各地域では，気候とか，それに伴う生業システムの違いを反映して，人口密度が大きく異なっていた．南西ヨーロッパの生態条件は，大西洋沿岸の温暖な気候のため，東の永久凍土草原のそれとはずいぶんと異なっていた．そこに住む人々は，魚類が利用でき植物性の食物が豊富だったため，遊牧生活を送る必要などが，まったくなかった．

　人間が集まり祭儀を催すなどの行事が盛んだったとおぼしき集落についての考古学的調査でも，このことはわかる．そのいくつかの場所には巨石構造物が残されている．儀礼のために使われていたようだ．ドルドーニュ地方のソルビィー遺跡では，今から3万〜1万4000年前にかけての生活層が16層以上も確かめられている．ドルドーニュ地方にあるマグダレニアン期の4カ所の遺跡では1400個もの骨角製の芸術作品が発掘されており，ある特定の地域に人々が集中していたことを物語る．

　今から2万年前の頃，現在のフランスだけで2000〜3000人の人口を擁していたが，スペインを含むヨーロッパの他の地域は，合計しても1万人を超えることはなかったろうと推定されている．フランスの心臓部にあたるベーゼル川の流域では，一時期に400〜600人もの人間が四つか五つの洞窟に住んでいたらしい．同じように人口稠密な場所が東のほうにもあり，たとえば，

チェコ共和国のドルニ・ヴェストニーチェとか，ロシアのコステンキやスンギールである．

一つの動物種を大量殺戮した遺跡が増加することも，この時期に人口が急増したことを物語る．しかしながら，こうした大量殺戮現場の動物骨も実は一時に殺された動物のものなのか，長い間に蓄積されたものなのか，にわかには決めつけがたいのだ．ある東ヨーロッパの遺跡では，1000頭近いマンモスの遺骸が出土する．東フランスのソリュウトレ遺跡では，そうした殺戮現場で10万頭ものウマの骨が発見されている．おそらく崖に追い込まれて死んだのか，狭い通り道で群れごと捕獲されて殺戮されたのだろう．

それ以前には利用されなかったサケ類などの魚類資源も，後期旧石器時代のフランコ・カンタブリア地域に人々が集中した要因だったかもしれない．ことにピレネー地方の洞窟ではサケを描いた壁画が知られている．約2万〜1万年前の古気候は，フランコ・カンタブリア地域の河川がサケの繁殖に適していたことを示す．つい最近の19世紀の頃でさえ，この地域の河川はヨーロッパで一番のサケ釣り場であった．サケの移動や産卵が呼び水となって一つの場所に長期間にわたって人間が集中したのかもしれない．大量に捕獲されたため，ウマ，マンモス，バイソン，トナカイの個体数が減るにつれ，漁労活動や採集活動の重要性が高まったことが考えられる．大量殺戮された大型獣の肉と同様，魚類も干し肉とされ貯蔵されただろう．

携帯芸術については，氷床の南に広がるツンドラ地帯で大型動物を追いかける狩猟民との関係が深かったのだろうが，その一方で洞窟芸術は，多種多様な生業が可能であり，それゆえに定住傾向が強い地域に集中している．洞窟の奥深くで創造された目のさめるような芸術作品を生み出した儀礼生活が発展した様子は，そうしたことと関係づけて理解しなければならない．

↘ベーゼル川の渓谷．たぐいまれなる天然の美のため魅力あふれる地域であり，旧石器時代の芸術が集中する場所でもある．恵まれた環境条件のため，最終氷河期の人間に理想的な生活場所を提供しただろう．この地域は社会的な儀式や儀礼活動の面でも重要であった．

第1巻　人類のあけぼの（上）

➡旧石器時代の芸術の特徴の一つは，壁面にある自然の造形を巧みに利用したことである．このウマの頭の絵は，ドルドーニュ地方のコマルク洞窟にあるが，眼や耳や額の細部は岩の表面にある天然の凸凹を利用している．鼻孔，鼻面，口は人間の手で掘られたものである．

➡次ページ：ヨーロッパ旧石器時代芸術の約2万5000年間．最初は主に外陰部が表現された．洞窟芸術が始まったのは約2万4000年前のことだが，それが花開いたのは約2万〜1万2000年前の後期旧石器時代の終末期であった．

AFTER ANDRE LEROI-GOURHAN'S DATINGS OF FRANCO-CANTABRIAN CAVE ART

⬇サケを表現した線刻画だが，マグダレニアン期の狩猟民にとって漁労活動も大切な生業だったことを意味するのだろう．おもしろいことに，各種のヒラメなど海水魚の絵がドルドーニュ地方やピレネー地方の内陸部で描かれている．おそらくは，人々が1年のある季節を沿岸部で過ごしたことを示唆するのだろう．

超自然物との邂逅

このように洞窟芸術の文化は長い時をかけて発達してきた．そして，地理的あるいは気候的な条件，さらには社会や経済の様子とも関係づけて考えることができる．洞窟芸術の大半，その80％以上は1万7000〜1万2000年前の間に製作された．このマグダレニアン芸術の最盛期は，洞窟芸術が生まれた約3万年前の頃からそこまでに経過した時間よりも，そこから現在に至る時間のほうが短い．ややもするとわれわれは，そのことを忘れやすいのだ．

狩猟民たちが製作した芸術作品に邂逅することは，まさに超自然物との出会いである．そうした邂逅そのものが，何ともいえない経験となる．洞窟芸術の最大の特徴は，とても近づきがたい場所にあることである．人々が居住した洞窟の入り口に壁画などが描かれていることは，めったにない．それらが描かれた聖なる場所に近づくには，歩き歩き，肘と膝ではいずりまわり，流れの速い地下水や池を泳いで渡らねばならないし，時に命がけである．引き返すのも容易でない．多くの難所では動きがとれない．洞窟芸術を探査するには，行き止まりもある洞窟内の回廊を何百mも背中ではいずりまわらねばならないこともあるし，狭すぎて体を回すこともできないこともある．こうした危険や心の動揺こそ，旧石器時代の儀式に欠かせないものだったのではないか．乾燥させた繊維を芯にした動物油のランプで5，6時間は明かりが保てたろう．多くの洞窟でランプ石が見つかり，きれいに飾られているのもあるが，燃料を入れる石灰岩の板石だけの場合もある．でも，洞窟外の生活場所に帰還できなかった人の骨が見つかることはない．

近づきにくい洞窟の奥深くで，旧石器時代の芸術家は作品を創作した．さらには，すぐには見通せない狭い通路の横道を選んで描いた．

確かに芸術家たちは，チラチラと揺らぐランプの明かりのなか，壁面に映る一種独特の画像を表現しようとしたが，疾走するウマや傷ついたバイソンなどを描くことで，画像に生命の息吹を込めた．不規則な壁面にもかかわらず，全体像を積分できるような自然の立地を探し求めた．このことも洞窟絵画の特徴であり，そうすることによって，石灰岩の壁面にフリントの石核で目を入れた雌ライオンや巨大なマンモスの像を描いた．

どの角度で画像を見せようとしたか，あるいはどの角度で眺めたか．それを知るのは難しい．ぎこちない姿勢で地面をはいずりながら実物の画像を見なければならない観察者に驚嘆を喚起しようとしたのかもしれない．作品の全体像を追いかけることもできないで，どのようにして等身大の画像を表現できたのか，その方法はうかがいしれない．

時に石器時代の絵は「動物画」と呼ばれる．確かに，たいていの壁画や線刻画や浮き彫り画には，トナカイ，ウマ，マンモス，バイソン，毛サイ，シカ，野生ヤギ，野生ウシなどの狩猟動物が描かれている．時には，洞窟ライオンや魚類や鳥類も描かれている．しかし，人間が描かれたものもあり，動物の毛皮を身につけ，ひづめや角などの動物の体の一部で装っている．おそらくこれらは，儀式の最中にあるシャーマンの姿を表現するのだろう．たいていは大陰唇だが，生殖器の絵も少なくなく，女性の身体は描かれている場合も描かれてない場合もある．多くの規格的な印を描く洞窟もあり，大きさをそろえた幾何学文様が描かれている．地域によって，異なった画像が優先する．たとえば，南部のピレネー地方や南スペインの洞窟では抽象的な絵が多い．

非常に興味をそそる洞窟画としては，手形の陰影がある．岩の表面にあてた手に吹き筒で顔料を散布して描いたものである．こうした手の多くは指が欠けており，洞窟によって異なった解釈がされている．現在の

第5章　芸術の誕生

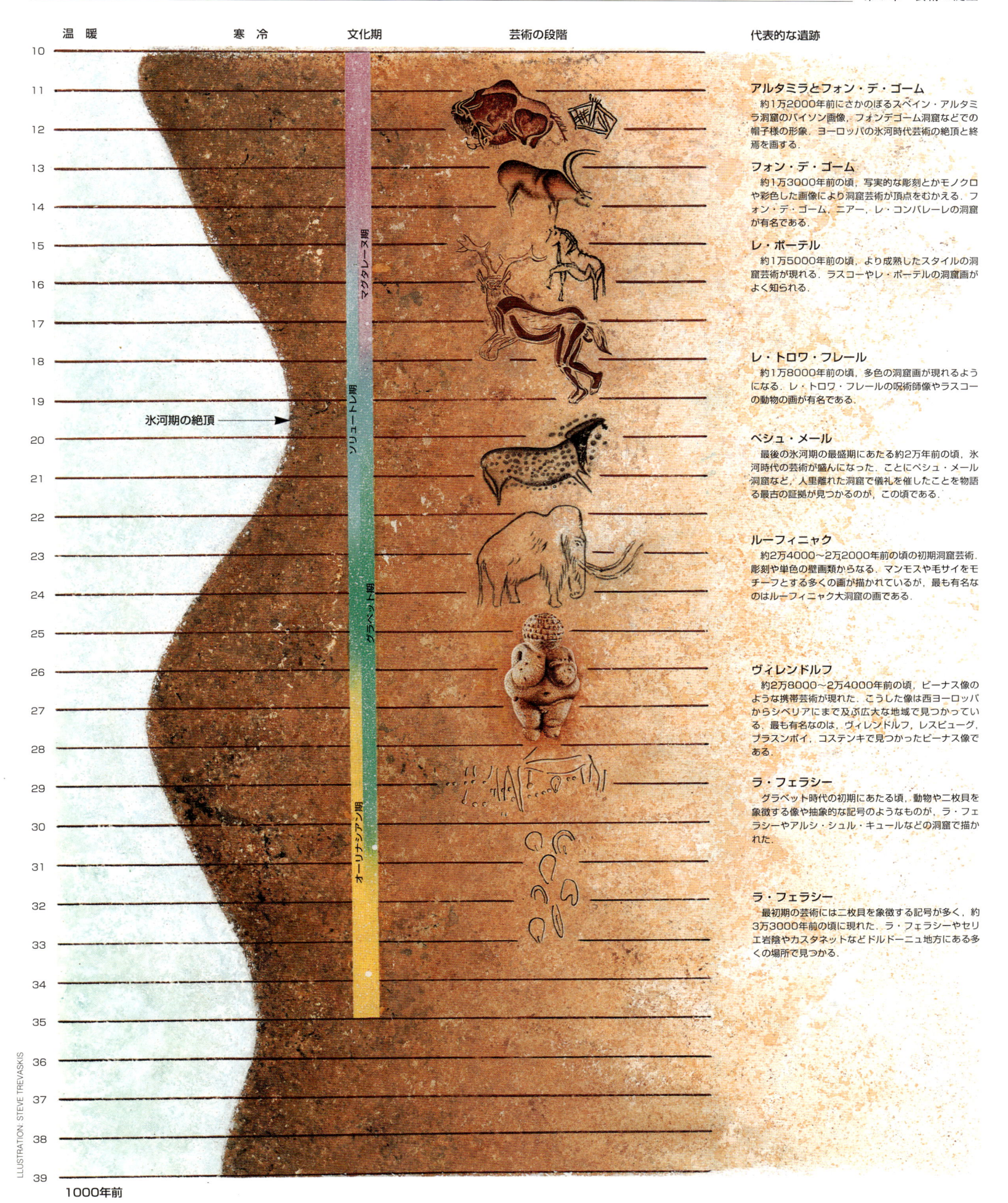

温暖　　　　寒冷　　　　文化期　　　　芸術の段階　　　　　　　　　代表的な遺跡

アルタミラとフォン・デ・ゴーム
約1万2000年前にさかのぼるスペイン・アルタミラ洞窟のバイソン画像，フォンデゴーム洞窟などでの帽子様の形象．ヨーロッパの氷河時代芸術の絶頂と終焉を画する．

フォン・デ・ゴーム
約1万3000年前の頃，写実的な彫刻とかモノクロや彩色した画像により洞窟芸術が頂点をむかえる．フォン・デ・ゴーム，ニアー，レ・コンバレーレの洞窟が有名である．

レ・ポーテル
約1万5000年前の頃，より成熟したスタイルの洞窟芸術が現れる．ラスコーやレ・ポーテルの洞窟画がよく知られる．

レ・トロワ・フレール
約1万8000年前の頃，多色の洞窟画が現れるようになる．レ・トロワ・フレールの呪術師像やラスコーの動物の画が有名である．

ペシュ・メール
最後の氷河期の最盛期にあたる約2万年前の頃，氷河時代の芸術が盛んになった．ことにペシュ・メール洞窟など，人里離れた洞窟で儀礼を催したことを物語る最古の証拠が見つかるのが，この頃である．

ルーフィニャク
約2万4000～2万2000年前の頃の初期洞窟芸術．彫刻や単色の壁画類からなる．マンモスや毛サイをモチーフとする多くの画が描かれているが，最も有名なのはルーフィニャク大洞窟の画である．

ヴィレンドルフ
約2万8000～2万4000年前の頃，ビーナス像のような携帯芸術が現れた．こうした像は西ヨーロッパからシベリアにまで及ぶ広大な地域で見つかっている．最も有名なのは，ヴィレンドルフ，レスピューグ，ブラスンポイ，コステンキで見つかったビーナス像である．

ラ・フェラシー
グラベット時代の初期にあたる頃，動物や二枚貝を象徴する像や抽象的な記号のようなものが，ラ・フェラシーやアルシ・シュル・キュールなどの洞窟で描かれた．

ラ・フェラシー
最初期の芸術には二枚貝を象徴する記号が多く，約3万3000年前の頃に現れた．ラ・フェラシーやセリエ岩陰やカスタネットなどドルドーニュ地方にある多くの場所で見つかる．

氷河期の絶頂 →

マグダレーヌ期
ソリュートレ期
グラベット期
オーリナシアン期

1000年前

93

第1巻　人類のあけぼの（上）

⬆有名なラスコー洞窟の「雄牛の部屋」と呼ばれるところ．すばらしい絵が描かれた洞窟は何千年もの間，人知れず暗闇につつまれていたが，1940年のある日，たまたま4人の若者によって発見されたのだ．
JEROME CHATIN/GAMMA/PICTURE MEDIA

➡北スペインのエル・カスティロ洞窟にある外陰部の絵．詳細な年代はわからないが，おそらくマグダレニアン文化期の中期に創造されたものだろう．

➡バイソンの毛皮をまとった人像．ドルドーニュ地方のル・ギャビルー洞窟．何かの儀式をつかさどるシャーマンの姿を描いたものだろう．このように人間と動物を組み合わせた像は，動物と森を守る精霊を描いたのだとする解釈もある．

伝統社会にあるように，石器時代の人々には欠指の風習があったのかもしれない．あるいは，厳しい天災などに際して悪霊をなだめるなどの宗教的かつ呪術的な目的で行われたのかもしれない．しかし，ピレネー地方のガルガス遺跡の「百の欠指をもつ手の洞窟」にあるような指を欠く手の多くは凍傷による事故によるものと解釈されているし，手話のために指を折り曲げているとも解釈されている．

　洞窟画で描かれる対象は地域によって異なる．多くの洞窟でユニークな描き方がされているので，同じ対象物が描かれていても，それらを解釈するときは十分に斟酌しなければならない．ある洞窟ではマンモスや毛サイが多いが，ニアーとかラスコーなどでは，たいていの絵はウマや野生ウシやバイソンを描いたもので

第5章　芸術の誕生

←ラスコー洞窟の中心画廊にあるパノラマ図．これまでに見つかった旧石器時代の壁画のなかで，最も精緻であるといわれる．黒ウマが疾走する画像は旧石器時代の芸術では数少ない組合せ画の一つである．
JEAN VERTUT

ある．

　旧石器時代の芸術家たちは粉にした岩を塗料にしており，おもに赤色を呈する鉄酸化物や黒色を呈するマンガン酸化物を動物油で溶いて使っている．さまざまな種類の刷毛や吹き筒が多くの洞窟で発見されている．ラスコーなどの洞窟では，高いところや天井に届くように足場を設けた穴が見つかっている．周到に祭儀が催されていたことを強く示唆する．

　今なお洞窟画について解決できないのは，一つ一つの絵が何かを構成しているのか，それともそれだけで完結しているのか，という問題である．実際に多くの絵は古い絵の上に描かれたり刻まれたりしている．このように重ね絵にされた理由について，多くの解釈がなされているわけだ．はたして新しい絵は古い絵で象徴される超自然力を活用するためなのか，それとも消し去るためなのか．あるいは，もはや古い絵が役に立たないとみなされたからか，ただ単に後に儀式が催されただけなのか．動物の上や側に描かれた謎めいた記号のようなものについても，同様に解釈に困る．

　動物の絵は，たとえ同じ岩盤でも，さまざまな大きさで描かれており，一見すると，でたらめに遠近法も使われず描かれたように見える．ラスコー洞窟の有名な疾走する黒ウマの例を除くと，旧石器時代の芸術には構成技法も適用できない．しかし最近の研究によると，後期旧石器時代の狩人たちは，以前に考えられていたよりもすぐれた象徴技法を駆使していたと，解釈されている．

解釈と再解釈と

　考古学研究の例にもれず，洞窟芸術についても，新たなる発見がなされるたびに解釈の変更を余儀なくさ

←ニアー洞窟の「黒の画廊」にある非常に写実的なプルゼワルスキウマの絵．画像の一部には今では石灰が沈着している．

↓同じくニアー洞窟の「黒の画廊」に描かれたバイソン．ニアー洞窟は山中，奥深く1000m以上も入ったところにあり，ウマやバイソンの単色画が多い．

95

⇧謎に満ちた毛サイの絵。毛サイを描いた壁画は珍しく，旧石器芸術の初期の時代に限られる．これは，ドルドーニュ地方のルーフィニャク洞窟のもの．

⇩ルーフィニャク洞窟にはマンモスや毛サイの単色画が描かれている．岩の表面にある奇妙な凹凸は石灰岩に埋まった天然の石英である．

れた．長い間，洞窟芸術は大型動物に対する狩猟民の審美眼を表すものと考えられてきた．つまり，芸術のための芸術だったというわけだ．そしてだれしもが，遠い昔，未開の野蛮人などが宗教的で儀礼的な生活を送っていたなどとは考えようともしなかった．どんな芸術作品も生活空間などでは見つからず，たいていが洞窟の奥深いところなどにあるという事実に対して，さしたる注目を払わなかった．

民族誌学による調査が進み，昔ながらの生活を送る人々の間にも非常に複雑な信仰文化があることが知られたため，洞窟芸術にも深遠な意味があったのだろうとの認識がなされるようになるのは，20世紀のはじめのことだった．ことにオーストラリア先住民に関心が集まり，彼らの手になる岩絵が複雑な信仰体系を表現する儀礼的な手段であることが明らかにされた．そうして，トーテミズムの概念が議論されるようになった．これは部族社会や氏族社会を組織，構築するシステムのことである．それぞれの部族や氏族は，たいていの場合は動物であるが，まわりに存在するもののなかからトーテムを決めており，それが血族などを象徴すると考える．

アベ・ブルイユは1930年代から1950年代にかけて，旧石器時代の洞窟芸術を詳細に研究したが，それが狩猟に関係した呪術の表現手段であったとの当時の見方を強く支持した．つまり，狩猟動物を描き，それを象徴的に傷つけることによって，超自然力の助けにより狩猟を成功させようと祈願した，と解釈した．しかしながら，この解釈によって，すべてが説明できるわけではなかった．新たなる疑問が生じた．

その一つは，何ゆえに芸術家たちは羽根毛のようなもので狩猟具を表し，動物の絵と重ならないようにしたのか．もう一つは，何ゆえに洞窟画には一番ありふれた狩猟動物であるはずのトナカイが多く描かれなかったのか．どこでも居住跡ではトナカイの骨が大量に見つかるのだから，それがマグダレニアン期には主要な食糧源だったに違いない．と同時に，洞窟画に多く

第5章 芸術の誕生

現れる性的表現がうまく説明できない．一見して妊娠しているとわかる動物の絵は人間と動物の双方での多産の概念を表現していると思えるのだが．

　新しい解釈を提起したのはアンドレ・ルロアグーランである．彼は1960年代に重要な研究を進めていった．いろいろな描画の位置を調べ，それぞれの絵の関係性に焦点を当てた．統計的な方法を用いて，それまでには問題にされなかった全体の構造を明らかにしようとしたのである．

⬆1940年にラスコー洞窟が最初に調査されたときの記録写真．右から三番目に立っているのが，かの有名なアベ・ブルイユである．床に座る2人の少年が洞窟を発見した当事者である．

ペシュ・メール：2万年前の聖地

ヨラン・ブレンフルト

フランコ・カンタブリア地方にある洞窟の奥深く，石器時代の狩人たちは自分たちの秘密儀礼，呪術信仰，複雑な社会組織を暗示する多くの証拠を残した．それぞれの壁画などが描かれたとき，どんな行事が催されていたかという問題は，旧石器時代の芸術に関する研究では，とりわけ興味をそそるだろう．

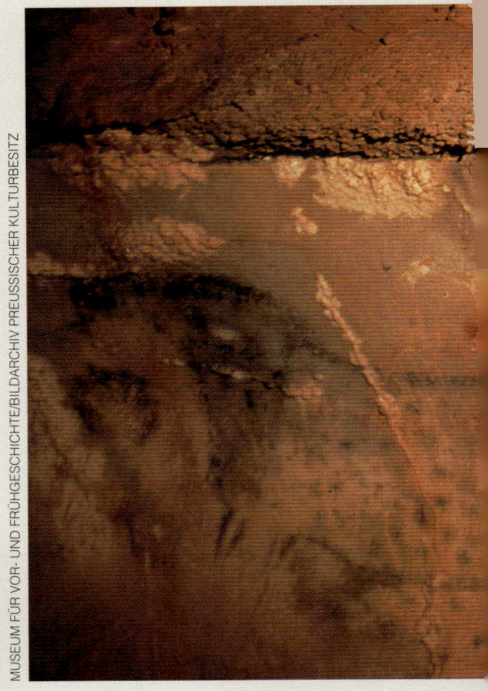

↙フランスにあるペシュ・メールの大洞窟は，なかに石筍や石柱が林立するために，洞窟芸術を残す洞窟のうちでは，最も美しいものの一つである．落石の上に描かれた有名なウマの絵が中心部に鎮座している．この世のものとは思えないような雰囲気の洞窟内で儀式が行われていたことを物語る物的証拠にはこと欠かない．

いくつかの洞窟は，一つには規模の点で，また一つには洞窟の壁面などの特徴が有効に利用されている点で異例である．たとえば，ドルドーニュ地方のラスコー，フォン・デ・ゴーム，ルーフィニャクなどの洞窟，ピレネー地方のニアー洞窟，南フランスのペシュ・メール洞窟である．洞窟に残された証拠の多くは，おそらくは通過儀礼と関係があろう．大きな地下ホールでいくたびとなく儀礼が行われ，そのたびに壁画などが描かれていたことを物語っている．石器時代の人々が超自然的な存在と邂逅するための集会場だったのは明らかである．

ペシュ・メール洞窟は，旧石器時代の芸術作品を残す洞窟では，これまでに知られている限りでは最古のものである．他の洞窟と違い，水切り石でできており，石筍や鍾乳石が乱立するさまは世にも珍しき地下の画廊という趣だ．巨大な広場には目をみはらせるほど見事なウマの点描画があり，踊りや儀式が催されたに違いない広場に落ちた崩石の上に描かれている．

赤外線で調べることにより，これらの絵がどのようにして描かれたか知ることができる．赤や黒の点が絵に混在しており，何度かに

第 5 章　芸術の誕生

←「私がいる！」と訴える儀式に参加した者の個人的な証し．ペシュ・メール洞窟の手形は，ここで通過儀礼が行われていたことを雄弁に物語る．

↓ペシュ・メール洞窟の足跡は，2万年以上も前に洞窟の奥深くで秘儀を実行していた人々にわれわれが直接ふれる機会を与える．

↑この斑点を吹きかけられた2頭のウマの絵は，ペシュ・メール遺跡を有名にしたものだが，単色で描かれている．旧石器時代の芸術作品では早い時期に属する．斑点を分析したところ，ここで催された儀式について重要なことが判明した．斑点は異なった顔料で作られており，それぞれは別々のときに吹きつけられたのだ．

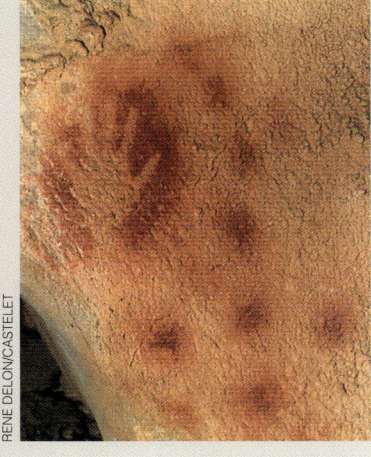

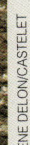

わたってウマの絵に重ね描きされた．最初に描かれたのは1匹の赤い魚であり，落石表面の中央右よりにある．そのあと最初のウマが素描された．ウマの頭は岩の形を利用して生き生きしているが，小さくて痕跡的であり，黒い首がある．それから吹き筒を用いて赤と黒の点がウマの体じゅうに吹きかけられた．ウマの輪郭が描かれたとき，動物のまわりにも点が吹きかけられた．さらに二番目のウマが同様にして描かれた．最後に手形が「私がいる！」というメッセージとして描かれた．

→今は絶滅した多毛マンモスの単色画がいくつか，ペシュ・メール洞窟の奥まった部分で見つかった．これらは洞窟芸術の早期の段階に属し，この注目すべき地下画廊に謎めいた雰囲気を醸しだす．

99

→南フランスのレ・トロワ・フレール洞窟にある祈祷師の画．約75cmの高さがあり，画の一部は描画されており，一部は刻画されている．人間，ウマ，シカ，鳥，クマなどの絵柄が組み合わされている．おそらくシャーマンを表現するのだろう．併せて，アベ・ブルイユのスケッチを示す．

↓驚くほどよく残った2頭のバイソンの粘土彫刻．南フランスのル・チュー・ドードーベール洞窟で見つかった．一群の粘土製の男根のまわりを回るようにつけられた大勢の子供の足跡が，隣の部屋に残っている．

旧石器時代の洞窟画は二元的な関係で描かれている．つまり，ある種とある種は一緒に描かれたが，ある種と別の種は同じ壁面には描かれなかった．動物画の半数以上はウマとバイソンであり，いつも一緒に描かれている．

動物種により描かれる場所にも際立ったパターンがある．バイソンや野生ウシやウマの絵の90％ほどは中心となる回廊に描かれるが，他の動物は目立たない外れた場所に描かれている．

ルロアグーランの解釈では，対をなして描かれた動物は男女の関係を表象する．ウマが男性の象徴であり，バイソンやマンモスが女性の象徴であると，彼は考えた．くしくも時を同じくして，まったく独立に，アネット・ラミンも同じ結論に達した．ただ彼女の場合は，ウマのほうが女性を象徴すると考えた．

ルロアグーランの解釈は，その詳細については強い批判を受けているが，新しい問題を投げかけるとともに，旧石器時代の芸術に対する見方を変えたのも，また確かである．そうした芸術は旧石器時代の信仰の一部であり，周到に組み立てられた儀式体系の一部をなすと考えるのが，今や定説となっている．

生きのびるための儀礼

どのような社会的な背景で旧石器時代の芸術は隆盛したのか，そのあたりの事情を理解できたとしても，それぞれの洞窟画がもつ意味について，性的象徴論，豊饒祈願，秘儀，狩猟呪術，シャーマニズム，あるいはトーテミズムなどとの脈絡で満足いくように解釈できるわけではない．とても錯綜した問題であり，一つの説明で十分なわけでもなかろう．それに，洞窟画にまつわる儀礼的な意味あいも何千年もの時間とともに変容していったことだろう．最近の研究では，たくさんの証拠によって，実際に多くの洞窟画は儀礼のための集会場に描かれていたことが明らかにされている．

洞窟画には案外，人間を描いた画が少ない．だが非常に多くの画が人間と動物の特徴を兼ね備えており，時には複数の動物の特徴を備えて描かれている．最も有名な例が，ピレネー地方にあるレ・トロワ・フレール洞窟の「呪術師」の画である．雄ジカの角をもち，鳥の嘴のような鼻をしており，フクロウに似た目を見ひらいている．さらにその画はウマの尾をもち，不釣り合いに短い上肢は，その先が爪をもつクマの足のようになっている．彼の生殖器は尻尾の下，おかしなところにある．この画の身体をせり出し地面をはうような奇妙な格好は，儀礼のときに踊りに興じる人物を表現しているのかもしれない．

現在のイヌイト（エスキモー）や北東アジアのトナカイ狩猟民など，北極圏の狩猟採集グループの間ではシャーマニズムが宗教の重要な要素であることが知られる．シャーマンは精霊と特別な関係にある男か女であるが，病人が出たときや難問がもちあがったとき，その帰属グループのために精霊との間を仲介する．たとえば狩猟動物が減少してグループが存続の危機に瀕したとき，シャーマンは催眠状態となり精霊のところに魂を送り，なぜ動物を贈らないのかと尋ね，もっと多くの動物を贈ってくれるよう精霊に懇願する．シャーマンはまた，病気の治療にもあたる（多くの社会ではタブー破りが原因で病気になると信じられている）．氷河時代の大型動物の狩人たちの間でも同様な信仰があり，シャーマンか，それに類する者が洞窟内の儀礼を指導したとしても，おかしくない．ではいったい，どんな儀礼が行われていたのだろうか．

洞窟絵画に関する議論は長いこと，何が描かれ，ど

んな意味があるのか，に集中していた．だから，洞窟内で儀礼の踊りと秘儀が催されたことを示す大切な証拠が見逃されてきた．ある理由のため，そうした証拠は，いくつかの洞窟でしか残っていない．かつての研究者たちは，新たに発見した洞窟内の壁画や彫刻を熱心に調べようとするあまり，湿気を帯びた柔らかい床面を歩きまわり，知らず知らずのうちに1万年以上もの間，手あかにまみれることなく残っていた珍しい情報を壊してしまったのだ．たとえば，その聖なる場所で儀礼を催した人々の足跡である．そうした証拠を残す有名な例がル・チュー・ドードーベール洞窟である．そこは粘土で造られたバイソンが発見されたことでも知られるが，その隣りあった小部屋で6人分の足跡が見つかっている．それらはすべて子供のもので，6列に並ぶ足跡は特別なダンスをしている様子を教えてくれるのだ．

最近になって，石器時代の人間の足跡をよく残す洞窟の小部屋が少なからず発見されている．最も目をみはらせる例が，ピレネー地方のニアー大洞窟にあるのだ．これまでに知られなかった小部屋で発見された，黒く縁取りされたウマとバイソンの絵があることで知られるギャラリー・ノワール「黒の画廊」という部屋から山側に1000mほど入り込んだところに，500個以上もの足跡がある．この数は，これまでに洞窟内で発見されたものうちでは最多を誇る．そこに入るのは至難であり，三つの大きな地下池を越えなければならない．

これらの足跡は13～15歳までの子供のものであることが判明している．しかし，足跡が見つかる洞窟には成人の足跡も混ざっている．多くの洞窟でフルートが見つかり，さらに別の楽器らしきものの遺物も見つかっていることから，鳴り物入りで儀礼のダンスを踊っていたことを暗示する．

いくつかの旧石器時代の洞窟絵画は，さまざま通過儀礼と関連があるだろうと，アベ・ブルイユやアンドレ・ルロアグーランなどが指摘しているが，絵画そのものの意味を求めるあまり，そのことは十分に吟味されてこなかった．伝統的な社会では，儀礼や儀式の際，通過儀礼が重要な要素となる．それは出産や初潮や婚姻や死とかかわる．少年の場合，長老の監督下で不思議なことだらけの成人の世界へ導かれる．その際，どこかに閉じ込められたり，暗闇にとり残されたり，さまざまな恐怖を味わう経験が課せられる．入れ墨を彫ったり割礼を施したりと，何らかの痛みを伴う成人儀礼が滞在型の儀式として頻繁に行われただろう．踊りも大切になる．たとえばオーストラリア先住民や南ア

⬆ニアー洞窟の奥深く，13～15歳の子供の足跡が500個以上もあり，大人のものもある．何らかの儀式が催されていたのだ．

⬇ドルドーニュ地方には多くの岩陰（*abri*）がある．旧石器時代には，暴風雨から身を守る絶好の生活場所となった．

⇧同じくドルドーニュ地方のラスコー洞窟にある帯状壁画の一部をなすウシとウマの多色画.

フリカのブッシュマンなど,伝統的な生活を送る人々の間では,思春期の儀式が洞窟芸術にかかわっている.たいていの場合,そうした儀式のときに神話世界に関する秘儀が伝承される.伝統的な生活を送る人々のなかでも,ことにトーテミズムを信仰する社会では,動物が神話のなかで重要な位置をしめる.そして,性的あるいは豊饒のシンボルとしての役割を果たす.

考古学の遺物と同じように,さまざまな対象物を描いた洞窟芸術についても,決して詳細な意味は理解できないだろう.神話の記号は読書をするようにはいかない.それでも以前に比べると,旧石器時代の社会で果たした洞窟芸術の意味が解釈できるようになってきた.そこに描かれた画像は独特の文書であり,ある種の先史時代の事典のようなものだといえよう.激しく拡大し変動する社会でのコミュニケーションや帰属意識や団結の必要性を示すものであろう.いずれにせよ,その時代の人間社会には,儀式を目に見えるかたちに表現する必要があったのだろう.その最たるものが,ウクライナのキエフの南東にあるメジーリク遺跡の集会場であり,200頭ものマンモスの70tもの骨が立てかけられている.

人間が何かを表現するため方法としての芸術と儀礼は,煩わしく複雑な社会のなかで折り合いをつけながら人生を送るための手段だったろう.そうやって生まれた宗教観,儀式や儀礼は社会を統合し,防御し,価値観を維持するべき手段であった.結局のところ,生存していくための戦略となったわけだ.

第5章 芸術の誕生

⬅ラスコー洞窟には，アルタミラの洞窟と同様，これまでに発見されたうちでは最もすばらしい多色画がある．ヨーロッパ氷河時代の洞窟壁画は2万年前の頃に絶頂期に達し，1万2000年前の頃に衰退した．

コスカー洞窟：水没した古代の画廊
ジーン・クロッテス，ジーン・クータン

1991年の9月初旬，職業潜水夫のアンリ・コスカーはフランス文化省に，マルセイユ近郊のモルギュウ岬の先にある深海の洞窟で絵画と彫刻を発見したとの情報を伝えた．時を同じくして，おそらくはその発見のことを知ったのであろう3人のアマチュア潜水夫が，その陰鬱な洞窟内で道に迷い，酸素ボンベが切れたために溺死した．これらの出来事に文化省は迅速に対応した．その洞窟に名前を冠せられたアンリ・コスカーの協力のもと，9月16日から25日の間，一連の潜水作業が繰り返された．そのメンバーに選ばれたのは，フランス海軍の戦闘潜水夫とジーン・クータンであった．詳しく洞窟が調査され，たくさんの写真が撮られた．分析用の試料が集められた．壁画空間の予備調査がなされた．その後，入り口は岩塊と垣根で塞がれた．これは洞窟の内部を守るためであり，闖入者を防ぐためである．

⇧自らが発見した洞窟で，黒く描かれた大きなバイソンのそばにたたずむアンリー・コスカー．

⇨コスカー洞窟の入り口は断崖の下にあり，南フランスのマルセイユとカシスの間にあるモルギュウ岬のところ，海面下37mのところにある．

第 5 章　芸術の誕生

◁4頭の黒いウマの絵．もっと早い時代にさかのぼる多数の手形に重ね描きされている．野生ヤギの絵もあり，その角は正面から描かれ，身体は輪郭だけである．ウマの上には多くの線刻がなされている．

海面下にある隠された画廊

　洞窟の小さな入り口は断崖の下にあり，地中海の海水面から深さ37mのところにある．上方に向けて160mほど狭い通路を進むと，いくつかの大きな部屋がある．部屋の上側だけが海面より上にあり，ここで多数の壁画や彫刻が見つかった．

　たぶん今から1万500年前の頃に氷河期が終焉をむかえ，海水面が120mほど上昇したとき，洞窟の入り口が水没したのであろう．大きな部屋の下部も長い間，海面から出ていたはずだ．なぜなら多数の大きな石筍ができており，石筍は海水に浸かった状態ではできないからだ．海面下に沈んだ洞窟は珍しいわけではない．実際，長い間，そうした洞窟があることは知られていた．それらは旧石器時代，海岸近くに住む人々に避難場所を提供したことだろう．洞窟内の部屋に続く回廊には壁画の跡はない．海水によって壊されたからであろう．海水は石灰岩を激しく浸食するのだ．同じことは部屋の浸水部についてもいえる．

　洞窟内の海面より上にあるところに，幅が50m，奥行きが60mの大きさの部屋がある．そこの床面には石筍が発達し，巨大な落石が散乱する．あちこちに炭化物が散らばり，その多くは石灰華で覆われている．直径が約30cmの小さな炉跡が二つほどあり，洞窟内の明かりとりに使われたのであろう．骨類や火打ち石などの人工遺物は見つかっていない．ここに来た人々は長い間，滞在していたのではなかろう．

▷ここに写る大きな石筍は部屋の下側にあり，今や完全に水没している．石灰岩は海水下では沈着しないので，このことから，この部屋は何千年もの間，水没していなかったことがわかる．

洞窟の壁には多くの手形があった。そのいくつかには前腕も写っている。これらの手形は動物の絵や彫りものよりも数千年は古い。

類を見ない絵画廊

その洞窟はまだ十分に調べられた段階ではないから、これからも多くの絵が見つかることだろう。今のところ壁や天井で、少なくとも23頭分の動物の描画が見つかっている。そのうちの二つは何の動物かわからない（洞窟画では珍しいことではない）が、他は識別できる。10頭のウマ、5頭のバイソン、野生ヤギ、アカジカ、洞窟ライオンの頭などである。さらに絶滅したウミガラス（*Aka impennis*），捕獲されすぎたため19世紀になって絶滅した飛べない鳥を描いた絵が三つ見つかっている。旧石器時代の洞窟画で，これらの鳥を描いた絵は他には見あたらない。

動物の影像も多くあり、合計21頭分もある。4頭のウマ、2頭のバイソン、6頭の野生ヤギ、5頭のアルプスカモシカ、2頭のアザラシ、そして2頭の同定できない動物である。かかりのある槍状の長い線が、多くの動物の上に彫られている。それに加えて、壁に縦横に線が刻まれており、それらの多くは人間の指でなぞられ擦られている。

さらに壁や鍾乳石の襞の上に26個の手形の陰影がある。うち19個は黒色、7個は赤色である。これらは壁の上に手を置き、吹き筒で顔料をかけて、手の輪郭を描いたものである。ピレネー地方のガルガス洞窟と同様、ほとんどは指がそろっていない。手話でやるように指を折りまげた状態で描かれた可能性が高い。

予想にたがわず、壁画は非常に強く風化しており、片側が崩れ、長い間に鍾乳石がたまり一部が埋もれたものが少なくない。床面で採集した炭化物のサンプルについて放射性炭素年代を測定したところ、前16490±440年の古さを示した。したがって、コスカー洞窟のほうがラスコー洞窟より15世紀ばかり古いわけだ。採集された炭化物の多くは、その地域で最終氷河時代に優先したことが知られる二種のマツ（*Pinus silvestris* と *Pinus nigras*）と同定された。年代測定の確かさが傍証できる。

この雄ジカは非常に低い回廊の天井に描かれている。天井から床面までは40cmしかなく、背を下に寝そべった姿勢で描かれたのだろう。1頭の野生ヤギと2頭のウマも同じ天井に描かれている。白い縞模様の石灰岩が沈着し、いくつかの石筍ができて、動物の一部を覆っている。

第5章 芸術の誕生

▶大きな黒いウミガラス．後期旧石器時代の洞窟で知られる唯一のウミガラスの絵である．1万9000〜1万8000年前の年代が測定されている．アザラシ，魚類，クラゲかイカ，ウミガラスなどの海棲動物の絵は，コスカー洞窟でしか見られない．

　その洞窟で動物の絵を描いた技法も放射性炭素年代と矛盾しない．角と枝角を正面にして角張った形で身体の輪郭だけを描き，四肢を棒のように表現し，爪を省くなどの描画法である．かつてのプロバンス地方の絵描きたちは，北東に150km離れたエボウ洞窟で動物画を描いた人々と同じ表現技法を用いていたのだ．
　コスカー洞窟は，プロバンス地方で見つかった最初の壁画洞窟である．旧石器時代の芸術に関する新たなる知見を提供することで，非常に意義深い発見といえよう．ともかくモチーフが豊かで数も多く，アザラシやウミガラスが珍しい．ただただ残念なのは，何千年もの間，洞窟を守ってきた海が，それと同時に遺物を破壊したことだ．

107

用語解説

アシューレアン型石器
原人類と関係した前期旧石器時代の石器技法の一つ．最初期の頃は定型的に両面加工した剥片を用いて，石斧，剥片石器，石核石器を作っていた．北フランスのサン・アシュール遺跡の名前にちなむ．

アジリアン文化
南西フランスと北スペインで見つかる後期旧石器時代最終期の文化．紀元前9000～8000年の頃にあたる．扁平形をした銛，鹿角製の曲がった投槍器，赤い斑点を描いた小石などが特徴となる．この名前は，フランスのピレネー地方にあるル・マ・ダジルの巨大な洞窟遺跡に由来する．

アトラトル（投槍器）
新世界で用いられた投げ槍の装置．先端にあるホックが槍の根元にあるへこみに，ピッタリとはまるよう工夫されており，投擲アームが拡大される効果をもつ．

アブリ
南フランスの石灰岩地帯に散在する旧石器時代の岩陰遺跡を示す．フランス語で「避難場所」を意味する．

アローヨ（渓谷）
急峻な涸れ谷．パレオインディアンがマンモスやバイソンを捕殺するのに天然の罠として利用した地形．

石手斧
大きな刃をつけた重い切断石器のこと．木製の柄に直角に装着され，木材を成形したり，刳り抜きカヌーを作るのに使われた．

「イブ」仮説
すべての現生人類のルーツが20万年前の頃に南アフリカにいた1人の女性，つまり共通の母にたどれると考える仮説．「イブ」仮説は遺伝学的研究に基づいているが，「ノアの箱舟」モデルに似ており，現在，地球上に存在する人間の祖先は現生人類の段階に達したのちに各地に拡散し，それまでいたネアンデルタール人などの古風な人類と混血することなく置き換わったのだと主張する．「イブ」仮説は，けっして創造説ではないが，ミトコンドリアDNAの一つの系譜だけが偶然に生きのびてきたと考える点で似ていないこともない．

ウォーレシア
およそ7000万年このかたオーストラリアと東南アジアとを分け隔ててきた多島海の地域．二つの大きな哺乳類相である東亜動物区（ゾウやトラやサル類など）とオーストラリア動物区（カンガルーやウォンバットや単孔類など）との境界をなす．この地域の動物学的重要性を最初に指摘した高名なイギリスの自然科学者であるA.R.ウォーレスにちなんで名づけられた．

ウミヤック
極北地方の人々が用いた大型の外海用ボート．木の枠組みに獣皮を張って作られていた．

永久凍土線
いつも地中が凍っている地域を画する線．森林限界線に呼応する．凍土は樹木が根を深く張り，融水の流れを妨げる．

エレクトス原人
ホモ属に分類される今はなき人類．ホモ・エレクトスもその一員であり，かつて更新世の前期と中期の頃，アフリカ，アジア，ヨーロッパに分布していた．直立二足歩行に長け，おそらくは火を活用し，石斧などを伴うアシューレアン石器文化と関係が深かった．

エンドスクレイパー
石刃の先端に鋭角的な作用縁をもつ石刃石器．固い物の加工や皮革の縫製に使われた．ヨーロッパでは後期旧石器時代に作られた．

押圧剥離技法
石核から剥片を剥ぎ取る技法のこと．石や骨でできた先の尖った道具を用いて，石核の特異点を押圧することによって，つぎつぎと剥片をはがしていく．

大型哺乳類相（megafauna）
すでに絶滅した後期更新世の大型の哺乳類．マンモス，マストドン，巨大バイソン，古ナマケモノ，古ラクダ，草食有袋類の仲間などが含まれる．この用語には，小型動物の絶滅大型種も含まれる．

オーストラロピテクス猿人
オーストラロピテクス属を含む絶滅したヒト科人類．直立姿勢だが，脳は小さく，大きな顎が突き出ていた．およそ400万～100万年前にかけて，アフリカで生息していた．オーストラロピテクスという名前は，ラテン語で「南のヒトニザル」を意味するのだが，南アフリカで最初に化石が見つかったので，そう名づけられた．

オーリナシアン文化期
西ヨーロッパにおける後期旧石器時代の最初期の段階．今から3万8000～2万2000年前の時代にあたり，骨器と石刃技法，さらにはスクレイパーや彫刻器により特徴づけられる．この時代の人々は最古の芸術を育んだ．オーリナシアン遺物は広くヨーロッパ，さらには西アジアに分布し，奥まったところにある深い渓谷に遺跡が残されている．南フランスのオーリニャク遺跡にちなんで命名された．

オルドワン文化
東アフリカや南アフリカで見つかる最古の旧石器を指す用語．ほんの雑に打ち欠いただけの小石状の石器などが含まれる．この名前は，タンザニアにある有名な旧石器遺跡であるオルドワイ渓谷に由来する．そこでは，これら石器とともに，初期人類の骨格化石が見つかっている．

片側削器（sidescraper）
片側を急角度に二次加工し刃部をつけた剥片石器．硬い物を加工したり，皮革を整えたりするのに用いられた．

片側刃器（sideblade）
片側に鋭い縁をもつ細い剥片．狩猟動物の出血を促し速やかに倒すために，骨製の矢じりや槍先に装填されたりした．

花粉分析
昔の花粉や胞子類を分析すること．古環境を調べるためである．

完新世
現在に至る地質年代．およそ1万年前に始まった．第四紀に区分され，更新世に続いた．完新世になると，世界じゅうで気温が上昇し，氷床が後退した．農業が広い地域で人間の生業活動となった．

間氷期
氷河期と氷河期の間に訪れる温暖で氷床が後退する時期．最近の1万年は，平均気温と植生について先の間氷期と似ていることから，おそらく間氷期なのであろう．

旧石器時代
文字通り「古い石器の時代」．およそ200万年前ないし300万年前に最初のヒト属や最古の石器が出現したときに始まり，約1万2000年前に氷河が後退するまで，更新世を通して続いた．サハラ砂漠の南では，「石器時代」と同義である．

暁新世
今から6500万～5500万年前の間に相当する地質年代．第三紀に区分され，始新世が続く．この年代の頃，原始的な哺乳類がおおいに栄え，最初の霊長類が出現した．

極北小型石器群
極北圏のデンビー文化を特徴づける石器類のこと．アラスカの沿岸部や東はグリーンランドに散らばる遺跡で見つかる．手斧以外，すべての石器が小型であることから，この名前がつけられた．

くちびる飾り
くちびるに穴を開けてはめ込む貝殻，象牙，金属片，土器片などの装飾物．

グラヴェチアン文化
今から2万9000～2万2000年前の頃に出現した後期旧石器時代の石器文化．オーリナシアン文化に続き，ビーナス小像，小型の尖頭石刃，彫刻器，骨製の槍先などが指標となる．この文化の遺物は，フランスとスペイン，さらに中央ヨーロッパや南ロシアで見つかる．南フランスのラ・グラベット遺跡にちなんで名づけられた．

グレーバー
石や骨や木材を彫るのに使われた石器．彫刻器（burins）とも呼ばれる．

クロマニヨン人
ヨーロッパに出現した最古の現生人類．長頭で長身などの身体特徴を有し，石刃石器や骨角器を使っていた．彼らはオーリナシアン文化と関係し，ヨーロッパで最古の芸術を生み出した．名前の由来は南西フランスにある岩陰遺跡であり，そこでは1868年に，後期旧石器時代の石器類とともに，はじめてホモ・サピエンスの化石が見つかった．

ゲノム
遺伝的物質，つまり染色体と遺伝子のひと揃いのセット．どの細胞にもあり，これにより遺伝形質が決まる．

原世界語
アフリカで現生人類が出現したときに話されていたと，メリット・ルーレンらが仮想する言語．現代語のすべては，これから派生したと考える．この言語の痕跡は今なお現存するとも考える．

研磨石（grinding stone）
穀物などの食物，医薬物，岩や身体に彩色するための色素などを挽くのに使われた石器．

後期旧石器時代
旧石器時代の最終部分．約4万年前に始まった．この時代に現生人類がネアンデルタール人に主役の座をとって代わった．石刃技法，死者の埋葬，芸術作品などが特徴．

更新世
地質学で第四紀と呼ばれる時代の最初の区分．完新世の前にあたり，およそ200万年前に始まった．北部ヨーロッパから北アメリカにかけて氷床が発達した．この時代は巨大哺乳類が栄え，その後期となると，現生人類が姿を現した．

古気候学
過去の気候変動を研究する学問．植生，堆積物，地形，動物の分布などが資料となる．

黒曜石
黒色をしたガラス性の火山岩．鋭い縁をもつ石器を作るのに使われてきた．

古植物学
古代の植物について，その化石，あるいは炭化，乾燥，水没した遺存体などを研究する学問．古代の気候や環境について，あるいは食物や燃料や道具や住居に用いた資材について，多くの情報を提供する．

古人類学
人類の化石を研究する学問のこと．

古生物学
植物や動物の化石について，地質年代をさかのぼりつつ生物を研究する学問のこと．

小槍型尖頭器（lancehead）
石や骨や象牙でできた大型で扁平な飛び道具の先．長い柄に装着されると，軽量の槍か投げ槍に似た武器となる．戦や狩猟に使われた．矢じりよりは大きく，槍先よりは小さい．

コルディエラ氷床
北アメリカの太平洋沿岸に連なる山々を覆っていた氷塊．ワシントン州の北部からアラスカの南部まで続いていた．今から2万年前の氷河期の絶頂時には，東のローレンタイド氷床と西の太平洋をつなぎ，氷床の厚さは3km近くにも及んだ．

細石刃
幅が10mm以下しかない非常に細い石刃片．調整石核から押圧剥離する技法で作られた．これらをさらに成形することにより，各種の細石器が製造された．

細石器
非常に小型の矢じり，かえし，多様な石器類のこと．たいていはフリント製で，細石刃から三角形や台形や平行四辺形のかたちに剥がすことで作られた．細石器は木や骨の柄に埋め込まれて，弓矢，柄の左右に埋められ槍や銛，一列に並べられ鎌などとして使われた．細石器は旧世界の中石器時代の特徴である．

最大氷河期
氷河時代の絶頂期のこと．氷床が最大となり，気温は最も低くなった．最後の最大氷河期は，今から2万2000～1万8000年前の間に訪れた．

漸新世
約3800万～2800万年前の地質年代．第三紀のなかに区分され，始新世に次ぎ，中新世に続く．この年代の頃，多くの古いタイプの哺乳類が絶滅し，最初の類人猿が現れた．

始新世
約5500万～3800万年前の期間にあたる地質年代区分．第三紀に含まれ，暁新世の後で漸新世の前の時代．この頃，哺乳類が陸上脊椎動物のなかで優占することとなった．

シャテルペロニアン文化
今から3万6000～3万2000年前の頃にあたる後期旧石器時代の文化段階．骨角製の道具や火打ち石のナイフなどを標識とする．この名前は，フランスのシャテルペロン遺跡にちなむ．

シャーマン
超自然的な力をもつと周囲から信じられている人物．病気のとき，獲物の少ないとき，あるいは共同体が存亡の脅威にさらされたときなどの場合，共同体に代わって精神世界と交感する．儀礼をとりしきる他，法律の遵守，慣習の継続にも責任をもつことがある．シャーマニズムは極北圏や亜極北地方の狩猟採集民の宗教では，もっとも普遍性をもつ要素である．たいていのシャーマンは男性である．

樹木年代学
樹木の年輪の推移で年代を測定する方法．ある遺跡で見つかった木材の年輪を，すでに確定された年輪パターンの変遷と照合していく．約9000年前までさかのぼることができる．

「燭台」モデル
人間の進化に関する仮説の一つ．地域連続説とも呼ばれる．アフリカ，ヨーロッパ，アジアの地方でそれぞれ，ホモ・エレクトスの仲間から現生人類が進化してきたと考える．これに対立するのは，アフリカだけで現生人類が進化したと考える「ノアの箱舟」モデルである．

森林限界線
北極圏において，永久凍土であるがゆえに樹木が生えない場所を画する線．（永久凍土線の項を参照のこと）

スクレイパー
石核，剥片，石刃の一部を急角度に二次加工し刃部をつけた石器．刃部が側縁につけられたものを削器（横型削器），端部につけられたものを掻器（縦型削器）という．皮革を加工したり，木器や骨角器などを製作したりするのに用いられた．

性的二型
雌雄の間の体形，体格，体色などの違いのこと．どんな動物集団でも普通に認められる．雄のほうが雌よりも大きいことが多いが，もちろんのこと，時に逆の場合もある．

石刃
石核を打撃して作った長くて細い剥片．道具として使われたが，石器を製作されたときの石屑であることもあった．ヨーロッパでは後期旧石器時代の幕開けを画するのがオーリナシアン文化であり，現生人類の出現と軌を一にしており，石刃や各種の石刃石器が現れることとなった．

石刃末端
微小な石刃石器．両端を尖らせたものは，骨角製の矢じりの先端部に使われた．三角形をしたものは銛先に装着された．

石斧
アシューレアン文化を特徴づける石器のタイプ．アフリカ，ヨーロッパ，インド，南西アジアなどで見つかっており，たいていはエレクトス原人類に伴うものだ，と考えられている．石塊の両面を加工して作られたが，大きさや形はさまざまで，片方の端が尖っていることが多い．おそらく，切断，穴掘り，動物の解体など，広い用途に使われたのであろう．

石核
石器を作るのに使われた石塊のこと．石刃石器や剥片石器は，石核を小石や骨で的確に打撃することにより，打ちかかれて作られていた．石核そのものが調整されたのち，チョッパーや皮はぎ器に細工されることもあった．

石器時代
人類の技術を画する最古の段階．生活道具や狩猟具は，石，骨角，木材で作られた．旧石器時代，中石器時代，新石器時代に分けることができ，これらは文字通り，古い石器の時代，中間の石器の時代，新しい石器の時代を意味する．サハラ砂漠より南のアフリカでは，石器時代とは旧石器時代と同義である．

絶対年代測定
暦年代で示しうる年代測定のこと．一定の割合で壊変する物理化学的物質により測定する．あるいは貨幣や文書記録と照合することで年代を測る．相対年代測定と対になる用語．

前期旧石器時代
旧石器時代を区分するときの最初のカテゴリー．約200万年前に始まる．それはヒト属の最初のグループが生きていた時代であり，石器製作が開始された時代である．

鮮新世
地質学で第三紀と呼ばれる時代の最後の区分．だいたいのところ700（500?）万年前に始まり，200万年前まで続いた．中新世と更新世の間にあたる．この時代，現代型の哺乳類が優勢となり，アフリカで猿人類が現れた．

層位（層序）
地質学から借用した用語で，考古学的に発掘する際，垂直な断面に並ぶ生活層に連続して見られる人工遺物や各種遺存体の層のこと．上にある層位ほど新しいはずであるとの原理に従って，これら層位は時系列に沿って並べることができる．もちろん，のちの時代に攪乱されなかったとの前提に立っての話だが．

相対年代測定
発掘時の層序に基づき，あるいはすでに年代が分かっている資料と比定することによって，ある資料が古いか新しいかを決める方法．この方法では精度の高い暦年で新旧を求めることはできない．

ソリュウトレアン文化
後期旧石器時代の文化の一つであり，西ヨーロッパではマグダレニアン文化に先だつ．およそ2万2000～1万8000年前の頃に盛んであった．大型で薄い葉形をした両面ポイント，ことに槍先として使われた月桂樹の葉の形をしたポイントが特徴となる．あるポイントは見事なまでに細く，優美な形をしている．狩猟や争いごとのために使われたのではなく，むしろ装飾用であった可能性が高いようだ．初めて穴を開けた骨針が登場した．この文化の名前は，南東フランスにあるソリュウトレ遺跡にちなむ．

大後頭孔
頭蓋骨の底部にある脊髄が通る穴．この穴の位置は常態姿勢により異なる．もし大後頭孔が前のほうにあれば，人間でみられるように，直立姿勢をしていたことを意味する．脊柱

の上に頭をバランスよく保つよう，そうなっているのである．

第三紀
第四紀に先だつ地質学的時代．暁新世，始新世，漸新世，中新世，鮮新世からなる．およそ6500万年前に始まり，約200万年前まで続いた．

第四紀
現在に至る地質時代．更新世と完新世に区分されており，約200万年前に始まった．

打撃剥離法
石や骨のハンマーを使って石核を叩き割り加工する技法のこと．

竪穴住居
風雨に耐えうるよう床面を掘り下げた住居．考古学の遺跡では，大きな浅い杭の穴だけが残ることが多い．

タフォノミー
植物や動物や人間の遺体が死してのち，考古学的，あるいは古生物学的堆積物に組み込まれる過程を調べる研究．

タング（tang）
細長い先のとがった飛び道具．あるいはフォーク状の道具．柄につけて使われる．

タンパク質配列分析
あるタンパク質を構成するアミノ酸の配列を決める分析．異種間で配列を比較することにより，それらの種の間で近遠関係を推定できる．

地上施設埋葬
地上に埋葬施設を作り，そこに死者を収納する埋葬法．時に遺骨は後に改葬された．

中期旧石器時代
旧石器時代のなかばにあたる時代のこと．およそ15万年前の頃に始まり，約3万3000年前，ネアンデルタール人が姿を消す頃まで続いた．ネアンデルタールの時代，あるいは剥片石器の時代と呼べよう．サハラ砂漠以南のアフリカにおける中石器時代に相当する．

中新世
約2500万～550万年前にあたる地質年代区分．第三紀の一部であり，漸新世の後で鮮新世の前の年代．この時代に，イヌ，ウマ，ヒトニザルなど，現代の種と同じ姿をした哺乳動物が進化してきた．

中性子活性化分析
フリント製石器の産地を同定する方法．各地から集めたフリントに含まれる微量元素と，問題となるフリント石器のそれとを照合することによって，その産地を推測する．

中石器時代
文字通り「中期石器時代」のこと．旧石器時代と新石器時代の移行期にあたり，氷河が後退することと，現生の動植物が出現することで画される．この時代の人々は各種の細石器を工夫し，狩猟採集民であった．この用語はヨーロッパにのみ限定して用いられる．

彫刻器（のみ）
先端が鑿の形をした短い石刃石器．木材や骨角を削り穴を開けるのに使われた．その多くは先が鋭く，二つの剥片が剥がされるときのつなぎ部分で作られた．後期旧石器文化，ことにマグダレニアン文化で多用された．

DNA
染色体の素材であり遺伝子を構成する．現生霊長類の間でDNAを比較分析することにより，人類と類人猿の分岐年代を推定したり，あるいはDNA解析により各地域の人間集団の近遠関係を推測したりする研究が行われてきた．ちかい将来，先史時代の石器類に付着した人間や動物の血痕をDNA分析することにより，近縁動物種の間の系統関係とか，先史人類と現生人類との関係を論じることができるようになるかもしれない．

ディプロトドン
すでに絶滅したオーストラリアの大型草食有袋類．カンガルー，コアラ，ウォンバットの仲間である．2本の突出した下顎切歯が特徴である．

手形の印影
岩の表面に描かれた手の印影．岩に手を置き，吹き筒を用いて，白い粘土や赤や黄色のオーカーを手の周りに吹きかけて描いた．

手形の印影

等温線
あるとき，ある時期について，平均気温が同じである場所を結んで地図に描いた線．

投槍器
投げ槍の太いほうの端がはまるように片方の先に刻みをつけた棒．てこの原理を利用して，動物を遠くからしとめる道具．ヨーロッパのマグダレニアン文化期のものはトナカイの角で作られていた．同じ原理の狩猟具はアメリカ大陸でも知られており，アトラトルと呼ばれる．さらにオーストラリアでは，ウーメラと呼ばれたりする．

トーテム
ある氏族や部族によって，自分たちと特別な関係（ときに血のつながり）があると考えられている自然界の対象物．動物であることが多い．

飛び道具用尖頭器
フリント，鹿角，骨などで作られた飛び道具の先端部分．

内面鋳型
内側の鋳型．たとえば人間の頭蓋骨の内側の鋳型．

にぎり（haft）
石斧やナイフ型石器や石手斧などの道具の取っ手部分のこと．

二足歩行
二足で立ち上がる直立歩行．初期人類は両手が自由に使えることで恩恵をこうむった．

ネアンデルタール人
更新世後期のある時代に存在していた人類のグループ．約10万年前に出現し，後期旧石器時代に入る3万3000年前の頃に姿を消した．ヨーロッパの無氷地域に広く，東はウズベキスタンあたりまで分布していた．よく発達した眼窩上隆起をもち，前頭部は低いものの，脳の大きさは現生人類と同じほどだった．剥片石器を多く作り，スクレイパーや尖頭器などとして使っていた．ヨーロッパではムステリアン文化と関係が深かった．この名前はドイツのデュッセルドルフ近郊のネアンデル渓谷に由来するが，そこでこの仲間に属する人骨化石が1856年に最初に発見された．

「ノアの箱舟」モデル
現生人類の起源に関する仮説の一つ．この仮説によると，現生人類はアフリカの一つの地域に起源し，世界じゅうに広がり，各地にいた古いタイプの人類に置き換わったことになる．だから，交代説とも呼ばれる．いわゆる「イブ」仮説，つまり現代人のすべてが共通の母に由来するという仮説と，ほぼ同義である．これと対立する仮説は，「燭台」モデルと呼ばれることが多い．

廃物堆積層（俗称：貝塚，midden）
昔の生活廃棄物堆積層．貝殻，骨屑，灰，廃棄道具類などの遺物が混じる．長い間に堆積したわけであり，かつて人間が生活していたことを示す目印となる．

剥片石器
大きめな石（石核）から打ち割られた薄い鋭利な剥片で作られた石器類のこと．

発情期
哺乳類の雌でみられる生殖周期のこと．性交渉の可否を伝えるため，生殖器などでみられる一連の生理的変化が顕著である．

パナラミティー様式
円形や三叉形（おそらくカンガルーやエミュの足跡）を岩盤に描いた線刻画．オーストラリアの多くの地域で見つかっており，たいていは更新世にさかのぼる．

ハビリス猿人類
ホモ・ハビリスなど初期のホモ属を構成する人類グループ．その化石は，アフリカで240万～150万年ほど前の地層で見つかっている．このグループは簡単な石器を製作していた．ホモ・エレクトスやエレクトス原人類の祖先となったらしい．

パレオインディアン
アメリカ大陸で最古の人々として知られる大型獣狩猟者たち．今から1万2000～8000年前の頃にいた．絶滅哺乳類と関係した狩猟グループのすべてを指す研究者もいる．その場合は，今から6500年前に絶滅したバイソンを狩猟していた人々も，この名前で呼ばれることになる．

パレオ・エスキモー
鯨猟を始める前のエスキモー．鯨猟をする人々はネオ・エスキモーと呼ばれる．

樋状加工（フルート）
尖頭石器に加工された溝のこと．基部から縦目に剥片をはがして着けられた．

ビーナス小像
裸の女性を象った小さな彫刻像．大きな腹部，大きく膨らんだ乳房と尻，はっきりと性器が強調されたものが多い．約2万9000年前の頃のグラヴェチアン文化期のものが多く，角，骨，木材，粘土など種々の材料で作られている．西は大西洋，東はロシアというように，よく似た小像が2000km以上も離れた場所で広く見つかっている．

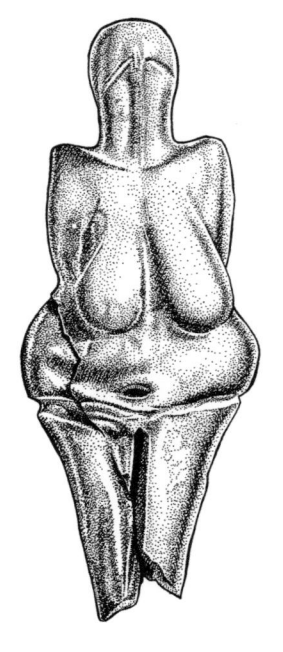

ビーナス小像

BP
「今から何年前」（Before Present）を意味する略語．放射性炭素年代測定法では「1950年より何年前」という意味で用いられる．1950年に，その方法が発明されたからだ．

フリント打砕石器製作技法
石核から剥片などを打ち割り，石核や剥片を石器として調整する技法のこと．よく使われた石材はフリント（チャートとも呼ばれる）や硬質な石であり，どちらも石灰岩地帯で石塊として集められた．これらの石材を用いて，天然の割れ目を利用するのではなく，貝がら状に壊していく．黒曜石，玄武岩，結晶岩などからも石器が作られた．この技法は，初めの頃は石と石を打撃する単純なものだったが，後になると，シカの角や木の用具で直接に，あるいは間接的に打ち割るものに変わっていった．

文化層位
一定期間にわたり継続して使われた先史時代の居住地や人間活動に関連した場所に付随する遺物の堆積．いくつかが層状をなし，古いものから順に連続しているのが普通である．

文化複合
限られた範囲の地域で共通して見つかる人工遺物や形象物の集合．ある特定の民族グループなどが何世代にもわたり使っていた物質文化であると考えられる．

分子時計
現生する生物のタンパク構造やDNAの塩基配列について，長い時間をかけて生じてきた変化を調べることによって，進化系統関係を復元しようとする研究法．二つの種のタンパク質の違いを定量することによって，その両種が，どれくらい前に共通の祖先をもっていたかを推定しようとするのが，その原理である．

ペトログリフ
岩盤を彫り，つき壊し，線刻するなどして描いた絵や図象のこと．

ベリンジア
極東アジアとアラスカを結ぶ大陸棚の地域．今から1万8000年前の頃，氷河期が頂点に達したときには陸地となり，植物が生い茂る大平原であった．

ホミニド
次の項目であるホミノイドの一つのグループ．絶滅種を含む広く人類の仲間のこと．さらに最近の分類では大型類人猿も含む．

マグダレニアン文化の投槍器

ホミノイド
人類と類人猿，それらの絶滅種を包括する霊長類のなかの分類群．

ポリジニー
単雄複雌タイプの交配システム．

マグダレニアン文化期
ヨーロッパにおける後期旧石器時代最後の文化的時代区分．最終氷河期の寒冷気候に適応し，シカの狩猟が盛んであった．かえしのついた銛先とか，狩猟動物を素朴に描いて装飾したトナカイ骨や鹿角製の湾曲した投槍器などが，人工遺物のなかで目だつ．洞窟芸術が絶頂に達した時期でもある．およそ1万8000〜1万2000年前の頃のことであり，その名前は南西フランスのラ・マドレーヌ岩陰遺跡に由来する．

マクロポード
オーストラリアの草食有袋類．跳躍するのに適応した短い前肢と長い後肢をもち，長い筋肉質の尾をもつ．カンガルーやワラビーや木登りカンガルーなど．

マストドン
さまざまなゾウの仲間の絶滅種についての総称．マムティーデ科の絶滅種であるアメリカ・マストドン（*Mammut americanum*）は歯牙の歯冠が低いことから若芽を主食していたとされる．それに対して，エレファンティーデ科の多毛マンモス（*Mammuthus primigenius*）は，歯冠が高いことから草食性であったと考えられている．

民族誌学
人間の社会や文化の構造と変化を分析するために，人工遺物などの物質文化に関係する基礎資料を収集し研究する分野．

ムステリアン文化
中期旧石器時代の文化様式の一つ．ヨーロッパでは最後の間氷期の頃から3万3000年前の頃まで続いた．フリント製のスクレイパーや尖頭器が指標となり，ネアンデルタール人と関係づけられる．この時代，人々は洞窟の開口部や岩陰で暮らした．南西フランスにあるル・ムスティエ岩陰遺跡の名前にちなむ．

銛先
後ろ向きに尖ったかえしがついた槍に似た弾道狩猟具．すぐに外れるように柄が着けられ，綱で結ばれた．アザラシなど海の哺乳類を狩るのに使われ，獲物の体内に射込まれると，銛先は柄から外れ，かえしにより抜けない仕組みになっている．綱は獲物を回収するのに使われた．ことにマグダレニアン文化では多く出現し，一つか二つのかえしがついた鹿角製や骨製のものが多く見つかっている．

矢状隆起
頭蓋の頂点を前後に伸びる隆起のこと．この部分まで咀嚼筋が発達していたことを示す．たとえば雄のゴリラやオランウータン，そして猿人グループのパラントロプス属など，非常に大きな下顎をもつ動物でのみ認められる．

山ヤギ
大きな反り返った角をもつ野生のヤギ．ヨーロッパ，中央アジア，西アジアの山間部に広範に分布する．後期旧石器時代の壁画のモチーフに多く現れる．

有樋状剥片石器
長い薄手の石刃で，片面の中心線にそった一部を打撃法や押圧法で剥ぎ取り，溝状に凹ませた有樋尖頭器のこと．

有樋尖頭器
北アメリカのクローヴィスおよびフォルサム文化複合に伴う尖頭石器のこと．石器の基部から先端に向け，打撃法か押圧法で樋状加工が施されている．樋状加工された鋭い縁は基部の近くで滑らかに磨かれている．尖頭器を柄に装着したときに縛った綱が切れないようにする工夫である．

両面加工石器
両面を加工された石器を表すのに使われる用語．この手の石器は前期旧石器時代の石斧を典型とする．

ルヴァロア式剥片技法
実際に剥片をうち欠く前に頭のなかで一定のかたちの剥片を思い描きながら石核を次々に打ち割っていく技法．最後に石核は捨てられた．この技法で作られたルヴァロワジアン石器は片面だけ調整され片面は平板である．ヨーロッパを中心に中期旧石器時代に普及した石器製作技法．

ローレンタイド氷床
カナダの大部分，さらにアメリカ合衆国の五大湖周辺と北部ニューイングランド地方を覆っていた氷床．それが絶頂に達したのは，今から2万年前のことだが，西のコルディエラ氷床と連続していた．

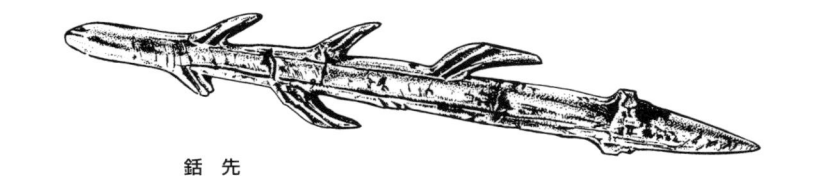

銛先

執筆者略歷

Björn E. Berglund
Björn E. Berglund has been Professor of Quaternary Geology at Lund University, Sweden, since 1971. His main research area is Late Pleistocene and Holocene paleoecology, particularly the impact of humans on the environment. He has been a member of the Swedish Academy of Sciences since 1989. From 1976 to 1987 he led a UNESCO geological correlation project on past environmental changes, and from 1982 to 1990 he led a Swedish project on long-term changes in the human landscape. His books include *Handbook of Holocene Paleoecology and Paleohydrology* and *The Cultural Landscape during 6000 Years in Southern Sweden*.

Svante Björck
Svante Björck is Associate Professor of Quaternary Geology at Lund University, Sweden, working mainly in the area of environmental and sea level changes during the Late Cenozoic. As Visiting Scientist at the University of Minnesota, he worked on the deglaciation, paleoclimate, and revegetation of the midwest of North America from 13,000 to 8,000 years ago, and most recently has conducted paleoclimatic research in the polar regions.

Göran Burenhult
Göran Burenhult has been Associate Professor of Archaeology at the University of Stockholm, Sweden, since 1981 and is acknowledged internationally as a leading expert on prehistoric rock art and megalithic traditions. Between 1976 and 1981 he was director of the Swedish archaeological excavations at Carrowmore, County Sligo, Ireland, excavating one of the earliest known megalithic cemeteries, and he has undertaken field work on prehistoric rock art throughout the world, including the rock painting areas of the central Sahara Desert. Most recently he has conducted ethnoarchaeological expeditions to the islands of Sulawesi and Sumba, in Indonesia, to the Trobriand Islands of Papua New Guinea, and to the island of Malekula, in Vanuatu, to study megalithic traditions, social organization, and primitive exchange. He is the author of numerous scholarly and popular books on archaeology and ethnoarchaeology, and has contributed to journals, magazines, and encyclopedic works. Between 1987 and 1991 he produced a series of international television programs about aspects of archaeology.

Jean Clottes
Jean Clottes is Conservateur Général du Patrimoine at the French Ministry of Culture and Chairman of the International Committee for Rock Art. For 21 years he was Director of Prehistoric Antiquities for the Midi-Pyrénées region, and he has excavated several Upper Paleolithic caves in France. He currently chairs the Société Préhistorique Ariège-Pyrénées and the Association pour le Rayonnement de l'Art Pariétal Européen.

Richard Cosgrove
Richard Cosgrove is a research archaeologist and Lecturer in the Department of Archaeology at La Trobe University, Melbourne. His main area of interest is Pleistocene human settlement and subsistence behavior in southern Tasmania. He has worked in this field for more than ten years, six of them as a research and consultant archaeologist for the Tasmanian Department of Parks, Wildlife and Heritage. He was involved in the surveying and excavation of Late Pleistocene sites in the Franklin, Maxwell, and Gordon river systems, now within a World Heritage Area.

Jean Courtin
Jean Courtin is Directeur de Recherches at the Centre National de la Recherche Scientifique, France. For a number of years he was Director of the Département des Recherches Archéologiques Sous-Marines and Director of Prehistoric Antiquities for the Provence region. His scientific work is mostly concerned with the Neolithic period. He was the first archaeologist to enter Cosquer Cave.

Iain Davidson
Iain Davidson is Associate Professor in the Department of Archaeology and Paleoanthropology at the University of New England, Armidale, Australia. He is currently working in the area of language origins, with William Noble, and on the archaeology of northwest Queensland. He has undertaken research in Australia into the colonization of the arid zone, and into trade, rock paintings, and engravings. He has also worked on the fauna and economy of Upper Paleolithic sites in Spain.

Irenäus Eibl-Eibesfeldt
Irenäus Eibl-Eibesfeldt is Professor of Zoology at the University of Munich; Director of the Research Institute for Human Ethology at the Max Planck Society, Andechs, Germany; and President of the International Society for Human Ethology. He has undertaken field studies in many remote parts of the world, including the Upper Orinoco, in South America; Namibia and Botswana, in Africa; and Papua New Guinea, Bali, and the Trobriand Islands. He is the author of 15 books, including *Ethology, the Biology of Behavior* and *Human Ethology*, and of more than 450 articles.

Timothy Flannery
Timothy Flannery is Head of Mammals at the Australian Museum, Sydney, Australia. His research interests include fossil and modern mammals of Australia and the Pacific.

Roland Fletcher
Roland Fletcher is Senior Lecturer in the School of Archaeology, Classics and Ancient History at the University of Sydney, Australia. His major fields of interest are a worldwide comparative study of the way humans use space, and the logic of archaeological theory. His theoretical concerns are with the development of long-term, large-scale models of human behavior.

George C. Frison
George C. Frison is Professor of Anthropology at the University of Wyoming, USA. His main area of interest is the study of the North American Paleoindians, and in particular animal procurement strategies on the High Plains, where he has applied his specialist knowledge of wild and domesticated animals to better interpret ancient hunting societies. He has published seven books and numerous journal articles, and is a past president of the Society for American Archaeology.

Ian C. Glover
Ian C. Glover is Senior Lecturer in the Department of Prehistoric Archaeology at the Institute of Archaeology, University College London, UK. He has located and excavated archaeological sites in Timor and Sulawesi, in Indonesia, and his field work has also taken him to western Thailand, where he surveyed and excavated prehistoric, protohistoric, and historic sites.

Christopher Gosden
Christopher Gosden is Lecturer in the Department of Archaeology at La Trobe University, Melbourne, Australia. He is currently researching the prehistory of Papua New Guinea and has undertaken field work on Pleistocene and Holocene sites there.

Donald K. Grayson
Donald K. Grayson is Professor of Anthropology at the University of Washington, USA. His research has focused on the history of mammals in North America, on the analysis of vertebrate faunal remains from archaeological sites, and on the history of archaeology. His most recent work was on the Middle and Upper Paleolithic faunal assemblages from archaeological sites in southwestern France. He is the author of *The Establishment of Human Antiquity* and *Quantitative Zooarchaeology*.

Colin Groves
Colin Groves is Reader in Biological Anthropology in the Department of Archaeology and Anthropology at the Australian National University, Canberra, Australia. His research interests are human evolution, primatology, mammalian evolution and taxonomy, and animal domestication. He has conducted field work connected with wildlife conservation on primates and other mammals in Kenya, Tanzania, Rwanda, Indonesia, and India, and has also worked as a consultant on wildlife conservation in the Middle East. He is the author of four books, including *A Theory of Human and Primate Evolution*.

Michelle Lampl
Michelle Lampl is a physician and physical anthropologist in the Department of Anthropology at the University of Pennsylvania, USA. She is interested in both living humans and our extinct ancestors. Her primary concerns are the biological basis of human behavior, in particular how humans develop into adults, and the reconstruction of extinct patterns of human behavior.

Walter Leutenegger
Walter Leutenegger is Professor of Anthropology at the University of Wisconsin-Madison, USA. His main areas of interest are primate evolutionary biology and biological anthropology.

Ronnie Liljegren
Ronnie Liljegren is Head of the Laboratory of Faunal History at Lund University, Sweden, and since 1986 has led the Swedish Late Quaternary vertebrate faunal history project. Before that he spent ten years studying the paleoecological effects of water level changes in the Baltic Sea.

Tom Loy
Tom Loy is Research Fellow in the Department of Prehistory, Australian National University, Canberra, Australia. His main area of interest is the analysis of organic residues on prehistoric tools, using microscopy, protein biochemistry, and DNA analysis. He has developed methods to screen for blood residues and to identify the species of their origin.

Moreau Maxwell
Moreau Maxwell is Emeritus Professor of Anthropology at Michigan State University, USA. His area of specialization is Arctic archaeology. He has undertaken field work on several prehistoric and historic sites in the midwest of North America, and for more than 30 years has conducted Arctic archaeological research on Ellesmere and Baffin islands. His books include *Eastern Arctic Prehistory*.

William Noble
William Noble is Associate Professor of Psychology at the University of New England, Armidale, Australia. He is currently engaged, with Iain Davidson, in a project investigating hominid and human behavioral evolution, especially language. He has published numerous articles, and is the author of a book on hearing impairment.

Richard G. Roberts
Richard G. Roberts is Postdoctoral Fellow in the Department of Prehistory, Research School of Pacific Studies, at the Australian National University, Canberra, Australia. He is a specialist in thermoluminescence dating and is applying this technique to the

dating of early human colonization sites in Australia, most recently to sites on the Nullarbor Plain, in southern Australia. During excavations in Kakadu National Park, in northern Australia, he established the oldest secure dates for human occupation in Australia—50,000 to 60,000 years ago.

Peter Rowley-Conwy

Peter Rowley-Conwy is Lecturer in the Department of Archaeology at the University of Durham, UK. He obtained his PhD with research on the Late Mesolithic and Early Neolithic history of Denmark, and has subsequently researched the European Paleolithic, Mesolithic, and Neolithic periods and the origins of agriculture in Southwest Asia. He has also worked on the economic archaeology of the Nile Valley in the Late and post-Pharaonic periods.

Wulf Schiefenhövel

Wulf Schiefenhövel is Research Associate in the Research Institute for Human Ethology at the Max Planck Society, Andechs, Germany, and Professor of Medical Psychology and Ethnomedicine at the University of Munich. He has conducted field work in Papua New Guinea, Irian Jaya, Bali, East Java, and the Trobriand Islands. His main areas of interest are the evolutionary biology of human behavior, ethnomedicine, and anthropology, especially reproductive strategies, birth behavior, early socialization, nonverbal communication, aggression and aggression control, and cultural diversity and the evolution of culture. He serves on the boards of many publications.

Olga Soffer

Olga Soffer is Professor of Anthropology at the University of Illinois at Champaign-Urbana, USA. Her special area of interest is Late Pleistocene hunter-gatherers in the Old World, and she is currently investigating the Eastern Gravettian groups who occupied central and eastern Europe some 30,000 to 10,000 years ago. With Moravian, Ukrainian, and Russian colleagues, she has excavated sites at Dolní Věstonice and Mezhirich.

Paul Tacon

Paul Tacon is Scientific Officer in the Division of Anthropology at the Australian Museum, Sydney, Australia. His special area of interest is Aboriginal material culture and Aboriginal art forms. He has conducted archaeological and field research in northern Australia at Kakadu National Park, Arnhem Land, and Cape York Peninsula, in central and eastern Australia, and in Canada, the USA, and the UK. Much of his work has focused on rock art and contemporary indigenous art forms.

David Hurst Thomas

David Hurst Thomas is Curator of Anthropology at the American Museum of Natural History, New York, USA. He is a specialist in the archaeology of the American Indians. He discovered and excavated the Gatecliff Shelter, in Nevada, the deepest rock shelter known in the Americas, with tightly stratified deposits spanning the past 8,000 years. He is the author or editor of many distinguished publications, has written more than 60 monographs and scientific articles, is on the editorial board of several journals, and is a founding trustee of the National Museum of the American Indian. In 1989, in recognition of his services to American archaeology, he was elected to the National Academy of Science.

J. Peter White

J. Peter White is Reader in Prehistoric Archaeology in the School of Archaeology, Classics and Ancient History at the University of Sydney, Australia. He has a special interest in the prehistory of Australia and the Pacific, especially Melanesia. He began research work in New Guinea in 1963, excavating for prehistory and studying the technology of Highlanders who grew up in the Stone Age. More recently, he has worked in New Ireland and undertaken taphonomic studies in the Flinders Ranges, Australia. He is co-author, with Professor J. O'Connell, of *A Prehistory of Australia, New Guinea and Sahul* and has edited the journal *Archaeology in Oceania* since 1981.

◀後期旧石器時代のバイソンの彫刻像．フランスのドルドーニュ県にあるラ・マドレーヌの岩陰遺跡で発見された．かつては投槍器の装飾部分であった．
R. M. N.

索　引

地名索引

あ行

アイアー湖　136
アゲイト・ベイスン　175, 186, 187
アドミラルティ諸島　162
アーネムランド　146
アムッド洞窟　53
アラゴ　34, 44, 52, 53
アルタミラ　77, 83, 90, 93
アンジック　175, 181, 183

イウォ・エレル　66
イセニア・ラ・ピネタ　49
イツュリッツ　85, 90
インデペンデンスⅠ　205, 210

ウィリアムソン　180
ヴィレンドルフ　70, 75, 86, 89, 93
ウィロウメズ半島　169
ヴェイル　175, 180
ウォーレシア　118, 137
ウォレス海　137
ウベイデア　49

エスカル　9
エリエ・スプリングス　53
エル・カスティロ　94

オータス　10
オモ（谷）　30, 34, 53, 66
オラリー　151
オーリニャック　71
オルセン・チャバック　188
オルドワイ　6, 30, 32, 34, 42, 45, 46, 49, 61
オローゲセリ　45, 50

か行

カガヤン　114, 118
カーター／カー・マギー　190
カブウェ　34, 53, 64
カフゼー　34, 52, 53
ガルガス　94
カルメル山　52, 53, 66
ガロバ　53
カンタブリア　85
ガンドン　34, 57, 58, 66, 114, 118

キビシュ　66
キムズウィック　175, 180
キャスパー　175, 188, 190
キャトル・ガード　175, 190
京都　39
金牛山　34, 52

グオム　117
クラシエス（河口洞窟）　34, 35, 64
クラピナ　10, 52, 58
グリマルディ　70, 75, 85, 89

クローヴィス　178
グロッテ・デサンファン　81
クロマニヨン　34, 70, 71, 75, 90
クロムドライ　31, 34, 61

ケケルタッサック　198, 207
ケバラ　10, 52, 53, 56, 59
ケーブベイ　155
元謀　49

コスカー洞窟　104, 107
コステンキ　70, 75, 86, 89, 91, 113, 120
コーナルダ　148, 151, 153
コービ・フォラ　30, 34, 43, 45, 46, 61
コルディエラ氷床　174
コルビー　173, 175, 180, 184
ゴンベ国立公園　43

さ行

サイモン　180, 181, 183
サギラン　66
サッコパストーレ　34, 52, 54
サハラ砂漠　49
サビナーノ　89
サフル大陸　118, 137
サフル大陸棚　115
サベルベン　131
サルカック　198, 206, 210
サン・アシュール　44, 49
サン・セゼール　34, 52, 54, 71
サンダーバード　175, 180
サンブル　22
サン・ルイス盆地　191

ジェベル・イルフード　34, 35
ジェベル・エフェヒ　67
シナップ　22
シャグノウ　113, 120
ジャズ　154, 155
シャテルペロン　70, 71
シャニダール（洞窟）　32, 34, 54, 56, 58
ジャワ島　34, 41, 49
周口店　32, 34, 45, 49, 50, 51, 64, 113
シュタインハイム　34, 44, 52, 70
シリュール　89
シロコリ　22
シワリク　22

スウォートクランズ　31, 34, 45, 47, 61
スタークフォンテイン　19, 23, 26, 31, 34, 61
スピリット　114
スフール（洞窟）　34, 35, 52, 53
スワンズクーム　34, 52, 70
スンギール　70, 75, 81, 85, 91, 113, 120, 126
スンダ大陸　115

セゲブロ　75
セレンゲティ平原　6

ソリュウトレ　70, 78, 91
ソルヴィー　90
ソロモン諸島　160, 167

た行

大オーストラリア大陸　115, 137, 148
大地溝帯　48, 60
大芬　34, 52
タウング　23, 26, 34, 61
タスマニア　114, 118, 137, 154
タタ　14
タブン（洞窟）　52-54
タボン　114, 118
ターリ　66
ダンファー渓谷　63

チェソワンジャ　32, 41, 45, 49
チェメロン　30
チンガユ　114, 118

ツルカナ湖　33, 48, 49, 64

ディオミード島　125
テシクターシュ　34, 56, 58
デバート　175, 180
デ・プラカール　14
テラアマタ　9, 32, 50
デ・リドー　88
テルニフィーヌ　35
デント　175, 176
デンビー（岬）　198, 206

トードリバー　166
ドマニシ　49
ドメボ　175, 180
ドラシェンロック洞窟　56
トラルバ　50
ドルドーニュ　34, 53, 57, 70, 77
ドルニ・ヴェストニーチェ　70, 74, 75, 86, 89, 91, 113, 120

な行

ナコ　180

ニア　114, 118
ニアー　77, 90, 94, 98, 101
ニア・オセアニア　159, 165
ニューアイルランド島　160, 168, 171
ニューギニア　137
ニューナミラ　154
ニューブリテン島　160, 162, 171

ネアンデルタール（渓谷）　34, 52

ノルランド　131

は行

ハイデルベルグ　35
ハウア・フテアー　64, 66
パウダー峡谷　190
ハゴップ・ビロ　117
ハスノラ　34, 52
パタウド　77
ハダール　5, 23, 25, 34
パッロン　114
パナキウク　160, 169

ハーネフェルサント　34, 71, 75
パボ・レアル　180
パムワク　167
バラウィン　154, 155
バルダ・バルカ　166
バロフ　160, 169
ハンソン　175, 190
バン・メ・タ　45, 49

ビルツィングスレーベン　35, 44, 52

フィンジャ　75
フェン　181, 183
フォルサム　174, 175, 184, 185, 187
フォン・デ・ゴーム　93
ブラサムポーイ　17
ブラック・ウォーター・ドゥロー　175, 176
フランコ・カンタブリア　86, 90, 98
ブランシャ　14
ブルーフィッシュ　125, 175
ブル・ブルック　180

ペシュ・メール　90, 93, 98, 99
ベーゼル川　91
ペトラローナ　34, 44, 52, 53, 64
ベリンジア　72, 125, 174, 200
ヘル・ギャップ　175, 177, 187, 190

ポイント・ホープ　198, 212
ボーゲルヘルト　8
ボーダー（洞窟）　35, 63, 64
北極圏　100, 112, 120
ボド　34, 53
ボボンガラ　139, 148
ホーレンシュタインスタデル　8
ボーン　154, 155

ま行

マイエンドルフ　75
マカパンスガット　23, 34, 46, 61
マクワリ諸島　157
マタヌスカ氷河　128
マテンクプクム　160, 171
マラクナンジャⅡ　141, 148
マルタ　113, 120
マレー・スプリングズ　175, 177, 180
マンゴ湖　149
マンモス草原　72

湖の国　142
ミドル・パーク　191
ミル・アイアン　175, 190

メジーリク　70, 75, 79, 102, 113, 120, 122
メドウクロフト（岩陰）　175, 178, 179

モピア　168
モンテ・キルケオ　56, 59
モンテ・ベルデ　175, 179

ら行

ラエトリ　5, 23, 34
ラ・シャペローサン　10, 52, 56, 58

ラスコー 14, 77, 94, 95, 97, 98, 103, 106
ラ・パシーガ 78
ラ・フェラシー 14, 34, 58, 71, 89, 90, 93
ラ・マドレーヌ 70, 77, 85, 90
ラ・マルシュ 78
ラム 180
ラランド 86
ラング・ファーガソン 175, 180
藍田 34, 45, 49
ラン・ロン・リエン 114

リスプコウム・バイソン・クォリー 187
リーチー・ロバーツ 175, 193
柳江 66
リンデンマイア 175, 184, 186, 193

ル・ギャビルー 94
ル・チュー・ドードーベール 100
ルーフィニャク 93, 96
ル・マ・ダジル 77
ル・ムスティエ 53, 57, 58

レアン・ブルン 114, 116
レインラビン 22
レグュドー 59
レ・トロワ・フレール 93
レーナー 175, 184
レバント地方 53, 66, 111
レビューグ 86
レ・ポーテル 93

ロージェリー・バス 78
ロードホーウェ島 157
ロメクィ 36
ローレンタイド氷床 174

わ行

ワジャク 34, 114
ワラネ 114
ワリーン 154, 155

ンゴロンゴロ 6

事項索引

あ行

アイルランド・ヘラジカ 73
アウトリガーカヌー 138, 139, 160
握斧 50
アクマック 200
アザラシ 179, 198, 202, 212, 215
アシューレアン（石器文化） 6, 32, 41, 52
アシューレアン型石器 49
アジリアン文化 77
アテリアン文化 66
アトラトル 182, 183
アナグマ 59
アナングラ 200
アブリ 57, 75
アフリカゾウ 182, 184
アフロピテクス 20
アベ・ブルイユ 96, 100
アボリジニ 135, 138, 144
アメリカ・チーター 174
アメリカ・ライオン 174
アラゴ頭骨 70
アーレンブルク文化 131

イグルー 210
遺体埋葬 10
遺伝距離 132
イヌイト（エスキモー） 100, 192, 200, 209, 215
イヌイト（エスキモー）文化 213
イヌ橇 213
イピウタック（文化） 208, 212
イブ仮説 66
斐文中 51
インディアン 200
インデペンデンスⅠ（文化） 209, 211

ウォンバット 157
「動きのある画像」様式 147
ウマ 78, 98, 174, 192, 195
ウミアックス 213
ウラン系列法 60

AMS年代法 80
エダカモシカ 184
エチオピクス 31
エレクトス原人 41, 45, 50
遠距離航海 160
猿人 46
エンドブレード 210

オイルランプ 206, 212
押圧剝離 191
雄牛の部屋 94
オウラノピテクス 22, 28
大型哺乳類 194
大型有袋類 162
オオコウモリ 162
オオシカ 186
オオナマケモノ 174, 195
オーカー 14, 58, 85, 122, 127, 181
オクヴィク 212
オーストラリア先住民 101, 118

オーストラロピテクス（猿人） 16, 23, 41, 46, 47
オーストラロピテクス・アファレンシス 23
オーストラロピテクス・アフリカヌス 19, 23, 26, 30
オーストラロピテクス・ボイセイ 7
オトガイ 48, 52
オランウータン 4, 19
オーリナシアン型石器 127
オーリナシアン文化 63, 71, 74, 127
オールド・ベーリング・シー（文化） 197, 208, 212
オルドワン（石器文化） 32, 42
オルドワン石器 6

か行

海獣 197, 200, 215
解体痕 58
貝塚 148
化学的年代測定 61
化石生成 187
カットマーク 47
カニバリズム 58
カブウェ人 57
花粉分析 58
カヤック 213
カヤック様 206
カリウム・アルゴン法 49, 60
カリウム40 60
ガリップ・ナッツ 168
カリブー 180, 192, 199, 202, 209, 215
眼窩上隆起（突起） 34, 48, 52
カンガルー 150
完新世 130, 142, 168
間氷期 48, 57, 68

気候変動 150
亀甲石核 57
旧世界 135
旧石器時代芸術 83
極北 199
極北小型石器群 198, 200, 205, 207, 210
巨石構造物 90
魚尾形尖頭器 175
キルサイト 177

偶像崇拝 88
クスクス 162, 163, 171
クライン, R. 64, 112
グラヴェチアン文化 74
クラクトニアン文化 52
クローヴィス 173, 185
クローヴィス型尖頭器 180, 182
クローヴィス狩猟民 183, 184, 192, 194
クローヴィス文化複合 174, 177
グロスウォーター・ドーセット 210
クロマニヨン人 70, 84, 86, 112

芸術 3, 14, 16
携帯芸術 84, 90
毛サイ 73, 92
欠指の風習 94
ケニアピテクス 20, 28
献花埋葬 56
言語 3, 8, 32, 132
言語族 133
原人 41
原人類 50, 57

現生人類 63
原世界語 133

ゴアンナ 157
後期旧石器時代 17, 63, 71, 83, 84, 111, 113, 116, 118, 126, 164, 180, 183
後期旧石器時代芸術 122
攻撃 9, 12
更新世 68, 143, 159, 160, 178, 194
交代仮説 35
後氷期 125, 130
コーカソイド 132
古極北文化様式 200
黒曜石 60, 164, 168, 171, 181
ゴシェン 173
ゴシェン文化複合 177, 190
互酬性 4
コステンキ-ストレスカイア文化 127
コステンキ-ベルシェボ文化 120
語族 132
古代型ホモ・サピエンス 27
古代人の隠れ家 150
古地磁気年代測定 61
骨角器 46
コミュニケーション 8
コムサ文化 131
ゴリラ 4, 9, 16, 20, 39

さ行

最終氷河期 53, 57, 67, 72, 112, 125
最終氷河時代 115, 118
最初のアメリカ人 179
細石刃 121, 125, 200, 207, 210
細石器 67, 131
細石器文化 131
最適年代推定 140
サイドブレード 207
サピエンス新人 50
サーベル・タイガー 194
サルカック 206
サルカック文化 210, 211
残留有機物分析 169

死者の埋葬 56, 58, 85, 112
C14年代測定法 80
示準化石 192
屍肉あさり 45, 46
シバピテクス 22
脂臀 88
ジャコウウシ 203
シャチ 202
シャテルペロニアン 71
シャーマニズム 100
シャーマン 81, 84, 92, 100, 188
宗教の起源 58
呪術師 100
樹上性有袋類 162
シュトラウス, W. 53
『種の起源』 20
樹木限界 199
狩猟 9, 44, 198
狩猟遺跡 177, 180, 186, 190, 191, 195
狩猟仮説 47
狩猟具 182, 192
狩猟呪術 100
象徴技法 95
縄文人 125
喰人仮説 51
喰人風習 56

「燭台」モデル 35, 64, 70
ショート・フェイス・ベアー 174
シングルアウトリガーカヌー 160
人工遺物 168
人口支持力 130
新世界 135
身体加工 86
シンボル 8
森林考古学プロジェクト 154
森林性有袋類 167

スキト（スキタイ）・シベリア様式 212
スクレイパー 42, 50, 63, 84, 116, 166, 200, 207
ステップ 68

セイウチ 203, 212, 215
生殖周期 4
性的象徴論 100
性的二型 16, 27
石刃技法 71, 84, 112, 116
石刃石器 130
石刃石器文化 113
石斧 32, 131
石灰岩 171
石核 7, 32, 42
石器 4, 9, 16, 37, 44, 71
石器加工遺跡 180
絶対年代 80
絶対年代測定法 60
絶滅 156, 194
先クローヴィス 174, 178, 192
尖型石器 50
先行人類 43
戦争 13
尖頭器 127
尖頭石器 66

象牙 71, 181
葬送儀礼 58
相対年代測定法 61
続旧石器文化 67
ソープストーン 206
ソリュトレアン文化 74
ソロ人 58
ソンビアン文化 114

た行

大後頭孔 26
大地の芸術 146
ダーウィン, C. 20
他界観念 58, 85
タスマニアオオカミ 153, 156
タスマニアデビル 156
多地域連続仮説 35, 64
ダート, R. 46
タビネズミ 174
タロイモ 166
単孔類 137

中期旧石器時代 50, 53, 63
中石器時代 131
チューレ 209
チューレ人 215
チューレ文化 198, 213
直立二足歩行 26
貯蔵遺構 179, 180
チョッパー 4, 7, 112
チョッピングツール 42, 50

チョリス文化　211, 212
チンダドン　200
チンパンジー　9, 12, 19, 39, 42

通過儀礼　101
ツンドラ　68, 70, 128, 199

DNA分析　166
TL「時計」　140
ティピ　190, 193
ディプロトドン　150, 156
デナリ　200
デュクタイ文化　121, 125
電子スピン共鳴法（ESR）　53, 60
デンビー（文化）　208, 211, 212
デンビー・フリント複合　200

道具　3, 4, 32
洞窟画　16, 77, 95
洞窟芸術　83, 90, 98
洞窟人　57
投槍器　182, 183
投槍用尖頭器　188, 192
動物運搬　163
動物画　92
動物行動学　44
ドーセット　209
ドーセット文化　210, 212, 213, 215
トーテミズム　96, 100
トナカイ　77, 174
トナカイ狩猟民　100, 128
ドリオピテクス　22, 28
ドルドーニュ　89

な行

西パレオ・エスキモー文化　200
二足性　4
ニューギニア人　118
ネアンデルタール人　10, 32, 41, 50, 52, 54, 56, 63, 70, 71, 84, 86, 112, 120, 133, 166
ネオテニー　38
熱処理加工　164
熱処理技法　164
熱帯雨林　160
熱帯病　144
熱ルミネッセンス法　53, 60, 139, 140
「ノアの箱舟」仮説　35, 64
脳　32, 38
脳容積（脳容量）　30, 32, 41, 50
ノートン文化　212

は行

ハイイログマ　192
ハイエナ　46
バイソン　173, 174, 176, 184, 186, 188, 190, 200
バイソン狩猟民　173
ハウウェルズ，W.　64
ハクスリー，T.　20
剥片　42, 44, 50
剥片石器　47, 52, 84, 112, 116, 165
剥片石器文化　113
バスク人　133
発情期　4
パナラミティー様式　150

ハビリス猿人　41, 43
パラントロプス　19, 41
パラントロプス・クラッシデンス　31
パラントロプス・ボイセイ　27, 30
パラントロプス・ロバストス　27, 31
パレオインディアン　173, 176, 178, 180, 182, 184, 188, 190, 192, 194
パレオエスキモー文化　206
半減期　80
バンド　79, 177, 188, 192, 215
ハンドアックス　32
ハンブルク文化　128

火　4, 9, 32, 51
樋状剥離　175, 178, 185
ビーズ　127
ヒツジ　184
ヒト属　43
ビーナス像　16, 74, 86, 88, 111
ビュラン　207
ヒョウ　46
氷河期　43, 48, 68, 72, 105, 130
氷河時代　68, 84, 128
氷河人　57
ビルニーク　208, 213
ビンフォード，L.　47

フィッショントラック法　49, 60
フェデルメッサー文化　128
フォスナ文化　131
フォルサム　173
フォルサム期　176
フォルサム文化複合　184
フクロライオン　156
付着残留物分析　166
ブッシュマン　12, 88, 102
ブヌーク　208, 213
ブーメラン　147
「ブラッドショー」様式　147
プルガトリウス　28
ブレインビュー型　177
プレ・サピエンス　70
プレ・ドーセット（文化）　206, 207, 209, 210, 212
プロコンスル　20
文化共同体　151
文化的行動　4

北京原人　51
ペトラローナ頭骨　70

ホアビニアン文化　114, 116
放射性炭素年代　80, 106, 126, 160
放射性炭素年代測定　114, 139, 166
放射性炭素年代測定法　60, 80, 154
豊饒祈願　100
豊饒の女神　89
捕鯨　212
ホッキョクイワナ　199
ホッキョクグマ　199, 202
北極圏　199
ポッサム　160
ボノボ　37, 39, 43
ホープフィールド人　57
ホミニド　3, 5, 8, 41
ホモ・エルガスター　33, 64
ホモ・エレクトス　27, 35, 48, 50, 51, 57, 64, 112, 139
ホモ・エレクトス・エレクトス　34
ホモ・エレクトス・ハイデルベルゲンシ

ス　35
ホモ・エレクトス・ペキネンシス　34
ホモ・サピエンス　27, 44, 50, 64, 68, 135, 139
ホモ・サピエンス・サピエンス　36, 139
ホモ属　41, 42
ホモ・ネアンデルターレンシス　53, 54
ホモ・ハイデルベルゲンシス　35, 50, 57
ホモ・ハビリス　7, 30, 41, 46
ホモ・ルドルフエンシス　31
ホラアナグマ　72
ホラアナグマ信仰　32, 56
ポリニーア　215

ま行

埋葬風習　58
マグダレニアン芸術　92
マグダレニアン文化　77, 128
マグダレニアン文化期　84
マストドン　174, 179, 195, 200
磨製石斧　142
マルタ・アフォントバ文化　121
マンゴⅠ人骨　149
マンゴⅢ人骨　149
マンモス　4, 72, 174, 176, 180, 182, 183, 190, 192, 195, 200
マンモス狩猟民　173

ミトコンドリアDNA　66
ミュールシカ　192
民族　132

ムステリアン型石器　127
ムステリアン時代　57
ムステリアン文化　53, 63
無氷回廊　174
無氷河地帯　200

銛先　205, 207

や行

野営遺跡　191
矢状稜　30
槍先　210
「ヤンガー・ドリアス」イベント　69

有袋類　137
有樋尖頭器　175-177, 180, 183, 187
夢の時代　135

陽イオン比法　151

ら行

ラクダ科動物　174, 192, 195
ラ・シャペローサンの老人　53
ラブレット　211

リャノ複合　176
隆起サンゴ礁　139
両面加工石器　181

類人猿　19, 20, 39, 41, 42
ルーシー　25
ルバロア技法　57, 84, 116

霊長類学　44
暦年代　80

炉跡　171
ローデシア人　57, 64
ロング・ハウス　211

わ行

ワラビー　154, 160

編訳者あとがき

つい最近のことだが，とある人類学の先輩が蘊蓄を傾ける話を目にする機会があった．その話は，学問そのもののことについてであった．さわりだけを紹介しておこう．

そもそも学問には大きな二つの流れがあり，その一つが「科学」（Science），もう一つは「技術」（Arts）である．それぞれの語源は，前者が「知ること」であり，それに対して後者のほうは「すること」である．明治の初めに日本に輸入された頃，「科学」のほうは'知学'とか'窮理学'と呼ばれていたのだそうだが，なぜだか廃れてしまい，いわゆる科学となってしまった．その一方で「技術」はといえば，その一部分だけを意味するにすぎない「芸術」に化けてしまった．つまり「科学」という学問の本質とは，「知の欲求のおもむくままに何かを知ること」であり，「物事や現象や歴史の理を知ること」にあり，というわけである．そして「技術」のほうは，「どのようにすれば，ある目的を達成するのに上手くいくか」を究めることであり，その目的により，工学，農学，医学，教育学などとなる．でも実際には，なにかの目的を達成するためには，それに関係する知識を蓄積する必要があり，また逆に「科学」のほうも「技術」に触発されて，知ることのなかみが多方面に広がり，数学，物理学，生物学，地質学など，さらには歴史学，地理学，言語学，人類学などが生まれてきた．つまり両者は学問の両輪をなすわけだ．

このような文脈のなかで本書のことを紹介するなら，人間の歴史へのプレリュードや第1幕あたりに関わる「科学」の成果を集成，整頓，素描するものであり，それを可能な限りビジュアルに表現し平易なかたちで解説する究極の科学書といえよう．人間を含む人類のそもそもの始まりとは何だったのだろうか．それがどのようにして，アイデンティティに苦悩する現在の人間の姿に変身してきたのか．諸々の「技術」は，どういう過程を経て人間の自家薬籠中の物となったのか．地球の各地は，いつ頃，誰が，どんな状況のもとで開拓することになったのか，などなど．人間に関する幅広い側面での「そもそも」を知ることの営み，つまりは人類学という科学の学問的エッセンスが満喫できるような体裁となっている．もちろん，「Artsの起源」を説き明かそうとする章もある．本訳者は苦しまぎれに「芸術の誕生」などと翻訳してしまったが，たんなる芸術のことについて述べているのでないのは，通読していただければ，おわかりいただけるだろう．つまり芸術とは，人間が社会生活を円滑に営むため，あるいは自然界とうまく折りあう術を上手に達成するための「技術」として誕生し育まれてきたのである．

もとより，さまざまな知識を積み重ねること，ことに過去や昔の状況や出来事をつぶさに知ることは，今を生きるために，たいへんに戦略的な知恵を授けてくれよう．だからこそ過去を知る「科学」としての歴史学が欠かせないのである．まさにこの点で，はるかなる昔のことを知る「科学」である人類学や考古学が果たす役割は，けっして小さくない．それこそが本書が邦訳され，日本で広く紹介されるべきことの最大の理由であろう．これから自らの道を探し求める旅に出る大学の学生諸君だけでなく，たとえば中等教育の現場とか，さらには各自の人生をふり返り，より完結したかたちの生き方を模索する生涯教育の方面などでも活用されんことを願ってやまない．

「温故知新」に勤しむのは，先人から受け継いできた生活の知恵である．あるいはホモ・サピエンスである人間が「知恵のあるヒト」となるときに身につけた素朴な知恵なのかもしれない．いわゆる芸術活動も，社会生活を円滑に営む「技術」である慣習やしきたりや法律などの制度的な面も，信仰体系や宗教なども，さらに究極的には地縁的血縁的運命共同体や国家などを運営する「技術」である政治なども，過去を正しく知ることがなければ，すぐに袋小路に迷い込むことになろう．おそらくは今の時代だからこそ，いちど立ち止まり，いにしえを見つめ直し，あらためて人間とは何かを考えてみることが大切なのではなかろうか．また，そんなところに人類学や考古学という学問の現代的な意味が存在するように思う．と同時に，好古，愛古，汲古，尚古などのディレッタンティズムもあなどることなかれ．かならずや自らの身を処するための一助となろう．

そもそも人類が誕生し，人間という存在が始まり，人間の叡智が育まれ，さらには人間が物事を知るべく努力を傾けるようになった頃は，限りなくモノクロームに近い単調な世界があっただけかもしれない．自然は有史以来，変わりなく原色の世界であり続けてきたであろうが，人間の眼も脳も，「科学」する心も，それに「技術」する能力も，まわりの世界や自分たちの歴史を彩色するなど及びもしなかっただろうからである．そんな世界や歴史を総天然色の写真や図で再現する本書は，あらためて「科学」という行為の美しさを知るよい契機となるかもしれない．そう願いたい．さらには，私たち人間の「技術」が暴発せぬよう，ささやかな戒めになるかもしれないのだ．

2004年11月，晩秋の京都にて

第1巻 編訳者
片山一道

監訳者

大貫良夫(おおぬき よしお)

1937 年　東京都に生まれる
1967 年　東京大学大学院社会学研究科博士課程単位取得
現　在　野外民族博物館リトルワールド館長
　　　　東京大学名誉教授・文学修士

編訳者

片山一道(かたやま かずみち)

1945 年　広島県に生まれる
1974 年　京都大学大学院理学研究科修士課程修了
現　在　京都大学大学院理学研究科教授・理学博士

図説　人類の歴史 1

人類のあけぼの（上）　　　　定価はカバーに表示

2005 年 1 月 25 日　初版第 1 刷

　　　　　監訳者　大　貫　良　夫
　　　　　編訳者　片　山　一　道
　　　　　発行者　朝　倉　邦　造
　　　　　発行所　株式会社　朝　倉　書　店
　　　　　東京都新宿区新小川町6-29
　　　　　郵便番号　１６２-８７０７
　　　　　電話　０３（３２６０）０１４１
　　　　　FAX　０３（３２６０）０１８０
〈検印省略〉　　　　http://www.asakura.co.jp

© 2005　〈無断複写・転載を禁ず〉　　ローヤル企画・牧製本
ISBN 4-254-53541-4　C 3320　　Printed in Japan

図説 世界文化地理大百科

■全21巻 ■各巻224～256頁　定価29,400円（本体28,000円）

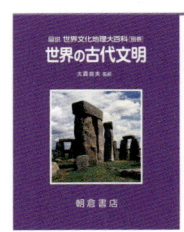

[別巻] 世界の古代文明
大貫良夫監訳

80地図 200図版（カラー200点）
ISBN4-254-16659-1

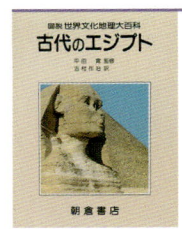

古代のエジプト
平田　寛監修
吉村作治訳

36地図 530図版（カラー380点）
ISBN4-254-16591-9

古代のギリシア
平田　寛監修
小林雅夫訳

87地図 441図版（カラー326点）
ISBN4-254-16592-7

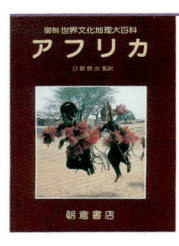

アフリカ
日野舜也監訳

99地図 333図版（カラー248点）
ISBN4-254-16593-5

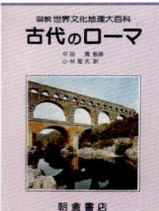

古代のローマ
平田　寛監修
小林雅夫訳

50地図 520図版（カラー250点）
ISBN4-254-16594-3

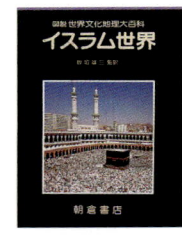

イスラム世界
板垣雄三監訳

53地図 302図版（カラー192点）
ISBN4-254-16595-1

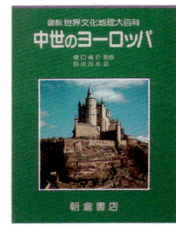

中世のヨーロッパ
橋口倫介監修
梅津尚志訳

64地図 293図版（カラー175点）
ISBN4-254-16596-X

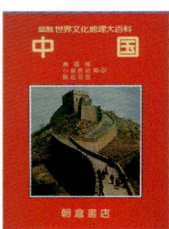

中　国
戴國煇・小島晋治・阪谷芳直編訳

58地図 365図版（カラー204点）
ISBN4-254-16597-8

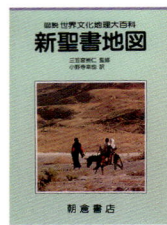

新聖書地図
三笠宮崇仁監修
小野寺幸也訳

46地図 354図版（カラー307点）
ISBN4-254-16598-6

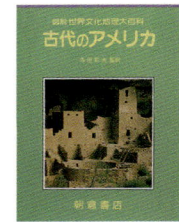

古代のアメリカ
寺田和夫監訳

56地図 329図版（カラー233点）
ISBN4-254-16599-4

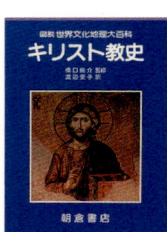

キリスト教史
橋口倫介監修
渡辺愛子訳

42地図 302図版（カラー239点）
ISBN4-254-16600-1

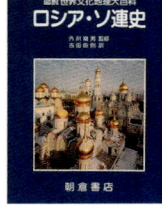

ロシア・ソ連史
外川継男監修
吉田俊則訳

46地図 301図版（カラー220点）
ISBN4-254-16589-7

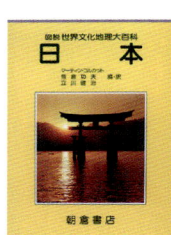

日　本
M.コルカット・熊倉功夫著・編訳
立川健治訳

53地図 336図版（カラー266点）
ISBN4-254-16590-6

古代のメソポタミア
松谷敏雄監訳

53地図 468図版（カラー342点）
ISBN4-254-16651-6

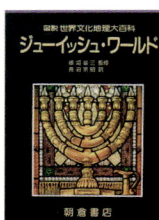

ジューイッシュ・ワールド
板垣雄三監修
長沼宗昭訳

59地図 438図版（カラー183点）
ISBN4-254-16652-4

ルネサンス
樺山紘一監修

39地図 250図版（カラー203点）
ISBN4-254-16653-2

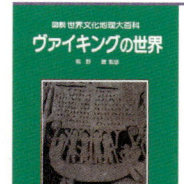

ヴァイキングの世界
熊野　聰監修

46地図 307図版（カラー287点）
ISBN4-254-16656-7

スペイン・ポルトガル
小林一宏監修
瀧本佳容子訳

38地図 300図版（カラー260点）
ISBN4-254-16657-5

オセアニア
渡邊昭夫監修・訳
小林　泉・福嶋輝彦・東　裕訳

42地図 284図版（カラー270点）
ISBN4-254-16655-9

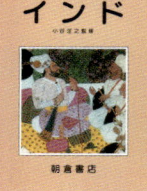

インド
小谷汪之監修・訳
石川　寛・大石高志・船原雅彦訳

34地図 291図版（カラー270点）
ISBN4-254-16658-3

フランス
渡邊守章監修
瀧浪幸次郎訳

50地図 385図版（カラー345点）
ISBN4-254-16654-0

国学院大 神川正彦・麗澤大 川窪啓資編
講座 比較文明 1
比較文明学の理論と方法
50516-7 C3330　　　　A 5 判 208頁 本体3600円

通常の科学のあり方によって常識化してしまった学問観を根底からくつがえすために，過去の諸文明の比較を通じて未来指向の新しい文明のあり方を探るシリーズ。第1巻は，ようやく確立しつつある比較文明学の若々しい理論と方法を提示

大手前女大 米山俊直・聖心女大 吉澤五郎編
講座 比較文明 2
比較文明における歴史と地域
50517-5 C3330　　　　A 5 判 200頁 本体3600円

第1巻で解説した理論と方法を踏まえながら，比較文明のケーススタディを時間的・空間的に展開。〔内容〕一つの文明の構造分析(イスラーム，中国，他)／二つの文明の比較／文明の多項比較分析(バルカン半島，アフリカ，他)

筑波大 常木　晃編
現代の考古学 3
食糧生産社会の考古学
53533-3 C3320　　　　A 5 判 272頁 本体4800円

地球の生態系を破壊するまでに至った人類の食糧生産社会を，その原点に戻り解説。〔内容〕農耕誕生／歩く預金口座(家畜と乳製品)／稲と神々の源流／縄文から弥生へ／東地中海世界における果樹栽培の始まりと展開／他

東外大 小川英文編
現代の考古学 5
交流の考古学
53535-X C3320　　　　A 5 判 308頁 本体5200円

目に見える遺物から，目に見えない移動・交流を復元する試み。とくに交流のメカニズムや，社会の発展プロセスといった理論の領域にまで踏み込んだ。〔内容〕交流とスタイル伝播／貝交易システムと情報の選択／共生関係の視角／他

早大 高橋龍三郎編
現代の考古学 6
村落と社会の考古学
53536-8 C3320　　　　A 5 判 368頁 本体6500円

親族組織や共同体理論などについて考古学からいかにアプローチするかの試み。〔内容〕日本旧石器・縄文・弥生・古墳時代の社会構造と組織／古代西アジア・中国・東アフリカ・アメリカ・中南米の社会構造と組織／他

都立大 小野　昭・都立大 福澤仁之・九大 小池裕子・都立大 山田昌久著
環境と人類
——自然の中に歴史を読む——
18005-5 C3040　　　　A 5 判 192頁 本体2900円

堆積学・地質学・花粉分析・動物学など理系諸学と，考古学・歴史学など人文系諸学の協同作業による，自然の中に刻まれた人類史を解説する試み。基礎編で理論面を解説し，通史編で，日本を中心に具体的に成果を披露

国際日本文化研究センター 安田喜憲著
東西文明の風土
18003-9 C3040　　　　A 5 判 208頁 本体4000円

「日本文化の風土」に続く風土論第二弾。〔内容〕環境考古学／風土の起源／稲作半月弧と麦作半月弧／東西の洪水伝説と文明の興亡／東西の神話にみる森の破壊／東の多神教・西の一神教／自己否定の文明・自己肯定の文明／自然支配思想の終焉

国際基督教大 大森元吉編
文化人類学
法と政治の人類学
50007-6 C3030　　　　A 5 判 224頁 本体5000円

法と政治の人類学を理論だてて整理し，各種族社会の実情を紹介した。〔内容〕概説(政治人類学の発展，法人類学の発展，政治組織の発達，政治と宗教，慣習法研究の軌跡)／各論(台湾，ミクロネシア，ネパール，メキシコ，アルジェリア)

国際日本文化研究センター 安田喜憲編
環境考古学ハンドブック
18016-0 C3040　　　　A 5 判 724頁 本体28000円

遺物や遺跡に焦点を合わせた従来型の考古学と訣別し，発掘により明らかになった成果を基に復元された当時の環境に則して，新たに考古学を再構築しようとする試みの集大成。人間の活動を孤立したものとは考えず，文化・文明に至るまで気候変化を中心とする環境変動と密接に関連していると考える環境考古学によって，過去のみならず，未来にわたる人類文明の帰趨をも占えるであろう。各論で個別のテーマと環境考古学のかかわりを，特論で世界各地の文明について論ずる。

国立歴史民俗博物館監修
歴博万華鏡
53012-9 C3020　　　　B 4 判 212頁 本体28500円

国立で唯一，歴史と民俗を対象とした博物館である国立歴史民俗博物館(通称：歴博)の収蔵品による紙上展覧会。図録ないしは美術全集的に図版と作品解説を並べる方式を採用せず，全体を5部(祈る，祭る，飾る，装う，遊ぶ)に分け，日本の古い伝統と新たな創造の諸相を表現する項目を90選定し，オールカラーで立体的に作品を陳列。掲載写真の解説を簡明に記述し，文章は読んで楽しく，想像を飛翔させることができるように心がけた。巻末には詳細な作品データを付記

＜図説＞
人類の歴史
The Illustrated History of Humankind
〔全10巻〕

ヨラン・ブレンフルト◉編集代表／大貫良夫◉監訳

各巻A4変型判上製144頁

第5回配本 ISBN4-254-53541-4
①人類のあけぼの（上）
片山一道◉編訳

〔内容〕人類とは何か／人類の起源／ホモ・サピエンスへの道／アフリカとヨーロッパの現生人類／芸術の誕生
［トピックス］オルドワイ峡谷／先史時代の性別の役割／いつ言語は始まったのか／ネアンデルタール人／氷河時代／ビーナス像　他

第6回配本 ISBN4-254-53542-2
②人類のあけぼの（下）
片山一道◉編訳

〔内容〕地球上での人類の拡散／オーストラリア大陸への移住／最古の太平洋諸島民／新世界の現生人類／極北のパイオニアたち
［トピックス］マンモスの骨で作った小屋／熱ルミネッセンス年代測定法／移動し続ける動物／だれが最初のアメリカ人だったのか？／極北の動物たち　他

既刊 定価(本体8800円+税) ISBN4-254-53543-0
③石器時代の人々（上）
西秋良宏◉編訳

〔内容〕偉大なる変革／アフリカの狩猟採集民と農耕民／ヨーロッパ石器時代の狩猟採集民と農耕民／西ヨーロッパの巨石建造物製作者たち／青銅器時代の首長制とヨーロッパ石器時代の終焉
［トピックス］ナトゥーフ文化／チロルのアイスマン　他

既刊 定価(本体8800円+税) ISBN4-254-53544-9
④石器時代の人々（下）
西秋良宏◉編訳

〔内容〕南・東アジア石器時代の農耕民／太平洋の探検者たち／新世界の農耕民／なぜ農耕は一部の地域でしか採用されなかったのか／オーストラリア―異なった大陸
［トピックス］良渚文化における新石器時代の玉器／セルウィン山脈の考古学　他

既刊 定価(本体8800円+税) ISBN4-254-53545-7
⑤旧世界の文明―アジア・アフリカ・ヨーロッパ（上）
西秋良宏◉編訳

〔内容〕メソポタミア文明と最古の都市／古代エジプトの文明／南アジア文明／東南アジアの諸文明／中国の王朝
［トピックス］最古の文字／ウルの王墓／太陽神ラーの息子／シーギリヤ王宮／東南アジアの巨石記念物／秦の始皇帝陵／シルクロード　他

既刊 定価(本体8800円+税) ISBN4-254-53546-5
⑥旧世界の文明―アジア・アフリカ・ヨーロッパ（下）
西秋良宏◉編訳

〔内容〕エーゲ海文明の誕生／古代ギリシャの時代／ローマの興亡／ヨーロッパの鉄器時代／アフリカの国家の発達
［トピックス］ミノア文明のクノッソス宮殿／古代ギリシャの陶器画／カトーの農業機具／リンドウ人／社会の団結／メロエ：繁栄した王国の首都　他

近刊
⑦新世界の文明―南北アメリカ・太平洋・日本（上）
大貫良夫◉編訳

〔内容〕メソアメリカにおける文明の出現／マヤ／アステカの誕生／アンデスの諸文明／インカ族の国家
［トピックス］マヤ文字／ボナンパクの壁画／メンドーサ絵文書／モチェの工芸品／ナスカの地上絵／チャン・チャン／インカの織物　他

近刊
⑧新世界の文明―南北アメリカ・太平洋・日本（下）
大貫良夫◉編訳

〔内容〕日本の発展／南太平洋の島々の開拓／南太平洋の石造記念物／アメリカ先住民の歴史／文化の衝突
［トピックス］律令国家と伊豆のカツオ／草戸千軒／ポリネシア式遠洋航海カヌー／イースター島／平原インディアン／伝染病の拡大　他

続刊
⑨先住民の現在（上）
大貫良夫◉編訳

続刊
⑩先住民の現在（下）
大貫良夫◉編訳

朝倉書店

〒162-8707 東京都新宿区新小川町6-29
tel:03-3260-7631／fax:03-3260-0181／振替00160-9-8673
http://www.asakura.co.jp　e-mail:eigyo@asakura.co.jp

定価は2004年12月現在